1,000,000 Books
are available to read at

www.ForgottenBooks.com

Read online
Download PDF
Purchase in print

ISBN 978-0-332-25253-7
PIBN 11001073

This book is a reproduction of an important historical work. Forgotten Books uses state-of-the-art technology to digitally reconstruct the work, preserving the original format whilst repairing imperfections present in the aged copy. In rare cases, an imperfection in the original, such as a blemish or missing page, may be replicated in our edition. We do, however, repair the vast majority of imperfections successfully; any imperfections that remain are intentionally left to preserve the state of such historical works.

Forgotten Books is a registered trademark of FB &c Ltd.
Copyright © 2018 FB &c Ltd.
FB &c Ltd, Dalton House, 60 Windsor Avenue, London, SW19 2RR.
Company number 08720141. Registered in England and Wales.

For support please visit www.forgottenbooks.com

1 MONTH OF FREE READING

at www.forgottenbooks.com

By purchasing this book you are eligible for one month membership to ForgottenBooks.com, giving you unlimited access to our entire collection of over 1,000,000 titles via our web site and mobile apps.

To claim your free month visit: www.forgottenbooks.com/free1001073

* Offer is valid for 45 days from date of purchase. Terms and conditions apply.

English
Français
Deutsche
Italiano
Español
Português

www.forgottenbooks.com

Mythology Photography **Fiction**
Fishing Christianity **Art** Cooking
Essays Buddhism Freemasonry
Medicine **Biology** Music **Ancient Egypt** Evolution Carpentry Physics
Dance Geology **Mathematics** Fitness
Shakespeare **Folklore** Yoga Marketing
Confidence Immortality Biographies
Poetry **Psychology** Witchcraft
Electronics Chemistry History **Law**
Accounting **Philosophy** Anthropology
Alchemy Drama Quantum Mechanics
Atheism Sexual Health **Ancient History**
Entrepreneurship Languages Sport
Paleontology Needlework Islam
Metaphysics Investment Archaeology
Parenting Statistics Criminology
Motivational

I VIAGGI
IN ASIA
IN AFRICA, NEL MARE DEL

DESCRITTI NEL SECOLO XII

DA

MARCO POLO, VENEZI

TESTO DI LINGUA
DETTO *IL MILIO*
ILLUSTRATO CON ANNOTAZIONI

Parte I.

VENEZIA
DALLA TIPOGRAFIA DI ALVISOPOLI
MDCCCXXIX

A' LEGGITORI

Colla presente stampa vuolsi render servigio alla storia, alla geografia, alla lingua italiana. I viaggiatori moderni e i moderni cultori degli studi geografici discoprirono la importanza delle relazioni lasciateci da MARCO POLO, che trovarono dettate con ammirabile esattezza e imparzialità. Da lungo tempo è stato ne' voti universali il poter di esse leggere l'ottimo antico Testo che fa autorità nella lingua, e ad un illustre letterato il *cav. Giambatista Baldelli* dobbiamo questo lavoro, tanto arricchito di notizie e d'illustrazioni da occupare quattro volumi in forma di quarto. Occorreva anche provvedere ad un uso più maneggevole, ristringendosi a ciò che può essere indispensabile sì per possedere il Testo, che per averlo accompagnato da quelle succose note che bastar possono a renderne chiara la intelligenza. Quest'è quanto io vivo in fiducia di aver conseguito, non senza aver adoprata ogni diligenza nella scrupolosa sua emendazione. Si troveranno qui appresso le compendiose notizie che risguardano e l'autore e l'opera ed i rischiaramenti che l'accompagnano.

B. GAMBA

NOTIZIE
INTORNO ALLA VITA ED AI VIAGGI
DI MARCO POLO

Ai lunghi e ponderati studi fatti dall'inglese sig. Marsden, e dall'eminentissimo card. Zurla per illustrare la storia della Vita e dei Viaggi di Niccolò, di Maffio e di Marco Polo, veneziani che visitarono le regioni più rimote dell'Asia e del Mar dell'Indie, succedettero quelli del dottissimo cav. Giambatista Baldelli fiorentino, al quale dobbiamo la pubblicazione per la prima volta fatta di uno de' più classici monumenti della lingua italiana, volgarmente detto *il Milione di Marco Polo*, ed inoltre la ristampa del Testo Ramusiano, il quale contiene l'Opera stessa (già a forma migliore ridotta sin dal secolo XVI mediante le cure del veneziano Giambatista Ramusio), l'uno e l'altro testo dal benemerito moderno editore corredati d'illustrazioni e di rischiaramenti.

Col camminare sulle tracce dallo stesso cav. Baldelli segnate offriamo qui prima d'ogni altra cosa il SOMMARIO CRONOLOGICO che indica le principali epoche de' viaggi, delle permanenze e delle morti dei tre Viaggiatori.

ANNI.

» 1250. Niccolò e Maffio Poli vanno a Costantinopoli.

» 1251. Marco, figliuolo di Niccolò, nasce in Venezia, essendovi la moglie di Niccolò rimasta incinta.

» 1258.
» 1260. } Niccolò e Maffio giungono in Bolgara, o Bolgari, residenza di Bereke Can.

» 1261. Partenza dei Poli da Bolgari, e loro arrivo in Boccara, dove comandava Barac, speditovi da Cublai per iscacciarne Caidù.

Anni.
» 1264. I Poli partono per la corte di Cublai, che fu gridato Imperatore il dì 4 Giugno 1260.
» 1265. Giungono a Chemensu presso l'Imperatore Cublai.
» 1266. Partono dalla corte di Cublai ambasciadori al Papa.
» 1269. Giungono a Layas, indi in Acri li 15 aprile, e in questo stesso anno giungono a Venezia.
» 1271. Niccolò, Maffio e Marco partono da Venezia per Acri e Tolomaide: tornano nell'Armenia: sono dal Papa fatti richiamare in Acri.
» 1272. Si pongono in viaggio pel Catajo, e sono lasciati soli dai due Religiosi che il Papa loro aveva dati a compagni.
» 1275. Giungono alla corte di Cublai a Chemensu, o Chan-tu, dopo essersi fermati un anno in Badagshan, dove Marco ammalò.

Anni.

» 1277. Probabilmente in quest' anno Cublai spedì Marco a Quinsai, la qual città era stata occupata dai Tartari nel 1276.

» 1279. I Poli costruiscono le macchine per la espugnazione di Syangyang, presente Marco, ed adoperando un Alemanno ed un Cristiano Nestorino.

» 1282. Trovasi Marco in Cambalu quando resta ucciso Achama.

» 1283. Ambasciata del Polo a Carazan e a Mien per ordine del Gran Can.

» 1285. Sua Legazione nel paese di Tsiampa a mezzodì della Coccincina, e sue prime navigazioni nel Mar dell' Indie.

1287. In quest'anno, e ne' due seguenti, è da congetturare che Marco avesse il governo per un triennio della città di Yangui.

Anni.

» 1291. Nuova navigazione nel mare dell'Indie, e suo passaggio a Giava.

» 1292. Partì Marco per la Persia con la principessa Cogatin. Sciolse le vele da Sumatra nel mese di ottobre, e navigò dioiotto mesi pel Mar dell'Indie, per giugnere a Ormus e alla Corte del re Argun.

» 1295. Si restituisce a Venezia dopo la morte di Cublai, avvenuta nel febbrajo 1794.

» 1298. Nella battaglia di Curzola Marco perde la libertà, è condotto nelle prigioni di Genova. Trovandovisi fa da Venezia trasmettere i suoi memoriali, e detta la Storia de' suoi Viaggi, forse ad un Francese, nel cui linguaggio fu prima scritta, e poi tradotta in italiano.

» 1299. Per la pace stipulata fra Viniziani e Genovesi ricupera Marco la sua libertà il dì 24 di maggio.

Anni.

» 1316. Niccolò muore.(*).

» 1323. Verso quest'anno è da conghietturare che sia accaduta anche la morte di Marco (**).

Conosciute pel Sommario qui riferito le epoche più importanti che concernono la Vita e i Viaggi di Niccolò, di Maffio e di Marco Polo, ora occorre dire dell' Opera

(*) Il cav. Baldelli, appoggiato alla copia degli Alberi di Marco Barbaro, mette la morte di Niccolò all'anno 1316; ma il ch. Emanuele Cicogna osservò, che dall'autentico Testamento di Matteo Polo, fatto l'anno 1300, vedesi che Niccolò fin da quest'anno era già morto, perocchè vi si chiama *Mattheus Polo quondam Nicolai*, non più *filius Nicolai*. Anche di Maffio è incerta l'epoca della morte, ma del 1300 era ancora vivo, giacchè trovasi che fu istituito Commissario da Matteo suo nipote, testatore nel 1300.

(**) Che Marco vivesse ancora del 1323 è indubitata prova l'esistente suo Testamento fatto il dì 9 di gennaro dell'anno stesso. Non è conosciuta la data certa della sua morte, ma è giusta la congettura del Baldelli che o nell'anno stesso, o nel seguente, passasse tra' più. Contava allora 73 anni di età.

lasciataci da Marco; monumento tanto più singolare e importante, quantochè va risguardato siccome il primo, dopo il rinascimento della civiltà europea, in cui si trovino descritte contrade straniere.

E qui tornando a valerci delle parole del ch. cav. Baldelli rendiamo avvertito il Lettore, che inutilmente egli potrebbe trovar nell'Opera stessa simmetria ed ordine ove non sia prima isceverato con sottile disamina *il narrato dal veduto*; perchè Marco Polo, com'anche Erodoto nella sua Storia, non lasciò di tramandare a' posteri, oltre alle sue, le relazioni altrui, delle quali però non volendo rendersi responsabile, usò l' avvertenza di dichiararlo nel suo Proemio.

» Quest'apparente difetto d'ordine sgomen-
» tò i Comentatori, e fu ad essi occasione
» di oscurità; ma ciò è più da imputare
» a colpa loro che a Marco Polo, il quale
» nel Proemio afferma, che ha raccontato
» *secondo che egli vide con gli occhi suoi*;
» *e molte altre (cose) che non vide, ma*

» *intese da savi uomini degni di fede.* I viag-
» gi che prima di Marco fecero Niccolò e
» Maffio Poli furono quelli che aprirono
» la via ai luminosi scoprimenti del figlio
» Marco, e questo intromette talvolta ne'
» suoi racconti la descrizione di paesi fat-
» ta per altrui relazione, e ch'è fuori del
» suo naturale cammino, di maniera che
» nel suo *Milione* è compreso un compiuto
» ragguaglio di tutte le Terre Asiatiche ed
» Africane poco note, o sconosciute a' La-
» tini. Egli toccar non volle la descrizione
» della Palestina, della Soria, dell' Egitto,
». nè di quella parte dell'Asia Minore ri-
» masta ai Greci, e che i trafficanti Latini
» e i Crocesignati visitavano allora fre-
» quentemente. Attenendosi a questo divi-
» samento e' dunque descrisse dell' Asia
» quanto ne comprende il Mar Ghiacciato,
» l'Oceano Orientale, l'Indico e l'Etiopi-
» co; nè pago di descrivere il Continente,
» parlò delle Isole più famose di quei mari,
» e trattò di tutte le scoperte degli Arabi

» sulla costa orientale dell'Africa, regione
» che a' suoi tempi si comprendeva nell'In-
» die ".

Altra grave difficoltà, che rese per lo passato ingrata e difficile la lettura del libro di Marco Polo, è stata la storpiatura continua de' nomi proprj delle città, dei regni, e dei personaggi nominati dall'autore; e dobbiamo agl' illustri Scrittori di Geografia de' nostri giorni, ed alle relazioni de' Viaggiatori moderni l' avere diradate talmente le tenebre nelle quali era involto l'antico testo (o scritto fosse in francese o in italiano o in latino) che ogni parte dell' opera venne finalmente a mettersi in tanta luce da poter essere esaminata con profitto e letta con soddisfazione, non senza rimeritare il Polo del nome da taluno concessogli di Humbolt del secolo decimoterzo. De' rischiaramenti che dalla diligenza del più moderno editore furono aggiunti sì al Testo citato dagli Accademici della Crusca, che a quello pubblicato da

Giambatista Ramusio, s'è per noi tolto il succo, segnando in nota la corrispondenza delle voci antiche alle moderne, e dando quelle indicazioni che risguardar possono o una più emendata lezione, o la più pronta spiegazione d'una notizia geografica, o quella di una cognizione relativa sia a storia naturale, sia ad ogni altro genere di filologia.

Tanto il testo citato dalla Crusca, e volgarmente detto l'*Ottimo*, quanto quello pubblicato dal Ramusio, è detto il *Ramusiano*; quantunque non abbiano tra loro differenze grandemente sostanziali, tuttavia fu avviso del cav. Baldelli di darli separatamente ristampati; ma noi, confinandoci a pubblicare di nuovo quello soltanto che forma autorità nella nostra favella, stimiamo opportuno d'indicar qui quelle differenze che passano dall'uno all'altro. Sta nel Testo Ramusiano la materia disposta e divisa in Tre Libri, e quantunque ciò non apparisca punto nell'*Ottimo*, tuttavia ne risulta la medesima disposizione quando si voglia osservare, che l'Autore narra in primo luogo quanto Niccolò, Maffio ed egli stesso videro dell'Asia all'andata e al ritorno de' primi loro viaggi, descrivendo le provincie ed i regni e le contrade ch'erano sulla diritta e sulla sinistra del loro cammino sin al confine dell'Indie. Vengono poi in secondo luogo a rassegna i paesi da Marco solo visitati all'occasione delle sue legazioni pe' servigi del Gran Can, e quelli inoltre ch' erano alla diritta o alla sinistra della via ch' esso Marco teneva nell' andata e ritorno da Carazan, e da Mien, e dal Pegu; indi quanto egli vide del Catajo, e del paese de' Mangi, cioè della Cina d'oggidì, sin al tempo della sua restituzione alla patria. La parte geografica, ch' è descritta in terzo luogo, incomincia dalla partenza di Marco da Siven-toheu per Ormus, ove sbarcò; e in questa parte stanno notati i suoi Viaggi nel Mare delle Indie, ed accennate sono altre celebri contrade di quella regione, dietro alle notizie ch' egli per mezzo altrui raccoglieva: Termina l'Opera nel Testo *Ottimo* con qualche Capo di cui il Testo Ramusiano è mancante.

Riasumendo poi quanto è stato da varj scritto intorno all'originale dettato in cui l'Autore volle esprimersi nel render la prima volta pubblica la presente descrizione di questi maravigliosi suoi Viaggi, sembra che non possa restar dubbio a conchiudere, che mediante le rozze bozze ch'egli s'era apparecchiate nel suo dialetto, ed i racconti fatti colla sua viva voce quando si trovava prigioniere de' Genovesi, sia venuto il più antico testo che si conosca in lingua francese esposto. Ed è ciò tanto più probabile quantochè il linguaggio francese era il più generalmente inteso nel secolo decimoterzo, poichè i Francesi a' tempi delle Crociate avevano introdotto la loro favella nella Palestina, ove primeggiavano, ed era da' Crocesignati usata più comunemente d'ogni altra lingua europea. Il testo italiano, che si vedrà qui pubblicato, quantunque dopo il francese sia il più antico che esista, accorgesi che da quella è stato nella nostra lingua voltato, nè resta punto a dubitare che così non sia dopo l'esame di alcuni luoghi che si troveranno nelle Note contrassegnati.

Sciolto Marco Polo dalle genovesi ostene e reduce nella sua patria, non solo non volle lasciar trascurata la sua relazione, ma la ritoccò, la migliorò o con toglierne qualche racconto favoloso, ossia con accrescimento di più utili notizie, e trovandosi poi in Venezia un frate de' Predicatori, Fra Pipino bolognese, e comprendendo costui di quanta utilità riuscir poteva il libro del Polo a' suoi religiosi destinati per le Missioni in Oriente, ne fece verso l'anno 1320 una traduzione in latino, a cui il Polo, ch'era allora tuttavia vivente, avrà probabilmente prestato ottimo ajuto. Sì della versione latina di Fra Pipino, che di altri Testi e manoscritti e a stampa, e di altre notizie qua e là sparse, ebbe poi nel sec. XVI a servirsi il benemerito veneziano Giambatista Ramusio, ed egli fu che riuscì a dare l'opera più ordinatamente disposta, come s'è di sopra avvertito, ottenendo la nuova lezione meritamente il primato se risguardare si voglia una minor scorrezione nell'indicare i nomi proprj della Geografia, e qualche maggior copia d'importanti cognizioni.

E quanto alle stampe fattene antecedentemente al Ramusio è da notare, che quelle spezialmente che ci danno l'Opera nella volgar lingua dettata tanto sono spregevoli da non doversene fare alcun conto. Rimase sempre nel desiderio de' cultori della storia, della geografia, della lingua nostra che questo libro si potesse leggere con fedeltà e giusta critica trascritto dall'ottimo antico Codice, da quello stesso che fu esaminato un tempo da Giovanni Villani, il quale nel Libro V. della sua Storia ne fa ricordo, e da Giovanni Boccaccio, il quale dallo stesso trasse la Novella di Ferondo, ch'è la celebre storia del Vecchio della Montagna. In tanta stima era in fatti tenuto quest'antico testo italiano (di cui per alcuni è fatto autore certo Rustichello pisano) che il Salviati ebbe a scrivere, che sole trenta scritture del nostro volgare lo precedevano per antichità : » Accanto alla Pistola » (leggesi ne' suoi Avvertimenti ec. Na-» poli, 1712, V. II. p. 94) di messer Pie-» tro delle Vigne, per antichità di favella » e per purità e bellezza di parole e di mo-» di, il *Milione* di messer Marco Polo, » dettato l'anno 1398, per nostro avviso si » conviene allogare". Ora questo testo tanto desiderato, ch'è il più autorevole e dell'antichità più remota, si è quello appunto che il cav. Baldelli ha avuto il merito di pubblicare per la prima volta, il che fece tenendo scrupolosamente a confronto altri testi ancora, e notandone le varianti. Noi ci siamo limitati nella presente edizione a darne in forma più comoda e poco dispendiosa una fedele ristampa, nè altre arbitrio ci siamo preso da quello in fuori di correggere quegli errori di stampa che la poca diligenza del tipografo fiorentino ha lasciato correre, e di dipartirci dall'edizione fiorentina nella punteggiatura, il che poi abbiamo espressamente fatto, sembrandoci che quella che non nuoce al concetto, e che anzi lo spiega più prontamente e più chiaramente sia da adottarsi sopra d'ogni altra.

Nel fine del Volume Secondo si sono poste la *Tavola delle voci citate nel Vocabolario*; quella che il cav. Baldelli compilò delle *Voci da aggiugnersi al Vocabolario* medesimo; la *Tavola delle Rubriche dell'Opera*, aggiugnendo a' luoghi respettivi la spiegazione degli antichi nomi geografici; ed una *Tavola delle principali materie* delle quali è tenuto discorso tanto nell'Opera quanto nelle Annotazioni alla stessa. In luogo poi d'intitolare questo libro IL MILIONE abbiamo creduto opportuno di sostituire: I VIAGGI IN ASIA, IN AFRICA, NEL

Mar dell'Indie descritti nel secolo XIII da Marco Polo veneziano, essendo veramente questo il suo contenuto. In alcuni testi antichi portava per titolo: *Delle cose mirabili del Mondo*; e l'aver intitolata l'Opera *il Milione* sarà stato arbitrio degli antichi menanti, mentre non al libro, ma alla persona di Marco Polo fu apposto da'suoi concittadini il soprannome di *Milione*, sorpresi come dovean essere da' racconti ch'egli faceva delle opulenze che presso gli stranieri aveva trovate e ammirate.

Poichè l'eminentissimo card. Zurla ha fatto all'Editore graziosissimo prestito della Tavola in rame rappresentante la Carta Geografica che servì a corredo della sua Opera sui Viaggi di Marco Polo, posta in luce sin dall'anno 1818, egli ne profittò pel vantaggio de' soli esemplari che di questa veneta edizione s'impressero in carta grande.

IL LIBRO
DI MARCO POLO
INTITOLATO
IL MILIONE

Incomincia il libro di messer Marco Polo cittadino di Vinegia, nel quale tratta delle condizioni e provincie del mondo, lo quale vide e cercò nel tempo che visse in questo mondo, come racconta per lo detto libro [1].

Signori, imperadori, e duchi e conti e cavalieri, principi e baroni, e tutta gente a cui diletta di sapere diverse generazioni di gente e condizioni del mondo, prendete questo libro, e troverete le grandissime e diverse cose della grande Erminia, e di Persia e di Tartaria e d'India e di molte altre provincie, come questo libro vi conterà apertamente, come messer Marco Polo viniziano ha raccontato secondo ch'elli vide cogli occhi suoi; molte altre che non vide ma inteselę da savi uomini e degni di fede. E però estendo le vedute per vedute, e le udite per udite, acciò che 'l nostro libro sia diritto e leale e sanza

[1] La nomenclatura geografica, che si troverà adoprata nel presente testo, non solo è difettosa, ma vedesi talvolta scritto in un medesimo Capitolo un nome proprio in diverse guise. Si avverte che sono sempre lasciate le lezioni come stanno nel Codice, rimanendo il dubbio se in uno o in altro modo sieno più esatte; ma le illustrazioni, tolte dalle Note che il Baldelli aggiunse al Testo Ramusiano, daranno bene spesso i necessarj schiarimenti.

riprensione. E certo crediate, che da poi che il nostro Signore Gesù Cristo creò Adamo, primo nostro padre, non fu uomo al mondo che tanto vedesse o cercasse quanto il detto messer Marco Polo. E però avendo udite e vedute cose grandi e stranie maraviglie, volle che fossono manifeste e sapute, e messe in perpetua memoria.

1. *Come messer Niccola Polo e 'l suo fratello da Vinegia arrivarono in Gostantinopoli con le loro mercanzie, et indi si partiro e andaro a Borchaan signore d' una provincia di Tarteri.*

Nel tempo che messer Baldoino imperadore di Gostantinopoli, nelli anni della incarnazione di Cristo MCCL., messer Niccola Polo, che fu padre del detto messer Marco Polo, e messer Maffeo suo fratello, savi e avveduti uomini, si partirono da Vinegia con loro mercatanzie e andarono alla città di Gostantinopoli. E dimorati un tempo..... pensarono per loro utile d'andare altrove; e comperarono molte gioie, e intrarono in nave e andarono in Soldania [1] e ivi stettono un tempo. E poi si misono

---

(1) *Soldadia* ha il Testo Ramusiano. Avverte il Ramusio essere *Sogdat* o *Sudak* nella penisola della Crimea, che chiamavasi *Gazzaria*.

per terra, e andarono tanto che giunsono alla città dove era Borchaam [1] signore d'una provincia di Tarteri. Questo signore fe grande onore a questo messer Niccola e messer Maffeo, e della loro venuta fe grande allegrezza; ed ellino li donarono tutte quelle gioie che avevano arrecate. El Signore le ricevette volentieri e molto li piacquono, e fe donare loro cose di gran valuta. E stati un tempo in questa terra, si partirono e andarono tanto per terra, che giunsono alla terra di Barcha, non potendo tornare per le vie che avevano fatte, per guerra ch'era mossa tra Barcha e Elau signore de' Tartari del levante; della quale guerra ebbe vittoria Elau [2]. Pensarono questi due fratelli più innanzi andare per la via di levante, per tornare poi per lo traverso in Gostantinopoli. E partironsi e andarono verso una città nomata Euciacha [3]; e indi si partiro e passaro il fiume che si chiama Tigris [4], che è uno de' quattro fiumi che esce dal paradiso; e andarono per uno diserto, che è lungo dicessette giornate, non

(1) Nel reame di *Barca* comandava *Barcah* o *Abarca-Caan* o *Berekè-kan* che fu buon legislatore e maomettano. Saccheggiò le terre de' Greci e morì nel 1266. — (2) *Alau*, T. Ramus. *Ulagu* o *Alau* regnava sui Mogolli della Persia, che il Polo chiama *Tartari*. — (3) *Ouchaca*, T. Ramus. è *Ukak*, o *Owiek* nella parte media dell'Asia. — (4) Non è il vero *Tigri*, ma il *Ghion*, *Osso* detto dagli Antichi, *Amu* dai Tartari.

trovando mai nè città nè castella, ma trovarono grande moltitudine di Tartari che abitavano alle campagne con loro bestiame.

2. *Come i detti arrivaro a una città che ha nome Barcham in Tartaria, e come di quindi arrivaro al gran Signore de' Tartari, e molto onorati.*

Quando ebbero passato quello diserto, trovarono una città che ha nome Bacchera.[1] nobile e grande, della quale era re uno che avea nome Barache [2]. La detta città era la migliore di Persia, nella quale stettono questi due fratelli tre anni; e nel detto tempo n'apparve uno ambasciatore da Alavello Signore. da levante, mandato da Elau al signore di tutti i Tartari nomato el Gran Can. E quando questo valente uomo vide questi due fratelli n'ebbe grande allegrezza, e videli volentieri, e favellò con loro, e disse: Se voi mi volete credere voi acquisterete grande onore e grande ricchezze, imperocchè lo signore de' Tartari non

(1) *Bockara*, o *Boccara*, Capitale d'una contrada detta dagli Arabi *Maweralnahar*, che tanto suona quanto la *Transoxiana* degli Antichi, cioè paese di là dal fiume dagli Europei detto impropriamente *Gran Bucharia*. *Gengis-kan* prese questa città, che rimase incenerita nel 1220.
— (2) *Barach* o *Barak-kan* nipote di *Gengis-kan*. Nell'anno 1260 recaronsi i Poli alla sua corte.

vide mai niuno latino; e se voi volete venire con meco, io vi menerò a lui salvi e sicuri; e fovvi certi che vi farà grandi onori, e farete di questo viaggio gran profitto. Quando li due fratelli ebbono intese queste parole, diliberarono di andare dov'elli diceva [1]. E misersi in cammino, e andarono uno anno per greco e per tramontana, innanzi che giugnessero alla terra dove era il Gran Can. E trovarono molte strane e maravigliose cose per lo cammino, le quali non si conteranno ora in questo luogo. Quando li due fratelli giunsono il Gran Can fece loro grande onore e gran festa, domandandoli della condizione de' Latini; e come l'imperadore mantenea sua signoria, e come mantenea l'impero in giustizia, e de' modi delle guerre, e degli osti, e delle battaglie di qua; e poi con diligenza gli domandò di messer lo papa, e della condizione della chiesa romana, e de' re, e de' principi del paese. E detti messer Niccola e messer Maffeo, siccome savi, e che bene sapevano il linguaggio tarteresco, risposero a ogni punto ordinatamente. E quando il Gran Can ebbe inteso le condizioni de' Latini, mostrò che molto li piacessono; e disse a' suoi baroni: Che volea mandare ambasciadori al papa

(1) Nel Codice Pucciano questo periodo differisce intieramente leggendovisi abbreviata la narrazione.

de' Cristiani; e pregò messer Niccola e messer Maffeo, che piacesse loro di essere suoi ambasciadori a messer lo papa, con uno de' suoi baroni. Ed eglino risposono, che erano a' suoi comandamenti. Allora il Gran Can fe fare sue lettere al papa: e allora pose ambasciata: Ch'elli lo mandava pregando, che egli li mandasse certi uomini, i quali fossero ammaestrati e savi nella legge cristiana, e buoni disputatori a mostrare apertemente, a lui e alla sua gente, e a tutti coloro che adorano gl'idoli; e che dovesse mandarli dell'olio delle lampane che ardono dinanzi al sepolcro di Cristo in Gerusalem.

3. *Come il Gran-Can mandò messer Niccola, e il fratello ambasciadori a Roma al papa de' Cristiani, e come arrivarono per quelli cammini.*

Imposte queste imbasciate, il Gran Can fe fare una tavola d'oro, nella quale fe scrivere: Ch'egli comandava a tutta la gente della sua signoria, per la quale passassero li suoi tre ambasciatori, che dovessono provedere a tutte quelle cose che bisognassero loro di vittuaglia, sanza danari. E così feciono di terra in terra. E quando i due fratelli, e messer Ghalghatal [1] furono

---

(1.) *Cogotal o Cogatal* in altri Codici. *Chogotal* nel T. Ramus.

apparecchiati, tolsono commiato dal signore, e montarono a cavallo, e presono loro viaggio. Ed essendo dilungati venti giornate, il barone tartaro infermò, sicchè messer Niccola e messer Maffeo lo lasciarono in una città, e andarono al loro viaggio. E in tutti i luoghi, dove mostravano la tavola dell'oro [1], erano ubbiditi secondo i loro comandamenti. E tanto cavalcarono che giunsono alla Chiazza [2], e penarono due anni a giugnere per lo gran viaggio e mali tempi e gran fiumi, chè convenìa di aspettare tempo da passare. E dalla Chiazza si partiro, e vennono in Acri a mezzo aprile, e trovarono che il papa era morto, il quale avea nome papa Clemente [3]; di che eglino andarono a uno gran cherico da Piagenza, il quale era legato per la Chiesa di Roma nelle parti di Oltremare, e avea nome messer Tibaldo, e a lui fecero l'ambasciata del Gran Can. E il detto legato l'udì volentieri quelle novelle; e diè loro per consiglio, che aspettassono tanto che fosse fatto uno papa, e a lui facessono la loro ambasciata. Allora i due fratelli

(1) L'uso di scrivere in lame d'oro gli ordini imperiali mantiensi tutt'ora in Oriente. — (2) *Chiazza*, l'*Issus* degli antichi, detto dai Turchi *Ajazza*, è un Porto sul confine della *Cilicia* e della *Soria*, e luogo celebre per la rotta data a Dario da Alessandro. — (3) Il papa Clemente IV morì in Viterbo il 23 di novembre del 1268.

si partiro da Acri, e vennono a Negroponte, e da Negroponte a Vinegia a vedere le loro famiglie. E giugnendo a Vinegia, messer Niccola trovò che la donna sua era morta, e erane rimaso uno fanciullo, il quale avea nome Marco, il quale messer Niccola non avea mai veduto, perocchè non era nato quando si partì. Avea Marco già quindici anni: e questo è quello Marco, il quale compose questo libro. E istettono i due fratelli due anni in Vinegia, aspettando che elezione si facesse di papa; e penandosi troppo, si partirono, e andarono in Acri, e menarono con loro Marco, e poi andarono in Gerusalem per togliere dell'olio delle lampane, come avea comandato loro il Gran Can; e poi, tornati in Acri al legato, e' presono commiato da lui. Allora lo legato fe fare sue lettere per mandare al Gran Can, nelle quali rendeva testimonianza a' detti ambasciatori.. Ma l'ambasciata non era fornita, perchè la Chiesa di Roma era sanza papa.

4. *Come gli due fratelli si partirono da Acri.*

Ora si partirono li due fratelli da Acri colle lettere del legato, e giunsero ad Layas [1]. E stando in Layas udirono novella

(1) *Layas*, città dell'Armenia minore.

come questo legato, lo quale avevano lasciato in Acri, era chiamato papa: ebbe nome papa Gregorio di Piagenza. E in questo stando, questo legato mandò un messo a Layas, dietro a questi due fratelli che tornassono adrieto. Quegli con grande allegrezza tornarono adrieto in su una galea armata, che fece loro apparecchiare lo re d'Armenia. Or si tornarono gli due fratelli al legato.

5. *Come gli due fratelli vanno al papa.*

Quando gli due fratelli vennero ad Acri, lo papa, chiamatoli, fece loro grande onore, e ricevetteli graziosamente, e diede loro due frati di quegli del monte del Carmine, i piue savi che fossono in quel paese; l'uno avea nome frate Niccolaio da Vinegia, e l'altro frate Guigliemo da Tripoli [1]; e che dovessero andare con loro al Gran Can; e diede loro lettere e privilegi, e impose loro l'ambasciata che voleva che facessono al Gran Cane. Data la sua benedizione a questi, cioè agli due frati, e agli due fratelli, e Marco di messer Niccolò, partironsi da Acri e vennero

(1) Guglielmo da Tripoli fu dell'Ordine de' Predicatori e del Convento d'Acri, e scrisse nel 1270 un libro che ha per titolo: *De Statu Saracenorum* ec.

a Layas. Come quivi furono giunti, uno, che avea nome Bendocdaire [1] soldano di Babbilonia [2] venne con grande oste sopra quella contrada, e facendo grande guerra. Per la qual cosa li due frati ebbero paura di andare piue innanzi, e diedero le carte e privilegi agli due fratelli, e non andarono più oltre. E andaronsene al Signore del Tempio quegli due frati.

6. *Come gli due fratelli vengono alla città di Clemenfu, ove era il Gran Can.*

Messer Niccolò, e messer Matteo, e Marco figliuolo di messer Niccolò, si missono ad andare, tanto che funno giunti là ov'era il Gran Cane, ch'era in una città che ha nome Clemenfu [3], cittade molto ricca e grande. Quello che trovarono nel camino non si conta ora perocchè si conterà innanzi. E penarono ad andare tre anni, per lo mal tempo, e per gli fiumi ch'erano grandi e di verno e di state, sicchè non potevano cavalcare. E quando il Gran Cane

---

(1) *Bondocdaire*. Cod. Pucc. Da Albufaragio è chiamato *Bibar*. Costui dopo aver battuti i Mogolli portò la guerra in Armenia nel 1272. — (2) *Babilonia* o *Bambellonia* era appellato il *Cairo* al tempo dei Soldani e delle Crociate. — (3) Più correttamente *Chemen-fu* o *Kei-pim-fu*. Era la residenza estiva di *Kublai-kan* nel 1256, 70 leghe distante da Pekino. Il Polo la rammenta talvolta col nome di *Ciandu* o *Chantu*.

seppe che gli due fratelli venivano, egli ne menò grande gioia, e mandò loro messo incontro bene quaranta giornate; e molto furono serviti e onorati.

7. Come gli due fratelli vennero al Gran Cane.

Quando gli due fratelli, e Marco, giunsero alla gran città ov'era il Gran Cane, andarono al mastro palazzo [1], ov'egli era con molti baroni, e inginocchiaronsi dinanzi da lui, cioè al Gran Cane, e molto si umiliarono a lui [2]. Egli gli fece levare suso, e molto mostrò grande allegrezza, e domandò loro chi era quello giovane che era con loro. Disse messer Niccolò: Egli è vostro uomo e mio figliuolo. Disse il Gran Cane: Egli sia il bene venuto, e molto mi piace. Date che ebbero le carte e privilegi che recavano dal papa, lo Gran Cane ne fece grande allegrezza, e dimandò com'erano istati. Rispuosero: Messere, bene dapoi che vi abbiamo trovato sano ed allegro. Quivi fu grande allegrezza della loro venuta; e quanto istettero di tempo nella corte ebbono onore piue d'altro barone.

(1) *Mastro* o *Maestro palazzo* per *Palazzo di residenza*; *maestra Città* per *Capitale*. Anche oggidì si dice, *via maestra*. — (2) Umiliarsi per *prosternarsi dinanzi ad alcuno*, non ha esempj nella Crusca.

8. *Come lo Gran Cane mandò Marco, figliuolo di mess. Niccolò, per suo messaggio.*

Ora avvenne, che questo Marco figliuolo di messer Niccolò, poichè istando nella corte apparò gli costumi tarteri, e loro lingue e loro lettere, e' diventò uomo savio e di grande valore oltra misura. E quando lo Gran Cane vide in questo giovane tanta bontà, mandollo per suo messaggio ad una terra, ove penò ad andare sei mesi. Lo giovane ritornò bene e saviamente; e ridisse l'ambasciata, ed altre novelle di ciò che gli domandò; perchè il giovane avea veduto altri ambasciadori tornare d'altre terre, e non sapeano dire altre novelle delle contrade, fuori che l'ambasciata; egli gli avea per ciò il signore per folli; e diceva: Che piue amava gli diversi costumi delle terre sapere, che sapere quello perch' egli avea mandato. E Marco, sapiendo questo, apparò bene ogni cosa per sapere ridire al Gran Cane.

9. *Come messer Marco tornò al Gran Cane.*

Or tornò messer Marco al Gran Cane colla sua ambasciata, e bene seppe ridire quello perchè egli era ito; e ancora tutte le maraviglie, e le grandi e le nove cose che avea trovate. Sicchè piacque al Gran

Cane e a tutti i suoi baroni; e tutti lo commendarono di gran senno e di grande bontà; e dissero: Se vivesse diverrebbe uomo di grandissimo valore. Venuto di questa ambasciata, sel chiamò il Gran Cane sopra tutte le sue ambasciate; e sappiate, che stette col Gran Cane bene ventisette anni. E in tutto questo tempo non finì di andare in ambasciate per lo Gran Cane, poichè recò sì bene la prima ambasciata. E faceagli tanto d'onore lo signore, che gli altri baroni ne aveano grande invidia; e questa è la ragione perchè messer Marco seppe più di quelle cose, che nessuno uomo che nascesse al mondo.

10. *Come messer Niccolò e messer Matteo domandaro commiato al Gran Cane.*

Quando messer Niccolò, e messer Matteo, e messer Marco furono tanto istati col Gran Cane, vollero lo suo commiato per tornare alle loro famiglie. Tanto piaceva il loro fatto al Gran Cane, che per nulla ragione voleva loro dare commiato. Ora avvenne, che la reina Bolgara, che era moglie d'Arcon [1] sì si morì; e la reina sì lasciò: Che Arcon non potesse torre moglie

---

(1) *Argon.* Cod. Puce. Nel testo Ramusiano al nome del *re Argon*, si aggiugne: *nelle Indie Orientali.*

se non del suo ligniaggio. E mandò ambasciadori al Gran Cane (e furono tre, de' quali avevano l'uno nome Oularay, e l'altro Pusciai, l'altro Coja, con grande compagnia): Che gli dovesse mandare moglie del ligniaggio della reina Bolgara, imperocchè la reina era morta, e lasciò che non potesse prendere moglie altra che di suo ligniaggio. E il Gran Cane gli mandò una giovane di quello ligniaggio [1]; sicchè il Gran Cane fornio l'ambasciata di coloro con grande festa e allegrezza. E in questo, messer Marco tornò da una ambasciata d'India, dicendo l'ambasciata, e le novitade che avea trovate. Questi tre ambasciadori, ch'erano venuti per la reina, domandarono grazia al Gran Cane, che questi tre Latini gli dovessono accompagnare in quell'andata, con quella donna che menavano. Lo Gran Cane fece loro la grazia a gran pena, e mal volentieri: tanto gli amava. E diede parola alli tre Latini che accompagnassono li tre baroni, e la donna.

11. *Quivi divisa come messer Niccolò e messer Matteo si partirono dal Gran Cane.*

Quando lo Gran Cane vide messer Niccolò, e messer Matteo, e messer Marco

(1) Nel Cod. Pucciano si aggiugne: *Che avea nome Cothatin, ed era d' età di diciassette anni, era molto bella; e disse a quelli baroni: Questa è quella donzella, la quale andate cercando.*

si doveano partire, egli gli fece chiamare a se, e gli fece dare loro due tavole d'oro; e comandò, che fossono franchi per tutte sue terre, e fossono loro fatte tutte le spese, a loro e a tutta loro famiglia, in tutte parti. E fece loro apparecchiare quattordici navi, le quali ciascuna avea quattro alberi, e molte andavano a dodici vele. Quando le navi furono apparecchiate, li baroni, e la donna, con questi tre Latini, ebbono preso commiato dal Gran Cane, e si messero nelle navi con molta gente; e il Gran Cane diede loro le spese per due anni. E vennero navicando ben tre mesi, tanto che vennero all'isola di Iava, nella quale hae molte cose maravigliose, che noi conteremo in questo libro. E quando egliono furo venuti, questi trovarono che Arcon era morto, cioè colui, a cui andava questa donna. E dicovi sanza fallo, ch'entro le navi avea bene settecento persone, sanza gli marinai, de' quali non ne campò più che diciotto; e trovarono che la signoria d'Arcon teneva Acatu [1]. Quando ebbero raccomandata la donna, e fatta l'ambasciata ch'era loro imposta dal Gran Cane, presono commiato; e missersi alla via. E

---

(1) In luogo di *Acatu* o *Arcatu* leggesi *Chiacato* nel testo Ramusiano. Il suo vero nome era *Kandgiatu*; governava la Persia, e fu ucciso nel 1295.

sappiate, che Acatu donò agli tre Latini, messaggi del Gran Cane, quattro tavole d'oro [1]. Era nell'una iscritto: Che questi tre Latini fossero serviti e onorati, e dato loro ciò che fosse bisogno in tutta sua terra. E così fu fatto; che molte volte erano accompagnati da quattrocento cavalieri, e piue o meno, quando bisognava. Ancora vi dico, che per riverenza di questi tre messaggi, che il Gran Cane si fidava di loro, che gli affidò loro la reina *Cacessie* figliuola del re de' Magi, che la dovessero menare ad *Arco* [2], al signore di tutto il Levante. E così fu fatto. E queste reine li tenevano per loro padri, e così gli ubbidivano. E quando questi partirono per tornare in lor paesi, queste reine piansono di gran dolore. Sappiate, che poi sì grande reine furo fidate a costoro di menare a' loro signori a lunga parte, ch'egliono erano bene amati, e tenuti in gran capitale. Partiti i tre messaggi da Arcatu, sì se ne vennero a Tripisonde [3], e poi a Costantinopoli, e poi a

---

(1) Nel Cod. Pucc. s'aggiugne: *le due di ge falchi, la terza di lioni, la quarta di vettovaglia per ispese.* — (2) Nel T. Ramus. il nome della reina è *Cogatin*; ed in luogo di *Arco* leggesi re *Argon*, sopraccitato. — (3) *Trebisonda*, che i Turchi chiamano *Terabezun*, fu detta dagli antichi *Trapezus* perchè sporgeva in mare a guisa di trapezio. Ebbe gran celebrità nell'età di mezzo. Ivi nacquero Giorgio di Trebisonde e 'l Cardinal Bessarione.

Negroponte, è poi a Vinegia, e questo fu negli anni MCCXCV. Or v'ho contato il prologo del libro di messer Marco Polo, che comincia qui a divisare delle provincie e paesi dov'egli fu.

12. *Qui divisa della provincia di Ermenia.*

Egli è vero che sono due Armenie, la piccola e la grande [1]. Nella piccola è Signore uno che giustizia buona mantiene; ed è sotto lo Gran Cane. Quivi ha molte ville [2], e molte castella, e abbondanza d'ogni cosa; e havvi uccellagioni e cacciagioni assai. Qui soleva già essere di valentri [3] uomini; ora sono tutti cattivi, solo rimaso loro una bontà, che sono grandissimi bevitori. Ancora sappiate, che sopra mare hae una villa, che ha nome Ionas [4], la quale è di grande mercanzia: e per ivi si posano tutte le spezierie che vengono di là entro; e gli mercanti di Vinegia e di

(1) Anche da altri geografi è divisa l'Armenia in maggiore e minore. Il Polo traversò la minore nell'andare alla Cina, la maggiore al ritorno, allora quando da *Trebiz* si recò a Trebisonda. — (2) *Ville* è detto per *cittadi* alla maniera francese, usata anche da Dante e dal Petrarca; peraltro il testo Pucc. traduce sempre *città*. — (3) I trecentisti usarono talvolta *valentre* per *valente*, e s'hanno esempj in Gio. Villani ed in altri; e così *semprice* per *semplice* ec. — (4) *Layas* nel Cod. Pucciano.

Genova e d'altre parti quindi levano loro mercatanzie, e gli drappi di là, e tutte l'altre care cose; e tutti i mercatanti che vogliono andare infra terra, prendono via da quella villa. Ora conteremo di Turcomania.

13. *Qui divisa della provincia di Turcomania.*

In Turcomania ha tre generazioni di gente. L'una gente sono Turcomanni, e adorano Malcometto; e sono semprice genti, e hanno sozzo linguaggio, e stanno in montagne e in valle, e vivono a bestiami; e hanno cavagli e muli grandi e di grande valore. E gli altri sono Ermini, e Greci che dimorano in ville e in castella, e vivono d'arti e di mercanzia: e quivi si fanno i sovrani tappeti del mondo, e a più bel colore. Favvisi lavorio di seta e di tutti colori. Altre cose v'ha che io non vi conto. Elli sono al Tartero del levante. Or partiremo di qui, e andremo alla Grande Ermenia.

14. *Della grande Ermenia.*

La grande Ermenia si è una grande provincia; e nel cominciamento è una città, che ha nome Arzinga [1], ove si fa il

---

(1) *Arzinga* anche nel Testo Ramus. Questa città è fra *Sivas* e *Erzerum*.

migliore bucherame del mondo. Ivi è la più bella bambagia del mondo, e la migliore. Quivi ha molte cittadi e castella; e la più nobile città è Arzinga, e hae arcivescovo. Le altre sono Arziron [1] e Arzizi [2]. Ella è molto grande provincia. Quivi dimora la state tutto il bestiame de' Tartari del levante, per la buona pastura che v'è; di verno non v'istanno per lo grande freddo che v'è; chè non vi camperebbono le loro bestie [3]. Ancora vi dico, che in questa grande Ermenia è l'Arca di Noè, in su una grande montagna negli confini di mezzodì inverso lo levante, presso al reame che si chiama Mosul [4]; che sono Cristiani, che sono Iacopini e Nestorini, delli quali diremo innanzi. Di verso tramontana confina con Giorges: e in questo confine è una fontana ove surge tanto olio, in tanta abbondanza che cento navi se ne caricherebbono alla volta; ma egli non è buono da mangiare, ma sì da

(1) Il Tournefort la chiama *Arzerum* o *Erzeron*, attualmente capitale dell'Armenia. — (2) *Argis* sul lago di Van. *Argis* per la pronunzia veneta diventa *Arzis*. — (3) Del freddo rigidissimo dell'Armenia parla Tournefort; e l'armata di Alessandro Severo ripassando per l'Armenia fu tanto maltrattata dal freddo che dovettero tagliarsi a' soldati non poche mani e gambe agghiacciate. — (4) *Mosul* è il monte *Ararat*. Secondo Tavernier gli Armeni lo chiamano *Masesusar*, che significa *Monte dell'arca*.

ardere; è buono da rogna e ad altre cose; e vengono gli uomini molto dalla lunga per questo olio; e per tutta quella contrada non si arde altro olio. Or lasciamo della grande Ermenia, e conteremo della provincia di Giorges.

15. De' re di Giorges.

In Giorgia [1] hae uno re, il quale si chiama sempre David Melic [2], cioè a dire, in francesco, David re [3]. E' sottoposto al Tartaro. E anticamente a tutti gli re che nascono in quella provincia, nasceva un segno d'aquila sotto la spalla diritta. Egli sono bella gente, e prodi d'arme e buoni arcieri; egli sono Cristiani e tengono legge di Greci; e i cavagli hanno piccoli al modo de' Greci. E questa è la provincia che Alessandro Grande non potè passare, perchè dall'uno lato ee il mare, e dall'altro le montagne; dall'altro lato ee la via sì stretta che non si può cavalcare; e dura questa via istretta piue di quattro leghe,

(1) La *Giorgia* è ora detta dai Persiani *Gargistan*. — (2) Il titolo di questi regi è *Mepa*, ma anche la voce *Melik* significa *re*. — (3) Si ravvisa dalle parole, *cioè a dire, in francesco, David re*, che il presente testo è recato in italiano dal francese. Per innanzi si troveranno altri esempj ancora più evidenti.

cioè dodici miglia, sicchè pochi uomini terrebbono lo passo a tutto il mondo: perciò non vi passò Alessandro; e quivi fece fare Alessandro una torre con gran fortezza, perchè coloro non potessono passare per venire sopra lui; e chiamasi la *Porta del ferro*. E questo è lo luogo che dice il libro di Alessandro, che dice, che rinchiuse gli Tarteri dentro delle montagne; ma egliono non furono Tarteri, anzi furono una gente che hanno nome Cumani, e altre generazioni assai; chè Tarteri non erano a quel tempo. Egli hanno cittadi e castella assai; e hanno seta assai, e fanno drappi di seta e d'oro assai, li più belli del mondo; egli hanno astori gli più belli e gli migliori del mondo; e hanno abbondanza d'ogni cosa da vivere. La provincia ee tutta piena di grande montagne, e sì vi dico che gli Tarteri non poterono ancora avere intieramente la signoria di tutta. E quivi si è lo monistero di santo Lionardo, ov'è tale maraviglia, che d'una montagna viene un lago dinanzi a questo monistero, e non mena niuno pesce di niuno tempo, se non di quaresima; e comincia lo primo dì di quaresima, e dura insino al sabato santo; e ve ne viene in grande abbondanza. Dal dì innanzi non ve se ne vede nè trova veruno per maraviglia infino all'altra quaresima. E sappiate che el mare che io v'ho contato, si chiama lo mare di

Geluchclari [1], e gira sette miglia, ed ee di lungi d'ogni mare [2] bene dodici giornate, ed entravi dentro molti grandi fiumi. E nuovamente mercanti di Genova navicano per quel mare. Di là viene la seta, che si chiama ghele [3]. Abbiamo contato degli confini che sono d'Ermenìa di verso il levante; or diremo di que' confini che sono di verso mezzodì e levante.

16. Del reame di Mosul.

Mosul [4] si è un grande reame ov'hae molte generazioni di gente, le quali vi conteremo incontanente; e v'ha una gente che si chiamano Arabi, che adorano Maleometto. Un'altra gente v'ha che tengono la legge cristiana, ma non come comanda la chiesa di Roma, ma fallono in più cose. Egli sono chiamati Nestorini e Iacopini;

(1) E' il *Lago di Geluchalat*, detto anche *Lago di Van*, da Tolomeo appellato *Arsisia palus*. Ha 178 miglia di giro secondo Macdonald-Kinner; è salmastro, e vi sorgono quattro isole. — (2) Intende di ricordare il mare Caspio, dove hanno foce i fiumi *Herdil, Gheicon, Cur, Aras*, che sono i più celebri; l'*Aras* però sbocca nel *Cur* a *Tuval*. — (3) Di questa seta fa menzione anche il Balducci, e chiamala *seta ghella*; sarà forse la famosa seta del Ghilan. — (4) *Mosul*, posta sulla riva occidentale del Tigri, è città oggidì in grandissimo squallore; fa tuttavia 35,000 anime.

egli hanno un patriarca che si chiama
Iacolic [1]; e questo patriarca fa vescovi e
arcivescovi e abati; e fagli per tutta India, e per Baudat, e per Acatu, come fa
lo papa di Roma; e tutti questi Cristiani
sono Nestorini e Iacopini. E tutti gli panni
di seta e d'oro, che si chiamano *mosolini*,
si fanno quivi; e gli grandi mercatanti, che
si chiamano *mosolini*, sono di quello reame
di sopra. E nelle montagne di questo regno sono gente di Cristiani [2] che si chiamano Nestorini e Iacopini. L'altre parti
sono Saracini che adorano Malcometto; e
sono mala gente, e rubano volentieri i
mercatanti. Ora diremo della gran città di
Baudat.

17. Di Baudat come fu presa.

Baudat [3] è una grande cittade, ove solea stare lo califfo di tutti gli Saracini

(1) Gli Arabi appellano questo patriarca *Jatlick*, ed è capo della setta Nestoriana. Il patriarca de' *Jacopini* è chiamato *Mofrian*. — (2) Nel testo Magliabechiano si aggiugne *che sono detti Curdi*; nel testo Ramusiano *che si chiamano Curdi*. Questa gente continua a possedere la regione alpina fra l'*Armenia* e la *Media*, detta perciò *Kurdistan*. — (3) *Baudat* è *Bagdad*, appellata *Baldacca* dagl'Italiani ne' secoli di mezzo. Il Petrarca: *Solo una fede, e quella fia in Baldacco* (P. I. Son. CVI). Quantunque assai decaduta è tuttora grand'emporio delle

del mondo, così come a Roma il papa di tutti gli Cristiani. Per mezzo la città passa un fiume molto grande, per lo quale si puote andare infino nel mare d'India; e quindi vanno e vengono i mercatanti, e loro mercatanzie. E sappiate che da Baudat al mare, giù per lo fiume, ha bene diciotto giornate. Gli mercatanti che vanno in India, vanno per quel fiume infino ad una città che ha nome Chisi [1]; e quivi entrano nel mare d'India. E su per lo fiume, tra Baudat e Chisi, v'è una città che ha nome Bastra [2], e per quella città, e per gli borghi nascono i migliori datteri del mondo. In Baudat si lavora di diversi lavori di seta e d'oro, in drappi a bestie e a uccelli. Ella è la più nobile città, e la maggiore di quella provincia. E sappiate, che 'l califfo si trovò lo maggiore tesoro d'oro e d'argento e di pietre preziose che mai si

merci che da *Bassora* pel *Tigri* si trasportano per carovana a *Tochat*, a *Costantinopoli*, ad *Aleppo*, a *Damasco*. Giace nella parte occidentale della Persia, e fu un dì la sede dei califfi e del sapere degli Arabi. —(1) *Chisi* è città in un'isola del Seno Persico. Il Polo narra ciò che aveva udito dire, e non già per esservi stato. — (2) *Balsara*, T. Ramus. E' la città di *Bassora* sulla riva occidentale del *Shat-ul-Arab*, 70 miglia distante dall'imboccatura di questo fiume. E' una delle più succide città del mondo, con istrade assai strette; e fa tuttora 60,000 anime. Sono famosi i boschi di datteri che la circondano.

trovasse ad alcuno uomo. Egli è vero che negli anni domini MCCLV. lo gran Tartero, che avea nome Alau, fratello del Signore che in quel tempo regnava, ragunò grande oste, e venne sopra lo califfo in Baudat, e presela per forza. E questo fu grande fatto, imperocchè in Baudat avea piuo di cento mila cavalieri sanza gli pedoni. E quando Alau l'ebbe presa, trovò al califfo piena una torre d'oro e d'argento, e d'altro tesoro, tanto che giammai non se ne trovò tanto insieme. Quando Alau vide questo tesoro molto se ne maravigliò, e mandò per lo califfo (ch'era preso), e sì gli disse: Califfo, perchè ragunasti tanto tesoro? che ne volevi tu fare? e quando tu sapesti ch'io veniva sopra te, come non soldavi cavalieri e gente per difendere te e la terra tua e la tua gente? Lo califfo non li seppe rispondere. Allotta disse Alau: Califfo, da che tu ami tanto l'avere [1], io te ne voglio dare a mangiare. E fecelo mettere in quella torre, e comandò, che non gli fosse dato nè bere, nè mangiare; e disse: Ora ti satolla del tuo tesoro. E quattro dì vivette, e poscia si trovò morto; e per ciò meglio fosse che lo avesse dato a gente per difendere sua terra. Nè mai poscia in quella città non ebbe califfo niuno. Non

(1) *Avere* per *facoltà* o per *ricchezze*, fu ed è in uso presso i buoni scrittori.

diremo più di Baudat, perocchè sarebbe lunga materia, e diremo della nobile città di Toris.

18. *Della nobile città di Toris.*

Toris [1] ee una grande cittade, che è in una provincia ch'è chiamata Arat [2], nella quale hae ancora più cittade, e più castella. Ma conterò di Toris, perocch'è la più bella e la migliore che sia nella provincia. Gli uomini di Toris vivono di mercanzia e d'arti; cioè di lavorare drappi a seta e ad oro; ed ee il luogo sì buono, che d'India, e di Baudat e di Mosul e di Cremo [3] vi vengono gli mercatanti, e di molti altri luoghi; e gli mercatanti latini vanno quivi per le mercatanzie istranee [4], che vengono da lunghe parti; e molto vi guadagnano. Quivi si trova molte pietre preziose. Gli uomini sono di piccolo affare [5], e havvi di molte maniere di genti. Quivi v'è Ermini e Nestorini e Iacopini, Giorgiani,

(1) *Tauris* nel T. Ramus. È *Tebris* capitale dell'*Aderbijan*, fu anticamente la seconda città della Persia, ma oggidì non occupa il decimo della sua passata estensione, ed ha cirac 30,000 abitanti. — (2) *Arac* Cod. Pucc. — (3) *Cremesor*, Cod. Riccard. — (4) *Istraneo* per *straniero* manca nel Vocabolario. — (5) *Uomo d'alto affare* è usato dal Boccaccio, ma non trovasi usato di *piccolo affare* per significare di *bassa condizione*.

e Persiani; e di quegli v'ha che adorano Malcometto [1], cioè lo popolo della terra, che si chiamano Taurisini. Intorno alla città ha begli giardini, e dilettevoli d'ogni frutta. Gli Saracini di Toris sono molto malvagi e disleali.

19. Della maraviglia di Bauda e della Montagna.

Ora vi conterò una maraviglia che avvenne a Baudat e a Mosul. Negli anni mccxxv. era uno califfo [2] in Baudat che molto odiava gli Cristiani; e ciò è naturale alli Saracini. Egli pensò di fare tornare gli Cristiani Saracini, o di uccidergli tutti; e a questo avea suoi consiglieri saracini. Ora mandò lo califfo per tutti gli Cristiani, ch'erano di là, e misse loro dinanzi questo punto: Che egli trovava in uno Vangelo iscritto, che se alcuno Cristiano avesse tanta fede quanto un granello di senape, per suo prego che facesse a Dio farebbe giugnere due montagne insieme; e mostrò loro lo Vangelo. Gli Cristiani dissero: che bene era vero. Dunque,

(1) Che *tengono la legge di Macometto* leggesi più rettamente nel Cod. Pucc. — (2) Questo califfo appellavasi *Mostansem*. Incominciò a regnare l'anno 1243, morì assassinato nel 1258, e fu l'ultimo dei califfi Abassidi, la cui dinastia durò 524 anni.

disse 'l califfo, tra voi tutti dee essere tanta fede quanto un granello di senape; or dunque fate rimuovere quella montagna, od io vi ucciderò tutti, o voi vi farete Saracini, chè chi non ha fede dee essere morto. E di questo fare diede loro termine dieci dì. Quando gli Cristiani udirono ciò ch'el califfo avea detto, ebbono grandissima paura, e non sapevano che si fare. Ragunaronsi tutti, piccoli e grandi, maschi e femmine, arcivescovi e vescovi, e pregarono assai Iddio, e istettono otto dì tutti in orazione, pregando che Iddio loro aitasse, e guardassegli da sì crudele morte. La nona notte apparve l'Angiolo al vescovo, ch'era molto santo uomo, e dissegli: Che andasse la mattina al cotale calzolaio, e che gli dicesse, che la montagna si muterebbe. Quello calzolaio era buono uomo, ed era di sì buona vita, che un dì una femmina venne a sua bottega molto bella, nella quale un poco peccò cogli occhi; ed egli colla lesina vi si percosse, sicchè mai non ne vide; sicchè egli era santo e buono uomo [1]. Quando questa visione

(1) Nel Cod. Pucc. è meglio narrato così: *Questo ciabattiere era un santo uomo, al quale venendo uno di una femmina alla bottega sua, la quale era molto bella, subitamente si sentì nel cuore alcuno pensiero non onesto, di che sentendosi scandalizzato dall' occhio suo, tolse subitamente la lesina, e percossesi nell' occhio, che acceccònne.*

venne al vescovo, che per lo calzolaio si dovea mutare la montagna, fece ragunare tutti gli Cristiani, e disse loro la visione. Allora lo vescovo pregò lo calzolaio, che pregasse Iddio che mutasse la montagna; ed egli disse: Ch'egli non era uomo sufficiente a ciò. Tanto fu pregato per gli Cristiani, che lo calzolaio si mise in orazione. Quando il termine fu compiuto, la mattina tutti gli Cristiani n'andarono alla chiesa, e feciono cantare la Messa, pregando Iddio che gli aiutasse; poscia tolsero la Croce, e andarono nel piano dinanzi a questa montagna; e quivi era tra maschi e femmine, piccoli e grandi, bene centomila. E 'l califfo vi venne con molti Saracini armati per uccidere tutti gli Cristiani, credendo che la montagna non si mutasse. Stando gli Cristiani in orazione dinanzi alla Croce ginocchioni, e pregando Iddio di questo fatto, la montagna cominciò a rovinare e a mutarsi [1]. Gli Saracini veggendo ciò si maravigliarono molto, e il califfo si convertì con molti Saracini. E quando lo califfo morìo, si trovò una croce al collo, e gli Saracini, vedendo questo, nol sotterrarono nel monimento con gli altri califfi passati, anzi lo missono in un altro luogo. Or lasciamo di Toris, e diciamo di Persia.

(1) *Mutarsi del luogo suo.* Cod. Pucc.

20. *Della grande provincia di Persia*
e de' tre Magi [1].

Persia si è una provincia grande e nobile certamente, ma al presente l'hanno guasta i Tarteri. In Persia è la città ch'è chiamata Sabba [2], della quale si partirono li tre re, che andarono ad adorare Cristo, quando nacque. In quella città sono seppelliti gli tre Magi in una bella sepoltura; e sonvi ancora tutti intieri e co' capegli. L'uno ebbe nome Baltasar, l'altro Melchior, e l'altro Guaspar. Messer Marco domandò più volte in quella città di questi tre re; niuno gliene seppe dire nulla, se non che erano tre re seppelliti anticamente. E andando tre giornate, trovarono un castello, chiamato Calasaca, cioè a dire, in francesco, castello degli oratori [3] del fuoco. E' ben vero che quegli di quello castello adorano il fuoco, ed io vi dirò perchè. Gli uomini di quello castello dicono, che anticamente tre re di quella

(1) I racconti puerili contenuti nel presente e nel seguente capitolo furono dal Polo soppressi nel ritoccare il libro; non si leggono nella versione latina di fra Pipino, nè nel testo Ramusiano. — (2) *Salva* nel testo Magliabech. Amaretto Mannelli chiama *Magherano* la città d'onde vennero i Magi, e dice essere in Persia. — (3) *Oratore* per quello *che ora o prega* fu usato anche da Dante, ma non v'ha esempio nel significato di *adoratore*.

contrada andarono ad adorare un profeta, lo quale era nato; e portarono tre offerte: oro, per sapere s' era signore terreno; incenso, per sapere s' era Iddio; mirra, per sapere s'era eternale. E quando furono ove Iddio era nato, lo minore andò in prima a vederlo, e parvegli di sua forma e di suo tempo, e poscia il mezzano, e poscia il maggiore; e a ciascuno parve per sè di sua forma e di suo tempo e di sua etade. E riportando ciascuno quello che avea veduto, molto si maravigliarono, e pensarono di andare tutti insieme. Andando insieme, a tutti parve quello ch' era, cioè, fanciullo di tredici giorni. Allora offersono l'oro e lo incenso e la mirra; e il fanciullo prese tutto; e lo fanciullo donò agli tre re uno bossolo chiuso: e gli re si mossono per tornare in lor contrade.

21. *Delli tre Magi.*

Quando li tre Magi ebbero cavalcate alquante giornate, vollono vedere quello che 'l fanciullo avea loro donato; apersono lo bossolo, e quivi trovarono una pietra, la quale avea loro data Cristo, in significanza che stessono fermi nella fede che avevano cominciata, come pietra. Quando videro la pietra, molto si maravigliaro, e gittaro questa pietra in un pozzo. Gittata la pietra nel pozzo, un fuoco discese dal Cielo ardente, e gittossi in quel pozzo. Quando gli re vidono questa maraviglia, penteronsi di ciò che avevano fatto; e presono di quello fuoco, e portaronne in loro contrada, e puoserlo in una loro chiesa, e tuttavolta lo fanno ardere, e adorano quello fuoco come Iddio; e tutti gli sacrificj, che fanno, condiscono di quello fuoco; e quando si spegne, vanno all'originale, che sempre istà acceso, nè mai nollo accenderebbono se non di quello; perciò adorano lo fuoco quegli di quella contrada. E tutto questo dissono a messer Marco Polo ee veritade. L'uno de' re fu di Sabba, l'altro di Iava, l'altro del Castello. Ora vi diremo di molti fatti di Persia, e de' loro costumi. Sappiate che in Persia hae otto reami, l' uno ha nome Causon [1], lo secondo di Stam [2], lo terzo Laor [3], lo quarto Celstan [4], lo quinto Istain [5], lo sesto Zerazi [6], lo settimo Suncara [7], l' ottavo Turnocam [8], ch'è presso all' Albero Solo. In questo reame ha molti belli destrieri e di grande valuta, e molti ne vengono a vendere in India. La maggior parte sono di valuta di dugento lire di

(1) *Casur*, Cod. Ricc. — (2) *Curdistan*, Cod. Ricc. — (3) *Lor*, Cod. Ricc. — (4) Forse il *Segestan*. — (5) *Hystaine*. Cod. Ricc. — (6) Così pure nel Cod. Ricc. — (7) *Suncora*, Cod. Pucc; *Sonchara*. Cod. Ricc. — (8) *Tuncaz*, Cod. Pucc. *Temocan*, Cod. Ricc.

tornesi ¹. Ancora v'ha le più belle asine del mondo, che vale l'una bene trenta marchi di argento, e che bene corrono ². E gli uomini di questa contrada menano questi cavalli infino a due cittadi, che sono sopra la riva del mare; l'una hae nome Achisi, l'altra ha nome Acamasa ³. Quivi sono gli mercanti che gli menano in India. Questi sono mala gente; tutti si uccidono fra loro; e se non fosse per paura del Signore, cioè del Tartaro del levante, tutti gli mercatanti ucciderebbono. Quivi si fanno drappi d'oro e di seta: e quivi hae molta bambagia; e quivi hae abbondanza d'orzo, e di miglio, e di panico, e di tutte biade, e di vino, e di tutti frutti. Or lasciamo qui, e conterovvi della gran città di Jadys, e di tutto suo affare, e suoi costumi.

22. *Delli otto reami di Persia.*

Jadys ⁴ è una città di Persia molto bella e grande, e di grande e di molte

(1) Anche questo modo di computare a tornesi serve a svelare che questo testo è tradotto dal francese. — (2) E *bene ambiano*, Cod. Pucc. *Ambiare è andare di portante*, che i Francesi chiamano *pas d'amble*. — (3) *Chisi* e *Curmosa*, Cod. Ricc. — (4) *Jasdi* o *Yesa* è il grand'emporio dei traffici fra l'India, il paese di *Boccara*, e la *Persia*. Giace sul lembo del gran deserto salino, e la città contiene oggidì 20,000 case.

mercatanzie. Quivi si lavora drappi d'oro e di seta, che si chiamano Iassi [1] che si portano per molte contrade. Egli adorano Malcometto. Quando l'uomo si parte di questa terra per andare innanzi, cavalcasi sette giornate, tutto piano, e non v'ha abitazione se non in tre luoghi ove si possa albergare. Qui hae begli boschi, e begli piani per cavalcare. Quivi hae pernicie e cotornicie assai; quindi si cavalca a grande sollazzo. Quivi hae asine salvatiche molto belle [2]. Da capo a queste sette giornate hae uno reame c'ha nome Crema.

23. Del reame di Crema.

Crema [3] è uno regno di Persia che soleva avere Signore per eredità, ma poscia che gli Tarteri lo presono sì vi mandarono Signore cui loro piace. E quivi nascono le pietre che si chiamano turchiese [4] in

---

(1) *Jasdi* nel testo Ramus. La celebrità delle manifatture di seta di *Yezd* è molto antica, e questi drappi non si appellano più *Jasdi*, ma *Kesch* o *Alchi*. — (2) I Greci chiamavano *onagri* gli *asini campestri*. Eliano ricorda quelli di cui fa qui menzione il Polo, e ne discorre anche il Buffon. Non è animale timido e lento come l'asino de' nostri climi, ma rapidissimo al corso. — (3) *Creerman* o *Kerman*. Chiermain nel testo Ramus. è l'antica *Caramania*. — (4) Secondo il Raineri, nel suo Trattato delle pietre preziose, le celebri cave di turchine erano a *Nisabur* e a *Nescivar*.

grande quantità, che si cavano delle montagne; e hanno vene d'acciaio, e d'andanico assai [1]. Lavorano bene tutte cose da cavalieri; freni, selle, e tutte armi e arnesi. Le loro donne lavorano tutte cose a seta e ad oro e a uccelli e a bestie, nobilmente; e lavorano di cortine e di altre cose molto riccamente; e coltri e guanciali e tutte cose. Nelle montagne di questa contrada nascono i migliori falconi e gli più valorosi del mondo, e sono meno che falconi pellegrini; niuno uccello campa loro dinanzi. Quando l'uomo si parte di Crema cavalca sette giornate tuttavia per città e per castella con grande sollazzo; e quivi hae uccellagioni di tutti uccelli. Di capo delle sette giornate truova una montagna, ove si scende; chè bene si cavalca due giornate pure a china, tuttavia trovando molti frutti e buoni. Non si trova abitazione, ma gente con loro bestie assai. Da Crema infino a questa iscesa ha bene tale freddo di verno che non si può passare se non con molti panni indosso [2].

(1) Congettura il Baldelli che *andanico* sia quel ferro dolce, che mescolato coll'acciajo serve a fabbricare le celebri lame damaschine. — (2) Il viaggiatore *Potinger* scrive che il *Kerman* è paese arido, pieno di catene di monti, e senza fiumi; nel verno la neve cuopre le montagne, e vi resta per la maggior parte dell'anno; e mentre gli abitanti smaniano di caldo nei piani, gelano nei monti.

24. Di Camadi.

Alla discesa della detta montagna ha un bel piano, e nel cominciamento hae una città c'ha nome Camandi [1]. Questa solea essere migliore terra che non è ora, chè i Tarteri d'altra parte le hanno fatto danno più volte. Questo piano è molto cavo [2], e questo reame ha nome Reobalos [3]. Suoi frutti sono datteri, pistacchi, frutto di paradiso [4], e altri frutti che non sono di qua. Hanno buoi grandi e bianchi come neve, col pelo piano per lo caldo luogo, le corna corte e grosse e non acute; fra le spalle hanno un gobbo alto due palmi, e sono la più bella cosa del mondo a vedere. Quando si vogliono caricare si coricano come camelli, e caricati così si levano, chè sono forti oltra misura; e v'ha montoni come asini, che pesa loro la coda

(1) *Camandù* nel testo Ramus., luogo distrutto dai Tartari sin dai tempi del Polo. Congettura il Marsden, che possa corrispondere a *Memann* della Carta d'Anville, o a *Koumin* rammentato da Ebn-Auckal. — (2) *Molto profondo*; ma nel testo Magliab. leggesi: *è caldo luogo.* — (3) *Reobarle*, T. Ramus. Pensa il cav. Baldelli che sia la contrada che traversò Pottinger nel recarsi da *Kerman* a *Schiras.* Evvi il proverbio che se la Persia fosse un deserto, basterebbe questa valle a provvederla di frutte. — (4) *Musa paradisiaca,* detta volgarmente *Fico d'Adamo.*

trenta libbre, e sono bianchi e belli, e buoni da mangiarne. In questo piano ha città e castella e ville murate di terra da difendersi dagl' ischerani [1], che vanno rubando a questa gente che corrono il paese. Per incantamento fanno parere notte sette giornate alla lunga, perchè altri non si possa guardare : quando hanno fatto questo, vanno per lo paese, che bene lo sanno; e sono bene diecimila, talvolta e più e meno, sicchè per quel piano non campa loro nè uomo, nè bestia; gli vecchi uccidono; gli giovani menano a vendere per ischiavi. Lo loro re ha nome Nogodar [2], e sono gente rea e malvagia e crudele. E sì vi dico, che messer Marco vi fu quasi che preso in quella iscuritade, ma si campò ad uno castello c'ha nome Canosalmi [3], ed i suoi compagni vi furono presi assai, e venduti e morti.

25. Della gran China.

Questo piano dura verso mezzodie cinque giornate. Da capo delle cinque giornate è un' altra china [4], che dura venti

(1) Per *scherani* o *assassini*. — (2) Di questo Nogodar non è fatta menzione in veruno degli scrittori che trattarono dei fatti dei Tartari. — (3) *Canosalim,* Cod. Ricc. *Chelosaban,* Cod. Magl. — (4) Di *china* per *iscesa* allega esempj il Vocabolario.

miglia; molto mala via, o havvi molti rei uomini che rubano. Di capo della china hae un piano molto bello, che si chiama piano di Formosa, e dura due giornate, e havvi bella riviera; e quivi hae francolini, pappagalli, e altri uccelli divisati da' nostri. Passate due giornate è lo mare Oceano, e in sulla riva è una città con porto c'ha nome Cormos. E quivi vengono d'India per navi tutte ispezierie, e drappi d'oro, e denti di leofanti, e altre mercanzie assai; e quindi le portano i mercatanti per tutto il mondo. Questa è terra di grande mercanzia; sotto di sè ha castella e cittadi assai, perchè ella è capo della provincia. Lo re ha nome re Umeda Iacomat. Quivi è grande caldo: la terra è inferma molto [1]; e se alcuno mercante d'altra terra vi morisse, lo re piglia tutto suo avere. Quivi si fa il vino di datteri, e d'altre ispecie assai: chi 'l bee e non è uso, sì 'l fa andare a sella [2], e purgalo; ma chi n'è uso fa carne assai. Non usano nostre vivande; chè se manicassono grano e carne, infermerebbono incontanente; anzi usano per loro sanità pesci salati e datteri, e cotali cose grosse; e con queste dimorano sani. Le loro navi sono cattive, e molte ne

(1) Cioè *terra malsana, atta ad indurre infermità.* — (2) Per *adagiarsi pe' naturali bisogni.* Anche in francese *selle* significa *predella.*

pericolano, perchè non sono confitte con aguti ¹ di ferro, ma cucite con filo che si fa della buccia delle nocie d'india ², che si mette in molle nell'acqua; e fassi filo come setole, e con questo le cuciono, e non si guasta per l'acqua salata. Le navi hanno una vela e uno albore e uno timone e una coverta, ma quando sono caricate le cuoprono di cuoio, e sopra questa coverta pongono i cavalli che menano in India: non hanno ferro per fare aguti; ed ee grande pericolo a navigare con quelle navi. Questi adorano Malcometto; ed evvi sì grande caldo, che se non fossone gli giardini con molta acqua di fuori della città, ch'egli hanno, non camperebbono. Egli è vero che vi viene un vento talvolta l'estate di verso lo sabbione con tanto caldo, che se gli uomini non fuggissone all'acqua, non camperebbono dal caldo. Eglino seminano loro biade di novembre, e ricolgono di marzo; e così fanno di tutti loro frutti; e da marzo innanzi non vi si truova niuna cosa viva, cioè verde, sopra terra, se non lo dattero, che dura insino a mezzo maggio: e questo è per lo gran

(1) *Aguto* per *chiodo*. — (2) Qui parla del *Mallo filamentoso* che avviluppa il frutto dell'albero detto dai Botanici *Cocus nucifera*, e della cui utilità molto parlò il Magalotti alla voce *Palma*.

caldo. Le navi non sono impeciate, ma sono unte di un olio di pesce. E quando alcuno vi muore sì fanno gran duolo, e le donne sì piangono li loro mariti bene quattro anni, ogni dì almeno una volta con uomini e con parenti. Or torneremo per tramontana per contare di quelle provincie, e ritorneremo, per un'altra via, alla città di Crema, la quale v'ho contato, perciocchè di quelle contrade che io vi voglio contare, non vi si puote andare se non da Crema. Io vi dico che questo re Ruccomot Diacamat, donde noi ci partimmo, aquale ee re di Crema. E al ritornare da Cremosu a Crema ha molto bello piano, e abbondanza di vivande; e havvi molti bagni caldi; e havvi uccelli assai, e frutti. Lo pane del grano è molto amaro a chi non è costumato; e questo è per lo mare che vi viene. Or lasciamo queste parti, e andiamo verso tramontana; e diremo come.

26. *Come si cavalchi per lo diserto.*

Quando l'uomo si parte da Crema, cavalca sette giornate di molta diversa via: e dirovvi come l'uomo vae tre giornate, che l'uomo non trova acqua se non verde com'erba, salsa e amara; e chi ne bevesse pure una gocciola lo farebbe andare bene dieci volte a sella; e chi mangiasse

un granello di quello sale, il quale se ne
fae, farebbe lo somigliante; e perciò si porta
bevanda per tutta quella via. Le bestie
ne beono per gran forza e gran sete, e
falle molto iscorrere [1]. In queste tre giornate
non ha abitazione, ma tutto diserto
e grande siccitade; bestie non v' ha, chè
non avrebbono che mangiare. Di capo di
queste tre giornate si truova un altro luogo [2], che dura quattro giornate, nè più nè
meno; fatto come le tre giornate, salvo che
si trovano asine salvatiche. Di capo di
queste quattro giornate finisce lo reame
di Crema, e trovasi la città di Gobiam.

27. Di Gobiam.

Gobiam [3] è una grande città, e adorano
Malcometto. Egli hanno ferro e acciaio
e andanico [4] assai : quivi si fa la tuzia, e
lo spodio [5] : e dirovvi come. Egli hanno
una vena di terra, la quale è buona a ciò,
e pongonla nella fornace ardente, e in

(1) Per *avere la scorrenza, o flusso di ventre*, modo di dire decente, e usato anche nel volgarizzamento di Palladio. — (2) *Un altro deserto*, Cod. Magl. — (3) *Cobinam*, Cod. Ricc. *Cobiam*, Cod. Pucc. — (4) *Andaico*, Cod. Pucc. *Indaco*, Cod. Magl. — (5) Questo capo è citato nel Vocabolario. La *tuzia* si fa dalle faville ch'escono dal metallo, e lo *spodio* dalle parti più grosse; colla *tuzia* si fa un collirio del quale trattano molti.

sulla fornace pongono graticole di ferro, e 'l fumo di quella terra va suso alle graticole, e quello che quivi rimane appiccato è tuzia, e quello che rimane nel fuoco è spodio. Ora andiamo oltre.

28. D' uno diserto.

Quando l'uomo si parte di Gobiam, l'uomo va per un diserto bene otto giornate, nel quale hae grande secchitade; e non v'ha frutti, nè acqua se non amara ¹, come in quel di sopra che vi ho detto; e quegli che vi passano portano da bere e da mangiare; se non che gli cavalli beono di quell'acqua mal volentieri: e di capo delle otto giornate è una provincia chiamata Tonocan ², e havvi castella e città di assai, e confina con Persia verso tramontana. E quivi è una grandissima provincia tutta piana, ov'è l'Albero Solo ³, lo

(1) Il Polo non fa menzione che delle otto giornate che occorrono per giugnere da *Cobinam* a *Yezd*, ove lasciò il deserto. La distanza ordinaria valutasi di 15 giornate da *Kerman* a *Kubis*, e di 16 da *Kubis* a *Yezd*. — (2) *Timochaim* nel testo Ramus. E' il paese di *Damgan*, ma sotto tal nome il Polo vuol indicare il *Chorassan*. — (3) *Albore del Sole* T. Ramus. Debb'essere fra *Damgan* e *Casbin*, ove Macdonald-Kinner descrive una vasta pianura che discende verso le strette di *Kowar*, che sono a mezza strada fra quelle due città.

quale gli Cristiani lo chiamano l'Albero Secco: e dirovvi com'egli è fatto. Egli è grande e grosso, le sue foglie sono dall'una parte verdi e dall'altra bianche, e fa cardi [1] come di castagne, ma non v'ha entro nulla; egli è forte legno, e giallo come bossio; e non v'ha albero presso a cento miglia, salvo che dall'una parte, a dieci miglia; e quivi dicono quegli di quelle parti, che fu la battaglia tra Alessandro e Dario [2]. Le ville e le castella hanno grande abbondanza d'ogni buona cosa: lo paese è temperato, e adorano Malcomelto. Quivi hae bella gente, e le femine sono belle oltra misura. Di qui ci partiamo; e dirovvi di una contrada che si chiama Milice, ove il Veglio della Montagna solea dimorare.

(1) Dice *cardo* perchè ne assomiglia il frutto. Ha la pannocchia spinosa che produce quel cardo con cui si cardano i panni. — (2) L'ultima battaglia campale fra Alessandro e Dario fu quella di Arbela. Le strette di *Khowar*, dette da Arriano *Caspiae Pilae*, le passò Alessandro per inseguir Dario, ch'erasi rifugiato di là da' monti verso il Caspio, e ivi ebbe nuova che Dario per opera dei suoi era stato fatto prigioniero.

29. *Del Veglio della Montagna, e come fece il Paradiso, e gli Assessini* [1].

Milice [2] è una contrada dove il Veglio della Montagna soleva dimorare anticamente. Or vi conteremo l'affare, secondo che messer Marco intese da più uomini. Lo Veglio [3] è chiamato in lor lingua Aloodin. Egli avea fatto fare fra due montagne in una valle lo più bello giardino e 'l più grande del mondo; quivi avea tutti frutti, e li più belli palagi del mondo; tutti dipinti ad oro e a bestie e a uccelli; quivi era condotti, per tale veniva

(1) Fu il veglio della montagna capo di alcuni settarj detti *Batheniani, Malahedici, e Assassini*, e loro legislatore fu certo *Hassan* che visse verso l'anno 1090. Tutti gli scrittori arabi e latini convengono che per farsi partigiani egli usasse i mezzi indicati dal Polo. Secondo l'Herbelot e il Deguignes le lagnanze degli abitanti di *Casbin*, e della provincia detta *Al-Gebal*, o paese montuoso, mossero *Mangu-Can* a ordinare la distruzione di que' scellerati; e secondo la lezione Ramusiana finì la guerra nell'anno 1262. Dal racconto del Polo trasse il Boccaccio l'argomento della sua Novella VIII della Terza Giornata. — (2) *Milice* è nel testo Ramus. detta *Mulcher*. La residenza del Veglio era fra *Amol* e *Casbin*, luoghi alpestri ne' quali s'intanano sicuri gli assassini. — (3) Quest'ultimo re degli assassini dovette arrendersi alle armi di *Ulagu*, che lo fece trasportare colla sua famiglia a *Coracoran*, dove, insieme con essa, fu ucciso.

àcqua, e per tale mele, e per tale vino. Quivi era donzelli e donzelle gli più belli del mondo, e che meglio sapevano cantare e sonare e ballare: e faceva lo Veglio credere a costoro, che quello era lo paradiso. E perciò il fece, perchè Malcometto dissè: Che chi andasse in paradiso avrebbe di belle femmine tante quante volesse, e quivi troverebbe fiumi di latte e di miele e di vino; e perciò lo fece simile a quello che avea detto Malcometto. E gli Saracini di quella contrada credevano veramente che quelli fosse lo paradiso; e in questo giardino non entrava se non colui, cui egli voleva fare assassino. All'entrata del giardino avea un castello sì forte che non temeva niuno uomo del mondo. Lo Veglio teneva in sua corte tutti giovani di dodici anni, li quali li paressono da diventare prodi uomini. Quando lo Veglio ne faceva mettere nel giardino, a quattro, a dieci, a venti, egli faceva loro dare bere oppio, e quegli dormivano bene tre dì, e facevagli portare nel giardino, e al tempo gli faceva ispogliare. Quando gli giovani si svegliavano, egli si trovavano là entro, e vedevano tutte queste cose; veramente si credevano essere in paradiso; e queste donzelle sempre istavano con loro in canti e in grandi sollazzi; donde egli aveano sì quello che volevano, che mai per lo volere non si sarebbono partiti di quello giardino. Il Veglio tiene bella corte e ricca, e fa credere a quegli di quella montagna, che così sia com'io v'ho detto; e quando egli ne vuole mandare niuno [1] di quelli giovani in niuno luogo, li fa loro dare beveraggio che dormono, e fagli recare fuori del giardino in sul suo palagio. Quando coloro si svegliono trovansi quivi, molto si maravigliano, e sono molto tristi che si trovano fuori del paradiso. Egli se ne vanno incontanente dinanzi al Veglio, credendo che sia un gran profeta, e inginocchiansi. Egli gli domanda: Onde venite? rispondono: Dal paradiso; e contagli quello che v'hanno veduto entro, e hanno gran voglia di tornarvi: e quando il Veglio vuole fare uccidere alcuna persona, egli fa torre quello lo quale sia più vigoroso, e fagli uccidere quello cui egli vuole; e coloro lo fanno volentieri per ritornare nel paradiso. Se scampano, ritornano al loro Signore; se ee preso, vuole morire, credendo ritornare al paradiso. E quando lo Veglio vuole fare uccidere niuno uomo, egli lo prende, e dice: Va, fa tal cosa; e questo ti fo perchè ti voglio fare ritornare al paradiso; e gli assassini vanno, e fannolo molto volentieri. E in questa maniera non campa niuno uomo dinanzi al

---

(1) Per significare, come qui, *alcuno non v'ha* alcun esempio nel Vocabolario.

Veglio della Montagna, a cui egli lo vuole fare; e sì vi dico che più re li fanno tributo per quella paura. Egli è vero che negli anni 1277. Alau signore dei Tarteri del levante, che sapeva tutte queste malvagità, egli pensò tra se medesimo di volerlo distruggere; e mandò de' suoi baroni a questo giardino, e istettonvi tre anni attorno al castello prima che l'avessono; nè mai non lo avrebbono avuto, se non per fame. Allotta per fame fu preso, e fu morto lo Veglio, e sua gente tutta; e d'allora in quà non vi fu più Veglio niuno: in lui fu finita tutta la signoria. Or lasciamo qui, e andiamo più innanzi.

30. Della città Supurga.

Quando l'uomo si parte di questo castello, l'uomo cavalca per bello piano e per belle coste, ov'è buon pasco [1], e frutti e assai e buoni; e dura sette giornate; e havvi villa e castella assai; e adorano Malcometto. E alcuna volta truova l'uomo diserti di cinquanta e sessanta miglia, ne' quali non si trova acqua, e conviene che l'uomo ne porti e per sè e per le bestie, insino che non ne sono fuori. Quando ha passate sette giornate, truova una città,

(1) E' allegato nel Vocabolario questo passo alla voce *pasco* per signifcare *pascolo*.

che ha nome Sapurga [1]. Ella è terra di molti alberi; quivi hae i migliori poponi del mondo, e grandissima quantità; e fannoli seccare in tal maniera. Egli gli tagliono attorno come coreggie, e fannogli seccare, e diventano più dolci che mele; e di questo fanno grande mercatanzia per la contrada. Egli v'ha cacciagioni e uccellagioni assai. Or lasciamo di questa, e diremo di Balac.

31. Di Balac.

Balac [2] fu una grande città, e nobile più che non è oggi, che gli Tarteri l'hanno guasta, e fatto gran danno. In questa città prese Alessandro per moglie la figliuola di Dario [3], siccome dicono quegli di quella

(1) *Sapurgan* nel testo Ramus. E' la città di *Schaburgkan* di Abulfeda, che la pone nel Khorassan. E' segnata nella carta di Macdonald-Kinner col nome di *Subbergan*. — (2) *Balach-Balkh* capitale d'uno stato cui dà il nome. Lo era un tempo della *Battriana*, ove Zoroastro predicò la sua religione. Gli antichi la chiamarono *Bactra* ed era la capitale del celebre regno greco di *Battriana*. E' posta nel centro del *Khorassan*. — (3) Tradizione popolare non esatta. Alessandro superò una rupe della *Sogdiana*, creduta luogo sicuro, e ivi prese la moglie di Ossiarte duce dei Battriani. La figlia di esso Rossane, reputata la più bella donna dell'Asia, dopo la moglie di Dario, divenne sua sposa.

contrada; e adorano Malcometto. E sappiate che infino a questa terra dura la terra del Signore degli Tarteri del levante. E in questa città sono gli confini di Persia intra greco e levante. Quando si passa questa terra l'uomo cavalca bene dodici giornate tra levante e greco, che non si truova nulla abitazione, perocchè gli uomeni per paura degli osti, e di mala gente sono tutti ritratti alle fortezze delle montagne. In questa via hae acqua assai, e cacciagioni, e lioni. In tutte queste dodici giornate non trovano vivande da mangiare, anzi conviene che vi si porti.

32. *Della montagna del sale.*

Quando l'uomo hae cavalcate queste dodici giornate truova un castello, che ha nome Taycaz [1], ove è gran mercato di biada. È bella contrada, e le montagne di verso mezzodie sono molto grandi, e sono tutte sale; e vengnono dalla lunga trenta

---

(1) *Thaican*, T. Remus. Nella carta di Macdonald Kinner è segnata *Tulcam*. Gli alti monti a mezzodi, di cui fa menzione il Polo, formano parte della catena dell'*Hindur-Koh* o *Paoro pamiso* degli antichi, che dai compagni di Alessandro fu detto il *Caucaso*, per adularlo. E' una delle più alte catene del mondo, e da que' gioghi scaturiscono i fiumi che volgono il loro corso nel mare Indiano, e nel lago di *Aral*.

giornate per questo sale, perch'è lo migliore del mondo; ed ee sì duro che non se ne puote rompere se non con grandi picconi di ferro; ed ee tanto che tutto il mondo n'avrebbe assai infino alla fine del secolo. Partendosi di qui l'uomo cavalca tre giornate tra greco e levante sempre trovando belle terre e belle abitazioni, con frutti e biade e vigne; e adorano Malcometto, e sono mala gente e micidiali. Sempre istanno col bicchiere a bocca, chè molto beono volentieri, ch'egli hanno buono vino cotto; e in capo non portano nulla, se non una corda lunga dieci palmi, che s'avolgono intorno al capo; e sono molto belli cacciatori, e prendono molte bestie, e delle pelli si vestono e calzano; e ogni uomo sa acconciare le pelli delle bestie che pigliano. Di là tre giornate hae cittadi e castella assai, e havvi una città che ha nome Scassem [1], e per lo mezzo passa un gran fiume. Quivi ha porci, e spinosi assai. Poi si cavalca tre giornate, che non si truova abitazione, nè da bere, nè da mangiare; di capo delle tre giornate

(1) Osservò Marsden che *Scassem* è *Keshem* della carta di d'Auville, e nella carta del *Cabulistan* d'Elphinstone è notata col nome di *Hishm-Abad*. I porci spinosi sono, secondo Tavernier, in alcuni luoghi della Persia istrici pericolose, ed egli vide due uomini feriti dalle penne di questo animale, uno de' quali morì.

si truova la provincia di Balascam; e io vi conterò com'ella è fatta.

33. *Di Balascam.*

Balascam [1] è una provincia, che le genti adorano Malcometto, e hanno linguaggio per loro. Egli è grande reame; e discende lo re per eredità; e scese del legnaggio d'Alessandro e della figliuola di Dario lo grande re di Persia. E tutti quegli re si chiamano Zulcarnei [2] in saracino, cioè a dire Alessandro, per amore del grande Alessandro [3]. E quivi nascono le pietre preziose che si chiamano balasci [4],

(1) *Balaxiam*, T. Ramus. Di questa provincia parlò Abulfeda, e secondo lui è 13 giornate distante da *Balch*. La lingua doveva essere il turchesco poichè tale era la favella a' tempi dell'impero di *Cavretmia*. — (2) Il conquistatore Alessandro è chiamato dagli Orientali *Escander* e *Ischender*, ed anche *Dhulcarnein*, che significa *a due corna*. — (3) Il Marsden fa menzione di alcuni regnanti di queste contrade che verso la metà del secolo XV pretendevano essere del sangue di Alessandro, e cita anche il tenente Macartney che recentemente viaggiò nel *Cabulistan*, il quale dice, che il re di Derwanz affermava discendere da Alessandro Magno: pretensione ammessa da' suoi vicini. — (4) Il balascio viene dal paese di *Balkhasciah*, e da esso ebbero nome quelle pietre preziose dette in Italia *rubini balasci*, o *balasci*. Secondo Chardin questi rubini sono appellati in Persia *balacchani*.

che sono molto care, e cavansi delle montagne come l'altre vene: ed è pena la testa chi cavasse di quelle pietre fuori del reame, perciocchè ve n'è tante che diventerebbono vili. E quivi ee un'altra montagna ove si cava l'azurro, ed ee lo migliore e lo più fine del mondo. E le pietre onde si fa l'azurro, si è vena di terra: e havvi montagne ove si cava l'argento; e la provincia è molto fredda; e quivi nascono cavalli assai e buoni corritori, e non portano ferri, sempre andando per le montagne; e nasconvi falconi molti valentri, e falconi lanieri [1]: cacciare e uccellare v'è lo migliore del mondo. Olio non hanno, ma fannolo di noce. Lo luogo è molto forte da guerra, e sono buoni arcieri; e vestonsi di pelle di bestie, perciocchè hanno caro di panni; e le grandi donne e le gentile portano brache, che v'ha ben cento braccia di panno lino sottilissimo, ovvero di bambagia, e tale quaranta e tale novanta; e questo fanno per parere che abbiano grosse le natiche, perchè li loro uomini si dilettano in femmine grosse. Or lasciamo questo reame, e conteremo di una

(1) Marco Polo, siccome molto dilettante di caccia, descrive e qui e altrove assai volentieri e i paesi dov'è buona cacciagione, e le varie sorte di falconi che prima dello scoprimento della polvere usavano i grandi per uccellare e cacciare.

diversa genté ch'è lungi da questa provincia dieci giornate.

34. Delle genti di Bastian.

Egli è vero che di lungi a Bastian [1] dieci giornate hae una provincia che ha nome Bastia [2], e hanno lingua per loro. Egli adorano gl'idoli, e sono bruni, e sanno molto d'arti di diavolo, e sono malvagia gente, e portano agli orecchi cerchielli d'oro e d'ariento e di perle e di pietre preziose. Quivi hae molto grande caldo: loro vivanda è carne e riso. Or lasciamo questo, e andiamo ad un'altra provincia, ch'è di lungi da questa sette giornate verso scirocco, c'ha nome Chesimau.

(1) *Balaxiam*, T. Ramus. Secondo il Baldelli il paese distante 10 giornate a mezzodì di *Badagascian*, abitato da gente idolatra di diversa favella, corrisponde al *Baltistan* o piccolo *Tibet* tra il *Caspio*, ed il *Gange*. Nella carta di Macdonald Kinner vien detto *Kafferistan*, generica appellazione data dai Maomettani ai non seguaci della loró credenza. — (2) *Bascià*, T. Ramus. Avendo il Polo lungamente dimorato a *Badagscian*, e avendo raccolte importanti notizie geografiche intorno alle vicine contrade, qui, interrompendo la narrazione del suo viaggio, ne fa copia al leggitore.

35. Di Chesimur.

Chesimu [1] è una provincia, che adorano idoli, e hae lingua per sè. Questi sanno tanto d'incantamento di diavoli, che fanno parlare l'idoli, e fanno cambiare lo tempo, e fanno grandi iscuritadi, e fanno ta' cose che non si potrebbono credere; e sono capo di tutti l'idoli del mondo; e da loro discesono l'idoli. E di questo luogo si puote andare al mare d'India. Gli uomini e le femmine sono bruni e magri; lor vivanda è riso e carne. Ee il luogo temperato tra caldo e freddo; là ha castella assai, e diserti, e luoghi molti forti; e tiensi per sè medesimo; e ha un re che mantiene giustizia; e quivi ha molti romitaggi, e fanno grande astinenza, nè non fanno cosa di peccato, nè che sia contro a loro fede per amore di loro idoli; e hanno badie e monisteri di loro legge. Or ci partiamo di quì, e andiamo innanzi; perciocchè ci converrebbe entrare in India, e noi non vogliamo entrare, perchè a ritornare

(1) *Chesmur,* T. Ramus. E' il celebre paese di *Caschmir,* che ha per capitale *Serinagor,* e che non visitò il Polo. Appellasi questa contrada anche *Pen-jab,* o i cinque fiumi. E' fertilissima e deliziosa, ed ha acque famose, alla virtù delle quali si attribuisce la beltà delle Cachemiriane. Nel centro del paese è *Nogal,* città ove risiede il governatore, e attraversata da un fiume più lungo del Tigri a Bagdad.

della nostra via conteremo tutte le cose d'India, per ordine; e perciò ritorneremo a nostre provincie verso Baudascia, ovvero Balauscia; perciocchè d'altra parte non potremo passare.

36. *Del grande fiume di Baudascia.*

Quando l'uomo si parte di Baudascia [1] si va dodici giornate tra levante e greco su per un fiume [2], ch'è del fratello del Signore di Baudascia, ove ha castella e abitazione assai. La gente è prode, e adorano Malcometto. Di capo di dodici giornate si truova una piccola provincia, e dura tre giornate da ogni parte, e ha nome Voca [3]; e adorano Malcometto, e hanno lingua per loro, e sono prodi uomini, e sono sottoposti al Signore di Baudascia. Egli hanno bestie salvatiche d'ogni fatta, cacciagioni e uccellagioni assai. E quando l'uomo va tre giornate innanzi, va pure per montagne; e questa si dice la più alta montagna del mondo. E quando l'uomo è in

(1) *Basciam,* C. Pucc. *Bastian,* T. Parig. E' il *Baltistan,* o *piccolo Tibet,* i cui abitanti furono da Tolomeo appellati *Biltae.* — (2) Il fiume sembra essere il *Congoralink* della carta d'Anville, o *Shiber* della carta di Elphistone. — (3) *Vochan,* T. Ram. Questa regione incontrò il Polo nel recarsi da *Badagshan* al *Pamer* o *Pamej* di Abulfeda: è uno dei luoghi più alti dell'Asia.

su quella alta montagna, truova un piano tra due montagne, ov'è molto bello pasco, e havvi un fiume molto bello e grande, e sì buona pastura che una bestia magra vi diventa grassa in dieci dì. Quivi hae tutte salvaggine [1], e assai; e havvi montoni salvatichi assai e grandi, e hanno lunghe le corna sei ispanne, o almeno quattro o tre, e in queste corna mangiano li pastori, che ne fanno grande iscodelle; e per questo piano si va bene dodici giornate senza abitazione, e non si truova che mangiare se altri non le vi porta. Niuno uccello non vi vola, per l'alto luogo e freddo; e fuoco non v'ha il calore ch'egli hae in altre parti, nè non è così cocente colassuso [2]. Or lasciamo quì, e conterovi altre cose per greco e per levante. E quando l'uomo va oltre tre giornate, e' conviene che l'uomo cavalchi bene quaranta giornate per montagne, e per coste tra greco e levante, e per valle, passando molti fiumi, e molti luoghi diserti, e per tutto questo luogo non si trova abergagione [3], nè abitazione; ma conviene che si porti la vivanda. Questa

(1) Per animale salvatico buono a mangiare. — (2) Nel T. Ramus. la lezione è migliore e più esatta, dicendo: *il fuoco non è così chiaro come negli altri luoghi, nè si può ben con quello cuocere cosa alcuna.* — (3) Per *albergo*, ed è questo passo citato nel Vocab. alla voce *Albergagione*.

contrada si chiama Belor [1]. La gente dimora nelle montagne molto alte, e adorano idoli, e sono salvatica gente, e vivono delle bestie che pigliano, e loro vestitura è di pelle di bestie, e sono uomini malvagi. Or lasciamo questa contrada, e diremo della provincia di Casciar.

37. Del reame di Casciar.

Casciar [2] fu anticamente reame aquale ee al Gran Can; e adorano Malcometto. Ella ha molte città e castella, e la maggiore è Casciar; e sono tra greco e levante. E vivono di mercatanzia e d'arti. Egli hanno belli giardini, e vigne, e possessioni, e bambagia assai; e sonvi molti mercatanti che cercano tutto il mondo; e sono gente iscarsa [3] e misera, che mal

(1) *Beloro*, T. Ramusiano, o *Belar-tag*, catena di monti segnata in tutte le carte dell'Asia. E' il confine fra 'l *Turkestan* indipendente, e 'l Cinese; appartiene alla catena detta dagli antichi *Imaus*, ch'era il confine delle cognizioni loro positive. — (2) *Cascar*, T. Ramus. ora *Caschgar*. La parte che ora descrive il Polo è la più oscura, siccome quella ch'è stata in ogni tempo la men visitata dagli Europei. Osservò il Baldelli, che quattro sono gl'itinerarj che danno contezza delle vie che dall'interno dell'Asia conducono alla China, e che Marco narra tal volta ciò che il padre e lo zio nel primo lor viaggio trovarono. —(3) Per *avara* o *sordida* non ha esempio nella Crusca.

mangiano e mal beono. Quivi dimorano alquanti Cristiani Nestorini, che hanno loro legge e loro chiese [1], e hanno lingua per loro; e dura questa provincia cinque giornate. Or lasciamo di questa e anderemo a Samarca.

38. Di Samarca.

Samarca [2] è una nobile città e sonvi Cristiani e Saracini, e sono al Gran Cane; e sono verso maestro; e dirovi una maraviglia che adivenne in questa terra; e fu vero. E' non è gran tempo che Gisgatta [3] fratello del Gran Can si fece Cristiano, e era Signore di questa contrada. Quando gli Cristiani della città videro che lo Signore era fatto Cristiano, ebbero grande allegrezza; e allora feciono in quella città una grande chiesa all'onore di santo Giovanni Batista; e così si chiamò; e

(1) In questa parte centrale dell'Asia erano i Nestoriani, ed il vescovo di *Cashgar* aveva il titolo di metropolita: vi risiede oggidì un governatore cinese. — (2) *Samarchan*, o *Samarcanda*. Il Polo fa qui retrocedere il leggitore. Da *Samarcanda a Cashgar* v'ha una distanza di 350 miglia, secondo Rennel. *Samarcanda* era la più famosa città dell'Asia, e a' tempi di Alessandro, aveva 70 stadj di giro, ed era capitale della *Sogdiana*. Ha anche oggidì belle fabbriche e gode d'un clima delizioso. — (3) *Zagathai*, T. Ramus. Questo principe morì l'anno 1242.

tolsono una molto bella pietra ch'era di Saracini, e puoserla in questa chiesa, e missola sotto una colonna in mezzo la chiesa, che sosteneva tutta la chiesa. Or venne che Gisgatta fu morto, e gli Saracini vedendo morto il Signore, avendo ira di quella pietra, volerla torre per forza, e poteanlo fare, ch'erano bene dieci cotanti che gli Cristiani. E mossorsi alquanti Saracini, e andarono agli Cristiani, e dissono loro, che volevano questa pietra. Gli Cristiani la volevano comperare ciò che ne chiedessono; e gli Saracini dissero, che non volevano se non la pietra; e allotta gli signoreggiava lo Gran Cane, e comandò agli Cristiani, ch'infra' due dì rendessero loro la pietra; e gli Cristiani udendo il comandamento furono molto tristi, e non sapevano che si fare. La mattina che la pietra si dovea cavare di sotto alla colonna, si trovò alta di sopra alla pietra ben quattro palmi; e non toccava la pietra per lo volere del nostro Signore. E questa fu tenuta grande maraviglia. Ee ancora, e tuttavia vi stette poscia la pietra. Or lasciamo qui, e dirovvi di un' altra provincia c'ha nome Carcam.

39. Di Carcam.

Carcam [1] è una provincia che dura sei giornate, e adorano Malcometto, e sonvi Cristiani Nestorini; e hanno grande abbondanza d'ogni cosa: quivi non v'ha altro da ricordare. Or lasciamo quì, e diremo di Cotam.

40. Di Cotam.

Cotam [2] è un provincia tra levante e greco, e dura otto giornate; e sono al Gran Cane, e adorano Malcometto tutti; e havvi castella e cittadi assai, e sono nobile gente; e la migliore città è Cotam, donde si chiama tutta la provincia. Quivi hai bambagia assai, vino, giardini, e tutte cose. Vivono di mercatanzie e d'arti: non sono da arme. Or ci partiamo di quì, e andiamo a un'altra provincia c'ha nome Peym.

(1) *Carchan*, nel T. Ramus. è *Yerkend* o *Yarkund* 22 leghe distante da *Casgar*, città ben fabbricata alla maniera orientale, e in territorio abbondevole d'ogni sorta di frutte ed erbaggi.
— (2) *Cotam* o *Khoten*. I Cinesi danno a questo paese il nome di *Yu-tien*. Racchiude 5 città grandi e 10 piccole, e le sue montagne danno pietre preziose; il suo fiume ha ghiade di diaspro assai ricercate alla China. Il muschio di *Khoten* è famoso e sovente rammentato dai poeti orientali.

41. *Di Peym.*

Peym [1] è una piccola provincia; dura cinque giornate, tra levante e greco; e sono al Gran Cane, e adorano Malcometto. Havvi castella e cittadi assai, ma la più nobile è Peym. Egli hanno abbondanza di tutte cose, e vivono di mercatanzia e d'arti; ed hanno cotal costume, che quando alcun uomo che ha moglie si parte di sua terra per istare venti dì, com'egli è partito, la moglie puote prendere altro marito per la usanza che v'è; e l'uomo ove va puote prendere altra moglie. Altresì sappiate, che tutte queste provincie, ch'io v'ho contate, da Casciar infino a quì, sono della Gran Turchia. Or lasciamo quì, e conterovi d'una provincia chiamata Ciarcia.

42. *Di Ciarcia.*

Ciarcia [2] è un provincia della Grande Turchia tra greco e levante; e adorano Malcometto; e havvi castella e cittadi

(1) Parla di *Peym* il Deguignes, e crede essere la città di *Kan-tcheu*. Nella carta d'Anville è indicata Lat. 38.45. Long. 106.32. — (2) *Ciarcian*, T. Ramus. Reputa il Marsden che questa provincia sia quella di *Chen-Chen*, che avea per capitale *Kan-ni-tching* vicino al lago di *Lop*. Vuolsi che il deserto circondi questo paese da tutti i lati.

assai; e la maestra città è Ciarcia; e v'ha fiume che mena diaspido ¹ e calcidonio, e portanlo a vendere a Ucara ²; e hannone assai e buoni. E tutta questa provincia è sabbione. Ee Cotam, e Peym altresì sabbione, e havvi molte acque amare e ree ³; anche v'ha delle dolci e buone. E quando l'uomo si parte di Ciarcia va bene cinque giornate per sabbione; e havvi di male acque e amare, e havvi delle buone; e a capo delle cinque giornate si truova una città, ch'è a capo del gran diserto, ove gli uomini prendono vivanda per passare lo diserto. Ora vi diremo di piue innanzi.

43. Di Lop.

Lop ⁴ è una grande città, ch'è all'entrata del gran diserto, che si chiama lo

(1) *Diaspido* per *diaspro*. — (2) *Ucara* è detta *Ouchah* nel T. Ramus. Crede il Baldelli che debba leggersi *Ouhak*, città sul Volga. — (3) *Reo* in senso d'*insalubre* non è stato notato nel Vocabolario. — (4) Niun viaggiatore ricorda come tutt'ora esistente in quelle regioni la città di *Lop*. Evvi un lago detto *Lop-nor* col nome di *Lop* segnato anche nella Carta della Sala dello Scudo in Venezia, illustrata dal padre ora card. Zurla. Il deserto di *Lop*, arenoso e di grande estensione, si valica in tre soli luoghi, e separa la *Cina* dal *Tibet*, dalla così detta *Piccola Buccaria* e dalla *Tartaria*. E' detto *Chamo* dai Cinesi, ed anche *Kan-hai*, che significa *mare di rena*. In un Itinerario riferito dal Visdelou è chiamato il *Renajo degli Spiriti*.

diserto di Lop, ed ee tra levante e greco; o sono al Gran Cane, e adorano Malcometto. Quegli che vogliono passare lo diserto si riposano in Lop per una settimana per rinfrescare loro e loro bestie, poscia prendono vivanda per un mese per loro e per le loro bestie. E partendosi di questa città s'entra nel diserto; ed ee sì grande che si penerebbe a passare un anno; ma per lo minore luogo si pena, lo meno, a trapassare un mese. Egli è tutto montagne e sabbione e valli, e non si truova nulla da mangiare. Ma quando se' ito un dì e una notte truovi acqua, ma non tanta che n'avesse oltra cinquanta o cento uomini con loro bestie; e per tutto il diserto conviene che uomo vada un dì e una notte prima che acqua si truovi; e in tre luoghi o in quattro truova l'uomo l'acqua amara e salsa, e tutte l'altre sono buone; chè sono nel torno da ventotto acque; e non v'ha nè uccelli nè bestie, perchè non v'hanno da mangiare. E sì vi dico che quivi si truova tale maraviglia. Egli è vero che quando l'uomo cavalca di notte per lo diserto, egli avviene questo, che se alcuno rimane addietro degli compagni per dormire, o per altro, quando vuole poi andare per giugnere gli compagni, ode parlare i spiriti in aere che somigliano gli suoi compagni [1];

(1) *Le boci de' suoi compagni*, Cod. Pucc.

e più volte è chiamato per lo suo nome proprio, e è fatto disviare talvolta in tal modo che mai non si truova; e molti ne sono già perduti; e molte volte ode l'uomo molti istromenti in aria, e propriamente tamburi, e così si passa questo gran diserto ¹. Or lasciamo del diserto, e diremo della provincia, ch'ee all'uscita del diserto.

44. Della gran provincia di Tangut.

Alla uscita del diserto si truova una città che ha nome Sachion ², ch'ee al Gran Cane. La provincia si chiama Tangut ³, e adorano gl'idoli; ben è vero, ch'egli v'ha alquanti Cristiani Nestorini, e havvi Saracini. La terra è tra levante e greco. Quegli degl'idoli hanno per loro ispeziale favella; non sono mercatanti, ma vivono

(1) Delle illusioni acustiche che accadono ne' deserti d'Asia e d'Africa parlano il Palla, il Shaw e 'l Niebuhr. Nel secolo di Marco Polo potean bene attribuirsi a maligni spiriti queste illusioni. Il fenomeno della *Fata Morgana* nel regno di Napoli n'ha grande rassomiglianza. — (2) Il Deguignes e il Marsden credono che sia *Cha-theu*, che significa *città arenosa*. Il Baldelli reputa che sia *So-tchen* all'ingresso della Cina, su quella via che doveva seguire il Polo. — (3) *Tanguth*, T. Ramus. E' nome dato dai Tartari al regno appellato dai Cinesi *Siattin*, o *Hia* occidentale, che estendesi di qua e di là dalla muraglia della Cina.

di terra [1]; egli hanno molte badie e monisteri tutti pieni d'idoli di diverse fatta,
agli quali fanno sacrificj grandi e grandi
onori: e sappiate che ogni uomo che hae
fanciulli fa notricare uno montone ad onore degl'idoli. In capo dell'anno, ove è la
festa del suo idolo, il padre col figliuolo
menano questo montone dinanzi dall'idolo
suo, e fannogli grande riverenza con tutti
gli figliuoli; poscia fanno correre questo
montone; fatto questo, rimenallo dinanzi
dall'idolo, e tanto vi stanno ch'è detto il
loro uficio [2]; e i loro preghi sono che gli
salvi i loro figliuoli. Fatto questo, danno
la loro parte della carne all'idolo, l'altra
tagliono e portano a casa loro, o ad altro
luogo ch'egli vogliono; e mandano per loro parenti, e mangiano questa carne con
gran festa e riverenza. Poi tolgono l'ossa, e
ripongole in soppidiani [3] e casse molto bene. E sappiate che tutti gl'idolatori, quando alcuno ne muore, gli altri pigliano il
corpo morto, e fannolo ardere; e quando
si cavano di loro casa, e sono portati al

(1) Dicesi *viver d'accatto, viver di suo, viver di ratto*; il traduttore scrisse *vivono di terra*, cioè de' suoi prodotti. — (2) *Che gli è detto loro che se sono esauditi i loro prieghi, che
e' salverà i loro figliuoli*, Cod. Pucc. — (3) La
Crusca alla voce *soppidiano* allega questo passo che sta nel Testo Ottimo, e manca nel Codice Pucciano.

luogo ove debbon essere arsi, nella via i suoi parenti in più luoghi hanno fatte certe case [1] di pertiche o di canne coperte di drappi di seta, o ad oro; e quando sono col morto dinanzi a questa casa, sì posano lo morto dinanzi a questa casa, e quivi hanno vino e vivande assai ; e questo fanno perchè sia ricevuto a cotale onore nell'altro mondo. E quando il corpo è menato al luogo ove dee essere arso, quivi hanno uomeni di carte intagliati, e cavagli e cammegli e monete grosse come bisanti [2], e fanno ardere lo corpo con tutte queste cose, e dicono che quel corpo morto avrà tanti cavagli e montoni e danari, con ogni altra cosa nell'altro mondo, quant'egli ne fanno ardere per amore di colui in quel luogo dinanzi dal corpo. E quando lo corpo si va ad ardere tutti gli stormenti [3] della terra vanno sonando dinanzi a questo corpo. Ancora vi dico, che quando lo corpo è morto sì mandano gli parenti per astrologi e indovini, e dicoli lo dì che nacque questo morto ; e coloro per loro incantamenti di diavoli sanno dire a

---

(1) *Casse*, Cod. Pucc. — (2) *Bisanto*, moneta d'oro dell'impero Bisantino, di cui parlano gli scrittori dell'età di mezzo. Credesi che valesse cinquanta soldi, e che fosse del peso di tre danari. Eranvi anche i bisanti d'argento. —
(3) *Stormento* per *strumento musicale* fu usato da Gio. Villani, da Arrighetto, ec.

costoro l'ora che questo corpo si dee ardere; e tengolo i parenti talvolta in casa quel morto otto dì e quindici e un mese, aspettando l'ora ch'è buona da ardere secondo quegli indovini, nè mai non gli arderebbono altrimenti. Tengono questo corpo in una cassa grossa bene un palmo, ben serrata e ben confitta, e coperta di panno, con molto zafferano e ispezie, sicchè non puta a quegli che stanno nella casa. E sappiate che quegli della casa fanno mettere tavola dinanzi della cassa, ov'è il morto, con vino e con pane e con vivande, come s'egli fosse vivo; e questo fanno ogni die, infino che si dee ardere [1]. Ancora quegl'indovini dicono agli parenti del morto: che non è buono trarre lo morto per l'uscio, e mettono cagioni [2] di qualche stella ch'è incontro all'uscio; onde gli parenti lo mettono per altro luogo, e talvolta rompono lo muro della casa dall'altro lato: e tutti gl'idolatori [3] del mondo vanno per questa maniera. Or lasciamo di questa, e diremo d'altre terre, che

(1) L'uso di apprestare la tavola ai trapassati è citato come sussistente in Cina dal viaggiatore musulmano pubblicato dal Renaudot. I Tibetani o fanno ardere i cadaveri dei personaggi distinti, o usano di seppellirli imbalsamati in celle saere. — (2) Per *addurre cagioni* manca nel Vocabol. — (3) La Crusca allega questa voce; ma il Cod. Pucc. dice: *e tutti gli idoli del mondo vanno per questa maniera.*

sono verso lo maestro [1] presso al capo di questo diserto.

45. Di Chamul.

Chamul [2] è una provincia, e già anticamente fu reame, e havvi ville e castella assai. La mastra città ha nome Chamul. La provincia è in mezzo di due diserti; dall'una parte è il grande diserto, dall'altra ee un piccolo diserto di tre giornate. Sono tutti idoli; lingua hanno per sè; vivono de' frutti della terra, e hanno assai da mangiare e da bere, e vendone assai; e sono uomeni di grande sollazzo, che non attendono se non a sonare istromenti e a cantare e a ballare: e se alcuno forestiere vi và ad albergare, egli sono troppo allegri, e comandono alle loro mogli che gli servano in tutto loro bisogno; e il marito si parte di casa, e va a stare altrove due dì o tre, e il forestiere rimane colla moglie, e fa con lei quello che vuole, come fosse sua moglie; e istanno in grandi

---

(1) Col dire *verso lo maestro* vuole il Polo significare che descrive contrade che sono in direzione opposta da quella del suo camino, e che perciò ei non visitò, ma n' ebbe forse contezza dal padre, o dallo zio. — (2) E' il paese di *Hami* prossimo alla gran muraglia, e detto in Europa anche *Kami*, permutandosi l'H in K in molte parole. Così *Han* che significa *re* o *imperatore*, si scambiò in *Kan*,

sollazzi; e tutti quelli di quella provincia sono bozzi delle loro moglie [1]; ma noi se 'l tengono a vergogna. Le loro donne sono belle e gioiose, e molto allegre di quella usanza. Ora venne che al tempo di Mogù Cane, signore di Tarteri, sappiendo che tutti gli uomeni di questa provincia facevano avolterare [2] le donne loro a forestieri, incotanente comandò che niuno dovesse albergare niuno forestiere, e che non dovesse avolterare loro donne. Quando quelli di Chamul ebbero questo comandamento furono molti tristi, e fecion consiglio, e mandarono al Signore un gran presente, e mandarogli pregando che lasciasse fare loro la loro usanza e degli loro antichi, perocchè i loro idoli l'avevano molto per bene, e per quello lo loro bene della terra è molto multiplicato; e quando Mogù Cane intese queste parole rispuose: Quando volete vostra onta e vergogna, e voi l'abbiate. E tuttavia mantengono questa usanza. Or lasciamo di Chamul, e diremo d'altre provincie tra maestro e tramontana.

(1) Cioè, coloro cui la moglie fa fallo. —
(2) Avolterare per fare avolterio è citato dalla Crusca.

46. Di Chingitalas.

Chingitalas è una provincia [1] che ancora è presso al diserto, tra maestro e tramontana, ed è grande sei giornate, ed è del Gran Cane. Quivi hae città e castella assai; quivi hae tre generazioni di genti, cioè idoli che adorano Malcometto, e Cristiani Nestorini; quivi ha montagne, ove sono buone vene d'acciaio, e d'andanico, e in questa montagna è un'altra vena della quale si fa la salamandra [2]. La salamandra non è bestia, come si dice, che viva nel fuoco, chè niuno animale può vivere nel fuoco; ma dirovi come si fa la salamandra. Uno mio compagno, ch'ha nome Zuficar (è uno Turchio), istette in quella contrada per lo Gran Cane Signore tre anni, e faceva fare questa salamandra; e disselo a me, ed era persona che ne vide assai volte; ed io ne vidi delle fatte. Egli è vero che questa vena si cava e istringesi insieme, e fa fila come di lana, e poscia la fa seccare e pestare in grandi mortai

(1) Nel T. Ramus. manca questa provincia, che Marsden opina sia il paese detto dai Cinesi *Chen-Chen*, che aveva per capitale *Kan-nitching* vicino al lago di *Lop*. Il Baldelli inclina a crederla *Chinchintalas* in *Tchahan* della carta d'Anville. — (2) Per *salamandra* intende il Polo di significare l'amianto o albesto, ch'è incombustibile, come pretendevasi che lo fosse la salamandra.

di cuoio, poi la fanno lavare, e la terra si cade, quella che v'è appiccata, e rimangono le fila come di lana. Questa si fila e fassene panno da tovaglie; fatte le tovaglie elle sono brune; mettendole nel fuoco diventano bianche, e tutte le volte che sono sucide si mettono nel fuoco, e diventano bianche come neve; e queste sono le salamandre, e l'altre sono favole. Anche vi dico, che a Roma hae una di queste tovaglie, che 'l Gran Cane mandò per gran presente, perchè il Sudario del nostro Signore vi fosse messo entro. Or lasciamo di questa provincia, e andremo ad altre provincie tra greco e levante.

47. Di Succiur.

Quando l'uomo si parte di questa provincia va dieci giornate tra greco e levante, e in tutto questo non si truova se no poca abitazione, nè non v'è nulla da ricordare. Di capo di queste dieci giornate è una provincia ch'è chiamata Succiur [1], nella quale hae cittadi e castella assai; quivi hae cristiani e idoli, e sono al Gran Cane. Ella è grande provincia, ha nome Ienaraus [2]. Ov'è questa provincia, e queste

(1) *Succuir*, T. Ramus. Marsden opina che sia *Sot-chen* nella frontiera occidentale della Cina. — (2) *Jeneraus*, Cod. Pucc.

due ch'io v'ho contate indreto, è chiamata Changut [1], e per tutte sue montagne si truova il rebarbero [2] in grande abbondanza; e quivi lo comperano i mercatanti, e portanlo per tutto il mondo. Vivono de' frutti della terra, non si travagliano di mercatanzie. Or ci partiamo di quì, e diremo di Champicion.

48. Di Champicion.

Champicion [3] è una città ch'è in Tagut; è molto nobile e grande, ed è capo della provincia di Tagut. La gente sono idoli, ed havvi di quelli ch'adorano Malcometto; ed havvi Cristiani, e havvi in quella città tre chiese grandi e belle. Gl'idoli hanno badie e monisteri secondo loro usanza: egli hanno molti idoli, e hanno di quegli che sono grandi dieci passi, tali di legno, tali di terra, e tali di pietra, e sono tutti coperti d'oro, molto begli; e sappiate che gli regolati [4] degli idoli vivono

(1) *Tongut*, Cod. Pucc. *Tanguth*, Cod. Ricc.
— (2) Marco Polo fu il primo viaggiatore europeo che facesse menzione del *rabarbaro*, di cui il Pallas parlò poi alla difusa. — (3) *Campion*, T. Ramus. E' detta anche *Cangiù* o *Kamju*, ed è residenza d'un vice re. Qui si fermano le carovane e le ambasciate che giungono per terra alla Cina. E' all'occidente di Pekino. — (4) Cioè che *vivono sotto una Regola*, cosi detti per indicare i claustrali o idolatri del culto di Foe, che sogliono vivere in comunità.

più onestamente che gli altri. Egli si guardano da lussuria, ma non l'hanno per gran peccato; ma se truovano alcuno uomo che sia giaciuto con femmina contra natura, egliono lo condannano a morte. E sì vi dico, ch'egli hanno lunare [1], come noi abbiamo il mese; ed è alcuno lunare, che nessuno idolo venderebbe alcuna bestia per niuna cosa, e dura per cinque giorni; e non mangierebbono carne uccisa in quegli cinque dì, e vivono piue onesti questi cinque dì, che gli altri. Egli prendono insino in trenta femmine, e piue e meno secondo ch'è ricco; ma sappiate che la prima tiene per la migliore; e se alcuna non gli piace, egli la puote ben cacciare prendendone per mogli e la cugina e la zia, e nol tengono a peccato. Egli vivono come bestie. Or ci partiamo di quì, e diremo d'altre verso tramontana; e sì vi dico, che messer Niccolò e messer Matteo dimorarono uno anno in questa terra per loro fatti. Or andremo sessanta giornate verso tramontana.

(1) *Lunario,* Cod. Pucc. Il Pallas conferma che i Calmucchi o Mogolli misurano il tempo a *mesi lunari,* e che hanno tre dì festivi in tali mesi, ne' quali non cibansi che di latte.

49. Di Eezima.

Or truova Eezima [1] dopo dodici giornate, ch'ee a capo del diserto del sabbione, ed ee della provincia di Tagut, e sono idoli. Egli hanno cammelli assai, e bestie assai; e quivi nascono falconi lanieri assai e buoni: egli vivono di lavoro di terra, e non sono mercatanti. E in questa città si piglia vivande per quaranta giorni per uno diserto onde si conviene andare, che non hae abitazione, nè erbe, nè frutti, se non la state che vi stanno certe genti. Quivi hae valle e montagne, e ben vi si truova bestie salvatiche, siccome asine salvatiche [2]; quivi hae boschi di pini; e quando l'uomo hae cavalcato quaranta giornate per questo diserto, truova una provincia verso tramontana: udirete quale.

50. Di Caracom.

Caracom [3] è una città che gira tre miglia, nella quale fue il primo Signore

(1) *Esina*, T. Ramus. Conferma una carta cinese dei tempi dei Mogolli, che questa città, scritta ivi *Ye-tci-na* è distante 12 giornate da *Kan-tcheu*, e ch'è a mezzodì del gran Deserto. — (2) Il Marsden crede che queste asine siano le *Mule salvatiche* ricordate nella descrizione della Tartaria, differenti per la forma esteriore dalle mule domestiche. — (3) *Carchoran*. T. Ramusiano, o *Caracheran*, o *Caracorum*, Città ora

ch'ebbero i Tarteri, quando egli si partirono di loro contrada. E io vi conterò di tutti i fatti di Tarteri, e come egliono ebbero Signoria, e com'egliono si sparsono per lo mondo. E fu vero che gli Tarteri dimoravano in tramontana intra Ciorcia [1]; e in quella contrada ha grande piaggie, ove non ha abitazione, cioè, di castella e di cittadi, ma havvi buone pasture e acque assai. Egli è vero ch'egliono non aveano Signore, ma faceano rendita [2] a un Signore, che vale a dire in francesco, Preste Giovanni [3], e di sua grandezza favellava tutto il mondo. Gli Tarteri gli davano d'ogni dieci bestie, l'una. Or venne che gli Tarteri moltiplicarono molto: quando Preste Giovanni vide ch'egliono moltiplicavano così, pensò ch'egliono lo puotesseno nuocere, e pensò di partirgli per più terre. Adunque mandò de' suoi baroni per far ciò; e quando gli Tarteri vidono quello che il Signore

---

sparita all'occidente del fiume *Kara-holin*. Quest' umile città fece tremar tutta l' Asia, quando vi avea fissata la sua residenza *Gengis-can*. — (1) *Giorgia*, Cod. Pucc. — (2) *Omaggio*, Cod. Pucc. — (3) *Prete Gianni*, T. Ramus. Famoso e quasi immaginario personaggio. Fu appellato in francese *Prestre Jean*, e in italiano *Presto Giovanni*. Il Polo nominando questo personaggio intende di favellare di *Ung-çan*, riconosciuto re dai Cinesi, come dimostrò con molta critica il card. Zurla in una dissertazione citata dal Baldelli.

voleva fare, egli ne furono molto dolenti; allora si partirono tutti insieme, e andarono per luoghi diserti verso tramontana, tanto che 'l Preste Giovanni non poteva loro nuocere; e rubellaronsi da lui, e non gli facevano nulla rendita; e così dimorarono un gran tempo.

51. *Come Cinghys fu lo primo Cane.*

Ora avvenne che nel 1187 [1] anni gli Tarteri feciono uno loro re ch'ebbe nome Cinghys [2] Cane. Costui fue uomo di grande valenza e di senno e di prodezza; e sì vi dico, che quando costui fu chiamato re, tutti gli Tarteri, quanti n'erano al mondo che per quelle contrade erano, si vennoro a lui, e tennolo per Signore; e questo Cinghys Cane tenea la Signoria bene e francamente; e quivi venne tanta moltitudine di Tarteri che non si potrebbe credere. Quando Cinghys si vide cotanta gente, apparecchiossi con sua gente per andare a conquistare altre terre. E sì vi

(1) Nel T. Ramus. leggesi l'anno 1162, ed il Baldelli dimostrò che più corretto è il testo citato dalla Crusca. — (2) *Cingis-can,* T. Ramus. *Tchin-ghis-can* è detto dai Turchi e Persiani; *Tchin-khis-kham* dai Cinesi; *Gengiscan* per antica consuetudine italiana. Questo tremendo conquistatore mogollo fu proclamato imperatore di tutti i Tartari.

dico ch'egli conquistò in ben poco di tempo otto provincie; e non faceva male cui egli pigliava, nè non rubavano; ma menavaglisi dietro per conquistare l'altre contrade; e così conquistò molta gente; e tutta gente andava volentieri dietro a questo Signore veggendo la sua bontà. Quando Cinghys si vide tanta gente disse, che voleva conquistare tutto il mondo: allora mandò suoi messaggi al Presto Giovanni, e ciò fu nel 1200 anni; e mandogli a dire, che voleva sua figliuola per moglie. Quando Preste Giovanni intese che Cinghys avea domandata sua figliuola per moglie tenneselo a gran dispetto, e disse: Non ha Cinghys gran vergogna di domandare mia figlia per moglie? non sa egli ch'egli è mio uomo? ¹ Or tornate, e ditegli, ch'io l'arderei innanzi ch'io gliela dessi per moglie; e ditegli, che conviene ch'io l'uccida siccome traditore di suo Signore. E disse alli messi: Partitevi immantanente, e mai non ci tornate. Gli messaggi si partirono, e vennorsene al Gran Cane, e ridissorgli quello che il Presto Giovanni avea detto, tutto per ordine.

(1) Cioè, *è mio servo o vassallo*,

52. *Come Cinghys Cane fece suo isforzo con tra il Presto Giovanni.*

Quando Cinghys Cane udìo la grande villanìa che 'l Presto Giovanni gli avea mandato a dire, enfiò ¹ sì forte, che per poco che non gli crepò lo cuore in corpo; perciocchè egli era uomo molto signorevole; e disse: Che conviene che cara gli costi la villania che gli mandò a dire, e ch'egli gli farebbe sapere s'egli era suo servo. Allora Cinghys fece il maggiore isforzo ², che mai fosse fatto; e mandò a dire al Presto Giovanni: Ch'egli si difendesse. Lo Presto Giovanni fu molto lieto, e fece suo isforzo; e disse di pigliare Cinghys, e di ucciderlo; e faceasene quasi beffe, non credendo che fosse tanto ardito. Or quando Cinghys Cane ebbe fatto suo isforzo, venne ad un bel piano, c'ha nome Tanduc ³ ch'è presso al Presto Giovanni; e quivi messe lo campo. Udendo ciò il Presto Giovanni vi si mosse con suo isforzo per venire contro Cinghys. Quando Cinghys l'udìo fu molto lieto. Or lasciamo

(1) *Enfiare* per *adirarsi* è registrato nel Vocabolario, ma senza esempj. — (2) Per *esercito* si allegano esempj anche di Gio. e Matteo Villani. — (3) *Tenduc*, T. Ramus. Le Storie Cinesi narrano che incontraronsi a *Kalantchin* tra i fiumi *Tula* e *Kerlon* verso il 48.° di lat. ed il 7.° o 8.° di long. a occidente di *Peckin*.

di Cinghys Cane, e diremo del Preste Giovanni e di sua gente.

53. Come il Preste Giovanni venne contro a Cinghys Cane.

E quando il Preste Giovanni seppe che Cinghys era venuto sopra lui, mossesi con sua gente, e venne al piano dov'era Cinghis al campo di Cinghys a dieci miglia, e ciascuno si riposò per essere freschi il dì della battaglia; e l'uno e l'altro istavano nel piano di Tengut [1]. Un giorno fece venire Cinghys suoi astrologi cristiani e saracini, e comandò loro che gli dicessono chi dovea vincere. Gli Cristiani feciono venire una canna, e fessorla [2] per mezzo, e dilungarono l'una dall'altra, e l'una missono dalla parte di Cinghys, e l'altra dalla parte del Presto Giovanni, e missono il nome del Presto Giovanni sulla canna dal suo lato, e il nome di Cinghys in sull'altra; e dissoro [3]: Qual canna andrà in sull'altra, quegli sarà vincente. Cinghys Cane disse, che questo voleva egli ben vedere; e disse che gliel mostrassero il più tosto che potessero. Quegli Cristiani

---

(1) *Tangut*, Cod. Pucc. — (2) Per *fenderonla*. — (3) *Dissoro* per *dissero*. Usarono gli antichi nella terza persona del plurale *dissoro, dissono, dissero*.

ebbero lo saltero, lessoro certi versi e salmi e loro incantamenti; allora la canna, ov'era il nome di Cinghys, montò sull'altra; e questo vide ogni uomo che v'era. Quando Cinghys vide questo, egli ebbe grande allegrezza, perchè vide gli Cristiani veritieri: gli Saracini astrologi di queste cose non seppono dire nulla.

54. Della battaglia.

Apresso quel dì s'apparecchiano l'una parte e l'altra, e combattosi insieme duramente, e fu la maggiore battaglia che mai fosse veduta; e fu il maggiore male e dall'una parte e dall'altra, ma Cinghys Cane vinse la battaglia, e fuvvi morto lo Presto Giovanni; e da quel die innanzi perdeo sua terra tutta, e andolla conquistando, e regnò sei anni sopra [1] questa vittoria, pigliando molte provincie. In capo di sei anni istando ad uno castello c'ha nome Caagu [2] fue fedito nel ginocchio d'un quadrello, ond'egli se ne morìo; di che fu gran danno, imperciocchè egli era prode uomo e savio. Ora abbiamo contato, come gli Tarteri ebbero in prima Signore, e fu Cinghys Cane, e com'egli vinse il Presto Giovanni. Or vi diremo di loro costumi e di loro usanza.

(1) *Sopra* è qui usato per *appresso*.
(2) *Coagu*, Cod. Pucc. *Coagiu*, Cod. Magl.

§5. *Del numero* [2] *degli Gran Cani*
quanti furono.

Sappiate veramente che apresso Cinghys Cane fu Cin Cane, lo terzo Bacchia, lo quarto Alcon [2], lo quinto Mogui [3], lo sesto Cablau [4], e questi ha più podere che se tutti gli altri fossoro insieme non potrebbono avere tanto podere quanto ha questo da sezzo, che oggi hae nome Gran Cane, cioè Cablau. E dicovi di più, che se tutti gli Signori del mondo, Cristiani e Saracini fossero insieme, non potrebbono fare quanto farebbe Cablau Cane; e dovete sapere, che tutti gli Gran Cani discesi di Cinghys Cane sono sotterrati ad una montagna grande, la quale è chiamata Alcay [5]. E ove li grandi Signori di Tarteri muoiono, se morissero cento giornate dalla lungi a quella montagna, si conviene ch'egli vi sieno portati. E sì vi dico un'altra cosa, che quando i corpi de' Gran Cani sono portati a sotterrare a questa montagna, se fossero a lungi quaranta giornate, o più o meno, tutte le gente che sono incontrate per quello cammino, onde

(1) *Del numero e de' nomi de' Gran Cani che sono stati sino al dì d'oggi,* Cod. Pucc. — (2) *Fu Chiacan, lo terzo Bachiuchan, lo quarto Longuican,* Cod. Magl. II. — (3) *Manguth,* Cod. Ricc. *Mongul,* Cod. Magl. II. — (4) *Cublay,* Cod. Ricc. — (5) *Altai,* Cod. Magl. III.

si porta il morto [1], tutti sono messi alle ispade [2] e morti. E dicono loro quando gli uccidono: Andate a servire lo vostro Signore nell'altro mondo: chè credono che tutti coloro che sono morti lo debbiano servire nell'altro mondo; e così gli uccidono, e così uccidono gli cavagli, e pure gli migliori, perchè il Signore gli abbia nell'altro mondo. E sappiate che quando Mogne [3] Cane morìo furono morti più di ventimila uomeni, gli quali incontravano il corpo che s'andava a sotterrare [4]. Da che ee cominciato di Tarteri, sì ve ne dirò molte cose. Gli Tarteri dimorano lo verno in piani luoghi, ove abbia molta erba e buona pastura per loro bestie; di state in luoghi freddi, e in montagne e in valli ove hae acqua assai e buone pasture. Le case loro sono di legname, e sono coperte di feltro, e sono tonde, e portalesi dietro in ogni luogo ov'egli vanno, perchè gli hanno ordinato sì bene le loro pertiche, ond'egli le fanno, che troppo bene le possono portare leggiermente in tutte le parti

---

(1) *A sotterrare*, Cod. Pucc. — (2) *Metter a ispada*, mettere alle coltella, per *ammazzare*. — (3) *Mangu th*, Cod. Ricc. — (4) Questo fatto è uno di quelli che diè al Polo la taccia di favoloso, ma l'uso di sotterrare coi principi e i servi vivi e le concubine non era abolito presso i *Manciusi* verso la metà del secolo XVII. Erodoto rammenta quest'uso barbaro anche presso gli Sciti.

ov'egli vogliono. Queste loro case sempre
fanno l'uscio verso il mezzodie [1]. Egli hanno carrette coperte di feltro nero, che,
perchè vi piova suso non si bagna nulla
cosa che dentro vi sia [2]. Egli le fanno menare a buoi e a cavalli, e in sulla carretta pongono loro femmine e lor fanciulli. E
si vi dico, che le loro femmine comperano e vendono, e fanno tutto quello che
bisogna a' loro mariti ; perocchè gli uomeni non sanno fare altro che cacciare e uccellare, e fatti d'oste [3]. Egli vivono di carne e di latte e di cacciagioni ; egli mangiano di pomi di Faraone [4], che ve n'ha
grande abbondanza da tutte parti; e mangiano carne di cavallo e di cane e di giumente e di buoi e di tutte carni, e beono
latte di giumente. E per niuna cosa l'uno
non toccherebbe la moglie dell'altro, pe-
rochè l'hanno per malvagia cosa, per
grande villanìa. Le donne son buone, e
guardono bene l'onore di loro Signori, e

(1) Pallas ha dato e disegni e descrizioni di
tali abituri che bene si ragguagliano con quelle
del Polo. — (2) Rubriquis soggiugne, che per
rendere i feltri impenetrabili all'acqua, gl'im-
piastrano di sego e di latte di pecora. — (3) Cioè
fatti di guerra. — (4) Il volgarizzatore ha preso
qui errore, e dovea dire *sorci di Faraone*, come sta nell'edizione Ramusiana, e nel Codice
Riccard. E' una specie di sorci che in grande
quantità si trovano, secondo Pallas, nelle pia-
nure tra i fiumi *Ingoda* e *Argun*.

governano bene tutta la famiglia; e ciascuno può pigliare tante moglie quant'egli vuole infino in cento, s'egli hae da poterle mantenere. E l'uomo dà alla madre della femmina, e la femmina non dà nulla all'uomo [1]; e hanno per migliore e per piue veritiera la prima moglie che l'altre; e gli hanno più figliuoli che l'altre genti per le molte femmine; e prendono per moglie le cugine, e ogni altra femmina salvo la madre; e prendono la moglie del fratello s'egli muore. Quando pigliano moglie si fanno gran nozze.

56. *Dello Iddio* [2] *de' Tarteri.*

Sappiate che la loro legge è cotale, ch'egli hanno un loro iddio, c' ha nome Natigai [3], e dicono che quello ee iddio terreno che guarda i loro figliuoli e loro bestiame e a loro biade; e fannogli grande onore e grande riverenza, chè ciascuno lo tiene in sua casa; e fannosi di feltro e di panno e tengogli in loro casse; e ancora fanno la moglie di questo loro iddio, e fannogli figliuoli ancora di panno: la moglie

(1) Era questa antica costumanza anche dei Germani; *Dotem non uxor marito, sed uxori maritus offert.* Tacit. Germ. — (2) *Idolo,* Cod. Pucc. — (3) Quest'idolo sembra essere quello che, secondo Pallas, gl'idolatri chiamano *Tingueru,* che significa *Cielo,* o *Dio del Cielo.*

pongono dal lato manco, e' figliuoli dinanzi. Molto gli fanno onore; quando vengono a mangiare, egli tolgono della carne grassa e ungogli la bocca a quello iddio, e alla moglie e a quegli figliuoli, poi pigliano del brodo e gittalo giuso dall'usciuolo [1] ove istà quello iddio. Quando hanno fatto così, dicono: Che il loro iddio e la sua famiglia hae la sua parte. Appresso questo mangiano e beono latte di giumente, e conciallo in tale modo che pare vino bianco e buono a bere, e chiamallo chemisi [2]: e loro vestimenta sono cotali. Li ricchi uomeni vestono di drappi e d'oro e di seta e di ricche pelli cebeline e ermine [3] e di vai e di volpe molto riccamente, e li loro arnesi [4] sono molto di gran valuta. Loro armi sono archi e spade e mazze, ma d'archi si aiutano più che d'altro, imperocchè egli sono troppo buoni arcieri. In loro dosso portano armadura di cuoio di bufale, e d'altre cuoia forti; egli sono uomini in battaglia valenti duramente;

(1) Nel Vocab. è il diminutivo *asciolino*, e manca la voce *usciuolo*. — (2) Petit de la Croix dà la descrizione del modo di fare questo liquore, detto *Cammez* o meglio *Kumiss*, ch'è *siero di cavalla fermentato*, e che ottiensi a forza di sbattere il latte e separarne la parte burrosa. — (3) Cioè *pelli dello zibellino e dell'ermellino*. — (4) *Arnese* per *armadura* è adoprato dal Tasso nella Gerusalemme.

e dirovi com'egliono si possono travagliare più [1] che gli altri uomeni, chè quando bisognerà, egli andrà e starà un mese sanza niuna vivanda, salvo che vivere di latte di giumente e di carne di loro cacciagioni che prendono, e il suo cavallo viverà d'erba che pascerà, e non gli bisognerà portare nè orzo, nè paglia. Egli sono molto ubbidienti al loro Signore; e sappiate che quando e' bisogna, egli andrà e starà tutta notte a cavallo, e il cavallo sempre andrà pascendo; e sono quella gente che più sostengono travaglio, e meno vogliono di spesa; e che più vivono e sono per conquistare terre e reami [2]. Egli sono così ordinati, che quando un Signore mena in oste centomila cavalieri, ad ogni mille fae un capo, e a ogni diecimila un altro capo, sicchè non ha a parlare se non che a dieci uomeni lo Signore delli diecimila; e quegli di centomila non ha a parlare se non che a dieci, e così ogni uomo risponde al suo capo. Quando l'oste va per monti e per valle sempre vanno innanzi dugento uomini a sguardare, e altrettanti di dietro e dal lato, perchè l'oste non possa essere assalito, che nol sentissero; e quando egli vanno in oste dalla lunga portano bottacci [3]

(1) *La battaglia*, Cod. Pucc. — (2) *Buonissima gente*, Cod. Pucc. — (3) *Bottaccio*, barletto o fiasco, voce usata anche dal Boccaccio, Giorn. 7. Nov. 3.

di cuoio, ov' egliono portano loro latte, e una pentola ov'egliono cuocono loro carne, e portano una piccola tenda, ov' egli fungono dall'acqua [1]; e sì vi dico che quando d'elli è bisogno, egliono cavalcano bene dieci giornate senza vivanda che tocchi fuoco, ma vivono del sangue delli loro cavagli, chè ciascuno pone la bocca alla vena del sue cavallo e bee [2]. Egli hanno ancora loro latte secco come pasta, e mettono di quel latte nell'acqua, e disfannolovi dentro, e poscia il beono; e vincono le battaglie altresì fuggendo come cacciando [3], chè fuggendo saettano [4] tuttavia, e gli loro cavagli si volgono [5] come cani; e quando gli loro nemici gli credono avere isconfitti cacciandogli, e egliono sono isconfitti egliono; imperciocchè tutti gli loro cavagli sono morti per le loro saette [6]; e quando gli Tarteri veggono che gli cavagli di coloro, che gli cacciavano [7], morti, egliono si rivolgono a loro, e sconfingongli per la loro prodezza; e in questo

(1) *Si cuoprono dall'acqua*, Cod. Pucc. — (2) Dalla descrizione delle costumanze calmucche data da Pallas, si ravvisano sussistenti tuttora presso questo popolo di sangue mogollo molte delle costumanze descritte dal Polo. — (3) Qui vale per *incalzare* o *respingere*. — (4) *Indietro*, Cod. Pucc. — (5) *Prestamente*, Cod. Pucc. — (6) *Ch'eglino hanno gittato indietro fuggendo*, Cod. Pucc. — (7) *Cacciano*, Cod. Pucc.

modo hanno già vinte molte battaglie. Tutto questo che io v' ho contato, e gli costumi, è vero degli ditti Tarteri; e ora vi dico che sono molti i bastardi, che quegli che usano [1], anche adesso mantengono gli costumi degl'idoli, e hanno lasciata loro legge, e quegli che usano in levante tengono la maniera de' Saracini. La giustizia vi si fa, come vi dirò. Egli è vero che se alcuno hae imbolato una piccola cosa, ch'egli non ne debba perdere la persona; egli gli è dato sette bastonate, o dodici o ventiquattro, e vanno infino alle centosette, secondo che hae fatta l'offesa; e tuttavia ingrossano, giugnendose dieci, e se alcuno hae tolto tanto che debbia perdere la persona, o cavallo, o altra gran cosa, si è tagliato per mezzo con una ispada; e se vuole pagare nove cotanti che non vale [2] la cosa ch'egli ha tolta, campa la persona. Lo bestiame grosso non si guarda, ma è tutto segnato, sicchè colui che 'l trovasse conosce la 'nsegna del Signore, e rimandalo; pecore e bestiame minuto ben si guardano. Loro bestiame è molto bello e grosso. Ancora vi dico un'altra loro usanza, cioè, che fanno matrimonj tra loro di fanciulli morti [3], cioè a dire, uno uomo hae

(1) *Usano turcharesse mantengono gli costumi degl'idoli.* Cod. Pucc. — (2) *Che vale.* Cod. Pucc. — (3) *E di fanciulle morte, in questo modo.* Cod. Pucc.

uno suo fanciullo morto, quando viene nel tempo che gli darebbe moglie se fosse vivo, allotta fa trovare un che abbia una fanciulla morta, che si faccia a lui, e fanno parentado insieme; e danno la femmina morta all'uomo morto; e di questo fanno fare carte, poscia l'ardono; e quando veggono lo fummo in aria, allotta dicono, che la carta ne va nell'altro mondo ove sono li loro figliuoli, e ch'egli si tengono per moglie e per marito nell'altro mondo; egli ne fanno grande nozze, e si ne versano [1] assai; e dicono, che ne vae a' figliuoli nell'altro mondo. Ancora fanno dipignere in carte uccelli, cavagli, arnesi e bisanti [2] e altre cose assai, e poi le fanno ardere; e dicono che questo sarà loro presentato da dovero nell'altro mondo, cioè ai loro figliuoli; e quando questo è fatto, egliono si tengono per parenti e per amici, come se i loro figliuoli fossero vivi. Ora v'abbiamo contate l'usanze [3] e gli costumi de' Tarteri; ma io non v'ho contati degli gran fatti degli Gran Cani, e di sua corte; ma io ve ne conterò in questo libro, ove si converrà. Or torneremo al gran piano che

---

(1) *Versare* figuratamente per *consumare, spendere* ha altri esempj nel Vocabolario. — (2) *Monete*, Cod. Pucc. — (3) *Parte dell'usanze*, Cod. Pucc.

noi lasciamo, quando cominciamo a ragionare de' Tarteri [1].

57. Del piano di Barchù.

Quando l'uomo si parte di Carocaron e da Alcay [2], ov'è lo luogo ove si sotterrano gli corpi delli Tarteri, siccome v'ho contato di sopra, l'uomo va più innanzi per una contrada verso tramontana, la quale si chiama lo piano di Barcù [3], e dura bene ottanta giornate; la gente sono chiamati Metrucci [4], e sono salvatica gente. Egliono vivono di bestie, e il più di cervi, e sono al Gran Cane. Egli non hanno biade, nè vino; la state hanno cacciagioni e uccellagioni assai; di verno non vi sta nè bestia nè uccelli per lo grande freddo. E quando l'uomo è di capo delle quaranta giornate truova lo mare Oceano; e quivi hae montagne ove i falconi pellegrini [5]

(1) La materia che si contiene in questo Capitolo è variamente distribuita e divisa in più capi nel Cod. Ricc. —(2) Da *Churacan* ed *Alchai* leggesi nel Cod. Magl. 11. *Caracoram et a Monte Aichay*, nel Cod. Ricc. — (3) *Bargu*, T. Ram. Comprende qui tutta la parte dell'Asia che dal lago *Baikal* estendesi fin al Mare Ghiacciato. — (4) *Mecriti*, T. Ramus. e leggesi nel T. Parigino *Mecri*. Celebre tribù tartarica a confine dei Mogolli. Li Cinesi, che non hanno la lettera *r*, li appellano *Mieliki*. — (5) Scrive il Pallas che in queste contrade gelate trovasi il Falcone di Barberia, *Falco barbarus*, che cova nelle montagne più settentrionali.

fanno loro nidio; nè non v'ha se non una generazione d'uccelli, di che si pascono quei falconi, e sono grandi come pernicie, e chiamansi bugherlat ¹, e hanno fatto i piedi come pappagallo, la coda come rondine, e sono molto volanti; e quando il Gran Cane vuole di quegli falconi, manda a quella montagna; e all'isole di quel mare nascono i girfalchi; e sì vi dico che questo luogo è tanto verso la tramontana, che la tramontana rimane addietro verso mezzodie ². E di quegli girfalchi v'ha tanti che 'l Gran Cane n'ha quant'egli ne vuole; e quegli che portano questi girfalchi al Gran Cane, e agli Signori del levante, cioè ad Argo e agli altri, sono gli Tarteri. Or v'abbiamo contato tutti gli fatti delle provincie della tramontana infino al mare Oceano, oggimai vi conteremo d'altre provincie, e ritorneremo al Gran Cane; e ritorneremo a una provincia che abbiamo iscritta in nostro libro, che ha nome Campitui.

(1) *Bargelach*, Cod. Ricc. *Bicherlach*, Cod. Pucc. — (2) Notò il Baldelli essere rimarchevole quest'osservazione, volendo il Polo mostrare che parla delle estreme terre settentrionali del Continente Asiatico, nelle quali la stella polare, respettivamente all'osservatore, si appressa al suo zenit.

58. Del reame di Erghuil.

E quando l'uomo si parte di questo Campitui [1] ch'io ho contato, l'uomo vae cinque giornate per luogo ov'hae molti ispiriti, e odegli la notte parlare nell'aere più volte. A capo di queste cinque giornate, l'uomo truova un reame, lo quale ha nome Erouil, ed è al Gran Cane, ed è della gran provincia di Tangut [2], che hae più reami. Le genti sono idoli, e cristiani Nestorini, e di quegli che adorano Malcometto: v'ha cittadi assai, la mastra cittade ha nome Ergigul [3], e uscendo di questa città, e andando verso Catay [4] truovasi una città, o'ha nome Singui [5], e havvi

(1) *Campition*, Cod. Ricc. Il Polo fa qui retrocedere il leggitore, e dalle contrade più settentrionali dell'Asia riconducelo a Campion, ove, come disse in addietro, *dimorò con sue padre e barba per sue faccende circa un anno.* — (2) *Tenduch*, Cod. Ricc. — (3) *Erginal*, T. Ramus. Il Forster crede doversi leggere *Erdschomur*, nome di un lago; il Marsden legge *Erginur*, e lo giudica il lago di *Kokonor*; ma secondo altri fa duopo cercare questo paese cinque giornate da *Cantcheu*, o *Campion*. — (4) Il Polo per trasferirsi da *Chantcheu* a *Kcipim-fu*, o *Clemenfu*, seguì la strada della Tartaria, ch'era per esso la via più diritta. — (5) *Sinchuy*, Cod. Pucc. Nel T. Ramus. leggesi: *Andando per scirocco verso il Catajo si trova una città nominata Singui*; ;, Preziosa notizia (soggiugne il ,, Baldelli) che conferma che la strada dal Po- ,, lo seguita non era compresa nella Cina, ma

ville e castella assai, e sono di Tangut medesimo, ed è al Gran Cane. Le genti sono idoli : e che adorano Malcometto, e Cristiani v'ha. E havvi buoi salvatichi [1], che sono grandi come leofanti, e sono molto begli a vedere, ch'egli sono tutti pilosi, salvo che lo dosso, e sono bianchi e neri, e 'l pelo è lungo tre palmi, e sono sì begli ch'ee una maraviglia a vedere, e di questi buoi medesimi hanno di dimestichi, perchè hanno presi de' salvatichi, e hannogli dimesticati. Egli gli caricano, e lavorano con essi, e hanno forza due cotanti che gli altri. E in questa contrada nasce lo migliore moscado [2], che sia al mondo; sappiate che 'l moscado si truova in questa maniera, ch'egli ee una piccola bestia, come una gatta [3], ma ee così fatta :

„ ch' era oltre i confini di quell' impero, e per-
„ ciò in Tartaria ". *Singui* credesi dal Forster
Si-gan-fu capitale della provincia di *Chensi*, e
così giudica anche il Baldelli. — (1) Molti moderni viaggiatori parlano e descrivono questo
quadrupede coperto di pelo lunghissimo, gibboso, e della grandezza d'un toro inglese. Il Polo ne fa menzione anche altrove. Chiamasi *Bysamino* o *Beyacmino* nel T. Ramus. — (2) Per
l' animale che dà il muschio, che è una sorta
di damma che si moltiplica nelle montagne del
Tibet, e ne' luoghi più prossimi alle nevi perpetue delle medesime. — (3) Il testo è fallato,
e dee leggersi come nel T. Ramus. *E' una
bestia piccola come una gazzella, cioè della
grandezza d'una capra.*

ella hae pelo di cerbio così grosso, in più come gatta, e hae quattro denti, due di sopra e due di sotto, che sono lunghi tre dita, e sono sottili; li due vanno in giuso e li due in suso; ella è bella bestia. Lo moscado si truova in questa maniera, che quando l'uomo l'hae presa, l'uomo truova tra la pelle e la carne del bellico una postema, e quella si taglia con tutto il cuoio, e quello è lo moscado, di che viene grande olore [1]; e in questa contrada n'ha grande abbondanza, così buono, come vi ho detto. Egli vivono di mercatanzie e d'arti, e hanno biade. La provincia è grande quindici giornate, e v'ha fagiani due cotanti grandi che i nostri; egli sono grandi come paoni un poco meno, egli hanno la coda lunga dieci palmi e nove e otto e sette li meno [2]. Ancora v'ha fagiani fatti al modo di questo paese. Le genti sono idoli, e grassi, e hanno piccolo naso, gli capegli neri, e non hanno barba se non al mento. Le donne non hanno adosso pelo niuno in niuno luogo, salvo che nel capo; elle hanno molto belle carni e bianche, e son ben fatte di loro fattezza, e molto si dilettano con uomeni; e puossi pigliare

(1) *Olore* è voce usata dai trecentisti per *odore*. — (2) Questo fagiano è creduto dal Forster il *Phasianus argus* di Linneo, per le occhiute sue penne. Buffon dice trovarsi a tramontana della Cina.

tante femmine quante altri vuole, avendo il podere; e se la femmina è bella, e di piccolo legnaggio, uno grande uomo la toglie per moglie, e dà alla madre molto avere: quello di che egli s'accordano. Or ci partiamo di quì, e andremo ad un' altra provincia verso levante.

59. D' Egrigay.

Quando l'uomo si parte d' Arguil, e vassi per levante otto giornate, egli truova una provincia chiamata Egrigaia [1], e havvi cittadi e castella assai; ee di Tangut; la mastra città è chiamata Calatia [2]; la gente adorano gl' idoli, e havvi tre chiese de' Cristiani Nestorini, e sono al Gran Cane. In questa città si fa ciambellotti [3] di pelo di cammello li più belli del mondo; e di lana bianca fanno ciambellotti bianchi molto begli, e fannone in grande quantitade,

---

(1) *Egrigaja*, T. Ramus. ,, Siccome dice che ,, la capitale di questo regno è *Calacia*, si ravvisa essere il regno di *Egrigaja* il paese de,, gli *Ortù*, compreso nell'immenso circuito che ,, fa il fiume *Hoang-ho* di là dalla gran muraglia " (Baldelli). — (2) *Calacia*, T. Ramus. Secondo alcuni è *Calata* sul fiume *Hoang-ho*, secondo altri *Cailak*, o *Gailak* sulle rive dell' *Ili*, ma confessò il Marsden che v' è imbarazzo nel riconoscere i luoghi in questo luogo dal Polo riferiti. — (3) *Tele fatte di pel di capra*, voce citata dalla Crusca.

e portansi in molte parti. Or usciamo di questa provincia, e entreremo in un' altra provincia chiamata Tendut; e entreremo nelle terre del Presto Giovanni in India.

60. *Della provincia di Tenduc.*

Tendut [1] è una provincia verso levante, ove hae cittadi e castella assai, e sono al Gran Cane, e sono discendenti del Presto Giovanni. La mastra cittade [2] è Tendut, e di questa provincia enne un discendente del legnaggio del Presto Giovanni; e ancora ci è Presto Giovanni, e suo nome si è Giorgio [3]. Egli tiene la terra per lo Gran Cane, ma non tutta quella che teneva lo Presto Giovanni, ma alcuna parte di quella medesima; e sì vi dico, che tuttavia il Gran Cane ha date di sue figliuole, e di suoi parenti per moglie a questo re discendente del Presto Giovanni. In questa provincia si truova le pietre, di che si fa l'azurro molto buono [4]; e

---

(1) *Tenduc*, T. Ramus. L' Assemanni ricorda il regno di *Tenduc* o *Niuch* in Tartaria, che sembra essere il paese dei popoli detti *Niuche* a tramontana del *Tangut*, e di parte del *Chen-si*; ed estendevasi sino alle terre primitive dei Mogolli. — (2) *Mastra cittade* è maniera di esprimersi con un gallicismo. — (3) Questo re Giorgio seguiva la credenza dei Cristiani Nestorini. — (4) Fra Pipino tradusse: *In his locis reperitur Lapis lazuli, de quo fit asurum peroptimum.*

havvi ciambellotti di pelo di cammello. Egli vivono de' frutti della terra; quivi si ha mercatanzie ed arti. La terra tengono gli Cristiani, ma e' v'ha degl'idoli, e di quegli che adorano Malcometto. Egli sono gli più bianchi uomini del paese e più belli, e i più savj, e più uomeni mercatanti. E sappiate che questa provincia era la mastra sedia del Presto Giovanni quando egli signoreggiava i Tarteri; e in tutta quella contrada ancora vi stanno di suoi discendenti, e il re, che la signoreggia, è di suo lignaggio; e questo è lo luogo che noi chiamiamo Goggo e Magogo: ma egli lo chiamano Nug e Mugoli [1]; e ciascuna di queste provincie ha generazioni di gente alquante, e in Mogul dimorano i Tarteri. E quando l'uomo cavalca per questa provincia sette giornate per levante verso li Tarteri, l'uomo truova molte cittadi e castella, ov' ha gente che adorano Malcometto, e idoli, e Cristiani Nestorini. Egli vivono d'arti e di mercatanzie; egli sanno fare drappi dorati che si chiamano nasicci [2], e drappi di seta di molte maniere; e

---

(1) *Og e Magog, ma quelli, che ivi abitano lo chiamano Ung e Mongul*, T. Ramus. Gli Arabi e i Persiani scrivono *Jagiuge e Magiuge*, popoli che abitano le terre più settentrionali dell'Asia. Il Marsden reputò di difficile interpretazione questo luogo del Polo. — (2) Si ravvisa dal contesto essere drappi di seta intessuti

sono al Gran Cane, e v'ha una città ch'ha nome Sindatui [1], ove si fanno molte arti, e favvisi tutti fornimenti da oste; e havvi una montagna, nella quale ha una molto buona argentiera [2]. Egli hanno cacciagioni di bestie e d'uccelli. Noi ci partiremo di qui e andremo tre giornate, e troveremo una città che si chiama Gavor [3], nella quale hae un grande palagio ch'ee del Gran Cane; e sappiate che 'l Gran Cane dimora volentieri in questa città e in questo palagio, perciocchè egli v'ha lago e riviera assai, ove dimorano molte grue; e havvi un molto bello piano, ove dimora gran grue assai, fagiani e pernici; v'hae di molte fatte d'uccelli, e per questo vi prende il Gran Cane molto sollazzo, perch'egli fa uccellare a girfalchi e a falconi, e prendono molti uccelli. E v'hae cinque maniere di grue [4]; l'una sono tutti neri come carboni [5], e

d'oro. Nel T. Ramus. si legge *nasiti fini e nacchi*. Dei *nacchi* parla il Balducci nel suo Trattato di Mercatura (Della Decima ec. T. III. p. 19.). — (1) *Sindicin*, T. Ramus. Questo luogo è detto *Idifa* nel Cod. Parigino. — (2) Per miniera o cava d'argento è voce citata dalla Crusca. — (3) *Cingumor*, Cod. Ricc. Rettamente leggesi *Cianganor* nel T. Parigino. — (4) Per quanto brevi e informi sieno le descrizioni del Polo, tuttavia è osservabile che ricordando qui *cinque maniere di grue* si trovano a lui conformi i moderni naturalisti, comprendendo tra le grue le ardee, o aironi. — (5) *Curbi*, Cod. Magl. II.

sono molti grandi ; l'altra sono tutti bianchi e hanno l'alie molto bene fatte come quelle del paone [1]; lo capo hanno vermiglio e nero e molto ben fatto, lo collo nero e bianco, e sono maggiori degli altri assai; la terza maniera sono fatti come gli nostri; la quarta maniera sono piccoli, e hanno agli orecchi penne nere e bianche [2]; la quinta sono tutti grigi grandissimi, e hanno il capo bianco e nero [3]; e appresso a questa città hae una valle, ove il Gran Cane ha fatte fare molte cassette [4], ov'egli fa fare molte cators, cioè contornici [5], e alla guardia di questi uccelli fa stare più uomini; e havvene tanta abbondanza che ciò ee maraviglia: e quando il Gran Cane viene in quella contrada hae di questi uccelli grande abbondanza. Di qui ci partiamo, e andremo tre giornate tra tramontana e greco.

61. *Della città di Giandu.*

Quando l'uomo è partito di questa cittade cavalca tre giornate, e si trova una

(1) *L'alie aocchiate come coda di pagone*, Cod. Magl. II. — (2) *Hanno unghie belle, e vermiglie e nere*, Cod. Magl. II. — (3) *Il collo vermiglio e nero*, Cod. Magl. II. — (4) *Cassette*, Cod. Pucc. — (5) *Cioè cotornici*. Nel T. Ram. leggesi *pernice e quaglie*.

cittade ch'è chiamata Giandu [1], la quale fece fare lo Gran Cane, che oggi regna, Coblay Cane; e hae fatto fare in questa città un palagio di marmo, e d'altre ricche pietre; le sale e le camere sono tutte dorate, ed ee molto bellissimo maravigliosamente; e attorno a questo palagio è un muro ch'è grande quindici miglia, e quivi hae fiumi e fontane e prati assai; e quivi tiene il Gran Cane di molte fatte bestie, cioè, cervi, dani e cavriuoli per dare mangiare a girfalchi e a' falconi che tiene in muda [2]. In quello luogo egli v'ha bene dugento girfalchi; egli medesimo vuole andare bene una volta la settimana; e le più volte, quando il Gran Cane va per questo prato murato, porta un leopardo in sulla groppa del cavallo, e quando vuole fare pigliare alcuna di queste bestie, lascia andare lo leopardo [3], e lo leopardo la piglia, e egli la fa dare a' suoi girfalchi che tiene in muda, e questo fa per suo diletto. Sappiate che 'l Gran Cane ha fatto fare in mezzo di questo prato un palagio di

---

(1) *Xandù*, T. Ramus. *Ciandù*, T. Riccard, *Chan-tu*, hanno le Storie Cinesi, e significa *Suprema real città*. — (2) *Muda è luogo chiuso dove si tengono gli uccelli a mudare*. Così il Buti Comm. di Dante Inf. 33. — (3) Osservò il Marsden che questo animale è il *Felix jubata*, più piccolo del leopardo comune, di cui si servono alla caccia i principi indiani.

canne, ma è tutto dentro inorato, ed eè lavorato molto sottilmente a bestie e a uccelli inorati; la copertura è di canne [1] vernicate [2] e commesse sì bene che acqua non vi puote entrare. Sappiate che quelle canne sono grosse più di tre palmi o quattro, e sono lunghe da dieci passi infino in quindici, e tagliansi al nodo e per lungo, e sono fatte come tegoli, sicchè si può bene coprire la casa; e hallo fatto fare sì ordinatamente ch'egli il fa disfare [3] qualunque otta egli vuole, e fallo sostenere a più di dugento corde di seta; e sappiate che tre mesi dell'anno istae in questo palagio lo Gran Cane, cioè, giugno e luglio ed agosto [4], e questo fa perchè v'ha caldo: e questi tre mesi istà fatto questo palagio, gli altri mesi dell'anno istà disfatto e riposto, e puollo fare e disfare a suo volere; e quando e' viene a' vent'otto dì di agosto lo Gran Cane si parte di questo palagio, e dirovi la cagione [5]. Egli è vero ch'egli

(1) Cioè *bambusè*, o *bamba*, delle quali canne i Cinesi numerano oltre 60 spezie. — (2) Anche la Crusca ha *vernicare* per *invernieiare*. — (3) *Disfare e rifare*, Cod. Pucc. — (4) ,, Nella ,, relazione di Lord Marcartney leggesi, che in ,, mezzo al giardino di *Zhe-Hol* eravi una tenda ,, spaziosa e magnifica, retta da colonne dorate, ,, dipinte e inverniciate. Anche oggidì l'imperadore passa in Tartaria soltanto l'estate '' (Baldelli). — (5) Manca nel testo lo squarcio seguente di un Cod. Ricc., e che toglie ogni

hae una generazione di cavagli bianchi e di giumente bianche come neve, sanza niuno altro colore [1], e sono in quantità di bene diecimila giumente, e lo latte di queste giumente bianche non può bere niuna persona, se non di schiatta imperiale; bene un'altra generazione di genti chiamata Buat o Oriat [2], che ne possono bere per grazia di Cinghi lo Gran Cane, che 'l concedette loro per una battaglia che vinsero con lui; e quando queste bestie vanno pascendo, egli è fatto loro tanto onore, che non è sì gran barone che passasse per queste [3] bestie per non iscioperarle [4] del pascere, che non si cansi [5]; e gli astronomi, e gl'idoli hanno detto al Gran Cane, che di questo latte si dee versare ogni anno a dì 28

oscurità: *Die autem XXVIII. angusti magnus Kaam de civitate Ciandu discedens ad locum alium proficiscitur, ut diis solemne sacrificium immolet, putans ex hoc obtinere ab ipsis, ut ipse, uxores, filii, animalia cuncta, quae possidet, conserventur.* — (1) *Sanza nulla macchia*, Cod. Pucc. — (2) *Boriat*, T. Ramus. Secondo Gerbellon lungo il *Baikal* abitano popoli detti dai Mogolli *Brattes* a tramontana del fiume *Selingae*. Secondo Pallas abitano fra il fiume *Kilok* e 'l lago *Baikal*, ed ei li chiama *Buriati*, e li dice pure di tartara origine. — (3) *Fra queste bestie*, Cod. Pucc. — (4) In significato di *frastornare* non ha esempj la Crusca. — (5) Per *allontanarsi* l'usò anche Dante: *Nè da quello era luogo da cansarsi* (Purg. XV. v. 142).

d'agosto per l'aria e per la terra, acciocchè gli spiriti e gl'idoli n'abbiano a bere la loro parte, acciocchè salvino le loro famiglie e uccelli e ogni loro cosa. E quindi si parte lo Gran Cane, e va ad un altro luogo. E sì vi dirò una maraviglia, che io avea dimenticata, che quando il Gran Cane è in questo palagio, e e' gli viene un mal tempo, e gli astronomi e incantatori fanno¹ che 'l mal tempo non viene in sul suo palagio; e questi savj uomeni sono chiamati Tebot², e sanno più d'arte di diavolo che tutta l'altra gente, e fanno credere alla gente, che questo avviene per santità³. E questa gente medesima ch'io v'ho detta, hanno una tale usanza, che quando alcuno uomo è morto per la Signoria⁴, egli il fanno cuocere, e mangialo, ma nò se morisse di sua morte: e sono sì grandi incantatori, che quando il Gran Cane mangia in sulla mastra sala, e gli coppi pieni di vino e di latte e d'altre loro bevande, che sono dall'altra parte della sala, sì gli

(1) *Astrologi e i sacerdoti degl' idoli fanno co' loro incantesimi*, Cod. Pucc. — (2) *Tebeth e Chesmir*, T. Ramus. Nel ritoccare il testo il Polo aggiunse *Chesmir*, cioè i *Cashmiriani* che avevano fama d'essere incantatori. Erano sacerdoti del culto di Lama che recavansi in quelle contrade per farvi proseliti, come continuano anche oggidì. — (3) *Per loro santità.* Cod. Pucc. —(4) Qui è in significato *di paese o contrada sotto uno stesso dominio.*

fanno venire sanza che altri gli tocchi, e vengnono dinanzi al Gran Cane, e questo veggiono bene diecimila persone; e questo è vero sanza menzogna, e questo ben sì può fare per nigromanzia [1]; e quando viene in niuna festa di niuno idolo, egli vanno al Gran Cane, e fannosi dare alquanti montoni, e legno aloe e altre cose per fare onore a quello idolo, perciocchè gli salvi lo suo corpo e le sue cose; e quando quegl'incantatori hanno fatto questo, fanno grande afumicata [2] dipanzi agl'idoli di buone ispezie con gran canti; poscia hanno questa carne cotta di questi montoni, e pongola dinanzi agl'idoli, e versano lo brodo di quella; e dicono che gl'idoli ne pigliono quello che vogliono; e in cotale maniera fanno onore agl'idoli il dì della loro festa, che ciascuno idolo hae propria festa [3], com'hanno gli nostri Santi. Egli hanno badie e monisteri; e sì vi dico, che v'ha una piccola città, che hae uno monistero che hanno piue di dugento monaci, e vestonsi più onestamente che tutta l'altra gente. Egli fanno le loro feste le maggiori agl'idoli del mondo, co' gli

(1) Qui significa *incantamento*, o *arte magica in generale*. — (2) *Affumata*, T. Pucc. *Affumata* per *affumicamento* è citato nel Vocabolario dietro quest'esempio. — (3) *Hae suo proprio dì, in che si fa la festa sua.* Cod. Pucc.

maggiori canti e co' gli maggiori alluminari [1]. Ancora v'ha un' altra maniera di religiosi che fanno così aspra vita, come io vi conterò. Egli mai non mangiano altro che crusca di grano, e fannola istare in molle nell'acqua calda un poco, e poscia la menano e mangialla; e quasi tutto l'anno digiunano; e molti idoli hanno, e molto istanno in orazioni, e talvolta adorano lo fuoco, e quelle altre regole [2] dicono di costoro che sono Paterini [3]. Altra maniera v'ha di monaci, che pigliano moglie, e hanno figliuoli assai; e questi vestono d'altri vestimenti che gli altri, sicchè vi dico che grande differenza ha dall'una maniera all'altra sì di vita e sì di vestimenta: e di questo v'hae, che tutti loro idoli hanno nome di femmina. Or ci partiamo di qui [4], e conterovvi del grandissimo Signore di tutti gli Tarteri, cioè, lo nobile Gran Cane che Coblay è chiamato [5].

(1) Specialmente il culto di Fo ha un esteriore pomposo. *Alluminare* per *lume* è citato dalla Crusca su quest'esempio del Milione. — (2) *E quelli altri religiosi*, Cod. Pucc. — (3) Voce usata per significare generalmente *eretico* di qualunque setta. — (4) *Or lasciamo di questa materia*, Cod. Pucc. — (5) Nel T. Ramus. qui ha termine il Libro Primo, che comprende i viaggi asiatici dei Poli vecchi e dei suoi, meno quelli da lui fatti nella Cina, nella penisola di là dal Gange, e nell'Indie. Nel secondo Libro tratta

62. Di tutti i fatti del Gran Cane che regna ora.

Vogliovi cominciare a parlare di tutte le grandissime maraviglie del Gran Cane, che eguale [1] regna, che Cobray [2] Cane si chiama [3], che vale a dire in nostra lingua, lo signore dei signori: e certo questo nome, è bene diritto [4], perciocchè questo Gran Cane è il più possente Signore di genti e di terre e di tesoro che niuno Signore che sia, nè che mai fu dinanzi infino al dì d'oggi; e questo mostrerò ch'è vero in questo nostro libro, sicchè ogni uomo ne sarà contento; e di questo mostrerò ragione.

63. Della gràn battaglia che 'l Gran Cane fece con Naiam.

Or sappiate ch'egli è della diritta ischiatta di Cynghi Cane, dirittamente da essere

---

dei fatti di Cublai-Can e dei paesi da lui veduti nel corso delle sue legazioni ai servigi del Gran Can. — (1) Significa *che adesso.* — (2) *Cublai Can,* T. Ramus. I Mogolli scrivono *Hhubilai,* che significa *officioso.* Secondo il P. Arniot il suo vero nome è *Kobilai.* A seconda delle passioni fu giudicato questo grand'uomo; i Cinesi esagerano i suoi vizj, i Tartari lo tengono in fama d'uno de' loro eroi. Protesse le lettere, l'agricoltura e le arti, e morì di 80 anni nel 1294. — (3) *Che ha nome Chubl i Chaan,* Cod. Magl. II. — (4) *Diritto* per *adattato,* o *conveniente* venne usato anche da maestro Aldobrandino.

Signore di tutti gli Tarteri. E questo Coblay è lo sesto Cane che sono istati insino a quì; e sappiate che questo Coblay cominciò a regnare nel 1256 anni. E sappiate ch'egli ebbe la Signorìa per sua gran valore, e per sua prodezza e senno, chè gli suoi fratelli gliela volevano torre, e gli suoi parenti; e sappiate che di ragione la Signorìa cadea a costui: Egli è ch'egli cominciò a regnare quarantadue anni, infino a questo punto che corre mille-dugento-novantotto anni [1] e puote bene avere ottantacinque anni. In prima ch' egli fosse Signore egli andò in più osti, e portossi gagliardamente, sicoh' egli era tenuto prode uomo d'arme e buono cavagliere, ma poich'egli fu Signore non andò in oste più che una volta; e quello fu negli anni mille-dugento-ottantasei, e io vi dirò perchè fu. Egli è vero che uno ch' ebbe nome Naiam [2], lo quale era uomo del Gran Cane, e molte terre teneva da lui e provincie, sicchè poteva ben fare quattrocentomila uomeni a cavallo, e suoi antieessori soleano essere anticamente sotto il Gran Cane; e era giovane di venti anni. Or disse quello Naiam, che non voleva essere più

(1) Di qui si rileva che Marco Polo dettò il suo viaggio nel 1298. Questa data importante manca nel T. Ramus., ma leggesi anche nel Codice Riccardiano. — (2) *Anayam*, Cod. Pucc.

sotto il Gran Cane, ma gli torrebbe tutta la terra ¹; allotta mandò ² Naiam a Caidu ch'era un gran signore, e era nipote del Gran Cane, ch'egli venisse dall'una parte, e egli andrebbe dall'altra per torgli la terra e la Signoria; e questo Caydu disse che ben gli piaceva, e disse d'essere bene apparecchiato a quel tempo che avevano ordinato. E sappiate che questi avea da mettere in campo ben centomila uomeni a cavallo; e sì vi dico che questi duo baroni feciono grande ragunata di cavalieri e di pedoni per venire addosso al Gran Cane. E quando il Gran Cane seppe queste cose, egli non s'ispaventò punto, ma siccome savio uomo disse: Che mai non voleva portare corona, nè tenere terra, se egli questi due traditori non mettesse a morte. E sappiate che questo Gran Cane fece tutto suo apparecchiamento in dodici dì ³ celatamente, sicchè non si seppe di fuori ⁴ dal suo consiglio. Egli ebbe bene trecento-sessanta-mila uomeni a cavallo, e bene centomila uomeni a piedi ⁵; e sappiate che tutta questa gente furono di sua casa, e perciò fece egli così poca gente, che

(1) *Tutte sue terre*, Cod. Pucc. — (2) *Mandare* è qui posto nel significato di *richiedere*. *Requisivit* tradusse Fra Pipino. — (3) *Ventidue dì*, Cod. Pucc. — (4) In significato di *fuorchè*, o *salvo che*. — (5) *Cinquecento mila*, Cod. Magl. II.

s'egli avesse richiesta tutta sua gente, egli n'avrebbe avuta tanta che non si potrebbe credere; ma avrebbe troppo penato, e non sarebbe istato così sagreto¹; e questi trecento sessanta migliaia di cavaglieri ch'egli fece, furono pure falconieri, e gente che andava dietro a lui. E quando il Gran Cane ebbe fatto questo apparecchiamento, egli ebbe suoi astrologi, e domandogli s'egli dovea vincere la battaglia; rispuosono di sì, e ch'egli metterebbe a morte i suoi nemici. Lo Gran Cane si misse in via con sua gente, e venne in venti giorni a un piano grande, ove Najam era con tutta sua gente, che bene erano trecentomila di cavalieri, e giunsono un die la mattina per tempo, sicchè Najam non ne seppe nulla, perciocchè 'l Gran Cane avea fatte sì pigliare le vie, che niuna ispia gli poteva rapportare, che non fosse presa. E quando lo Gran Cane giunse al campo con sua gente, Najam istava in sul letto colla moglie in grande sollazzo, chè le voleva molto gran bene.

64. *Comincia la battaglia.*

Quando l'alba del die fue venuta, el Gran Cane apparve sopra il piano, ove

---

(1) Per *sagreto* usollo anche Amaretto Mannelli nelle *Cronichette.*

Najam dimorava molto segretamente, perciocchè Najam non credeva per niuna cosa che 'l Gran Cane venisse quivi, e perciò non faceva guardare il campo, nè dinanzi, nè di dietro. Lo Gran Cane giunse sopra questo luogo, e avea una bertesca [1] sopra quattro leofanti [2], ove avea suso insegne, siochè bene si vedeva dalla lunga. La sua gente era ischierata, a trentamila a trentamila; e intornearono il campo tutto quanto attorno attorno in un punto; e ciascuno cavaliere, quasi una buona parte, avea un pedone in groppa con suo arco in mano; e quando Najam vide il Gran Cane con sua gente, fu tutto ismarrito. Egli, e suoi e' ricorsero all'armi, e schieraronsi bene e arditamente e acconciaronsi, sicchè non era se non a fedire. Allotta cominciarono a sonare molti istormenti, e a cantare ad alte bocie [3], perocchè l'usanza de' Tarteri è cotale, che infino che 'l gran nacchero [4] non suona, ch' è uno istormento del capitano, mai non combatterebbono, e infino che pena a sonare,

---

(1) *Bertesca* è una specie di riparo, ma qui significa una *specie di torretta di legname.* —
(2) *Leafante* per *elefante* usaronlo i Trecentisti.
— (3) *Fedire* per *ferire, bocie* per *voce* sono modi di dire del popolo fiorentino, il che svelerebbe fiorentino il volgarizzamento del Milione.
— (4) Strumento che suonssi a cavallo, e che ora chiamasi *timpano.*

gli altri suonano molti istromenti, e cantano. Ora ee lo gran cantare e 'l sonare sì grande da ogni parte, che cioè era grande maraviglia. Quando furono apparecchiate amendue le parti, e gli gran naccheroni cominciarono a sonare, e l'uno venne contro all'altro, e' cominciaronsi a fedire di lancie e di spade; e fu la battaglia molto crudele e fellonesca: e le saette andavano tanto per l'aria che non si puoteva vedere l'aria, se non come fosse piova; e' cavagli cadevano dall'una parte e dall'altra, ed eravi tale lo romore che gli tuoni non si sarebbono uditi. E sappiate che Najam era cristiano battezzato, e in questa battaglia avea egli la croce di Cristo sulla sua insegna; e sappiate che quella fu la più crudele battaglia e la più paurosa [1] che fosse mai al nostro tempo, nè ove tanta gente morisse; e vi morirono tanta gente, tra dell'una parte e dell'altra, che ciò farebbe maraviglia a credere. Ella durò dalla mattina infino a mezzodì passato, ma al da sezzo rimase il campo al Gran Cane. Quando Najam e sua gente vidono, ch'egliono non potevano sofferire piue, missonsi a fuggire, ma non valse nulla, che pur Najam fu preso, e tutti i

(1.) Per *far paura* allega il Vocabolario un esempio di questa voce colto dal Cap. II. dell'Inferno di Dante v. 88.

suoi baroni e la sua gente s'arrenderono
al Gran Cane.

65. Come Najam fu morto.

E quando il Gran Cane seppe che
Najam era preso, egli comandò che fosse
morto in tal maniera: ch'egli fu messo in
su 'n uno tappeto, e tanto fu pallato [1], e
menato in qua e in là, che d' egli morìo :
e ciò fece chè non voleva che 'l sangue
del lignaggio dello Imperadore facesse lamento all'aria ; e questo Najam era di suo
lignaggio. Quando questa battaglia fu vinta, tutta la gente di Najam fece la reddita [2] al Gran Cane, e la fedeltade. Le provincie sono queste, la prima è Ciorcia [3], la
seconda Cauly, la terza Baiscol, Singhiti-
gni [4]. Quando il Gran Cane ebbe vinta la
battaglia, gli Saracini [5], e gli altri che v'e-
rano di diverse genti si diedono maraviglia
della Croce che Najam avea recata nel-
l' insegna; e dicevano verso gli Cristiani :

(1) Per *isbalzato a guisa di palla*. Vi sono altri esempj nel Vocabolario. — (2) *Reddita* per *ritorno*. Dicono i Deputati (Ann. al Decam. 98.):
E perchè reddita *, come voce pura latina non
paja dura, sappiasi pur, che latina in verità è
ella, ma trita in quella età*. — (3) *Georgia*,
Cod. Pucc. — (4) *Fuziorcia, Cauli, Bascol et
Sichintui*, Cod. Ricc. — (5) *Judei et Saracini*,
Cod. Ricc.

Vedete la Croce del vostro Iddio come hae
aiutato Najam e sua gente: e tanto il dicevano, che 'l Gran Cane il seppe, e cruc-
ciossi contro a coloro che dicevano villania alli Cristiani; e fece chiamare gli Cristiani che quivi erano, e disse: Se 'l vostro Iddio non hae ajutato Najam, egli
hae fatto grande ragione, perciocchè Iddio è buono, e non vuol fare se non ragione; Najam era disleale e traditore, che
veniva contro al suo Signore, e perciò fece Iddio bene che non l'ajutò. Gli Cristiani dissono: Ch'egli avea detto il vero;
che la Croce non voleva fare altro che
diritto; egli hae bene avuto quello di che
era degno. E queste parole della Croce
furono tra 'l Gran Cane e gli Cristiani.

66. *Come il Gran Cane tornò nella città
di Camblau.*

Quando lo Gran Cane ebbe vinta la
battaglia, come voi avete udito, egli si tornò alla gran città di Camblau [1] con grande festa e con gran sollazzo. E quando
l'altro re, che Caidu avea nome, udìo che
Najam era stato sconfitto, ritennesi di

(1) *Cambalù*, T. Ramns. ,, Le storie Ci-
,, nesi dicono che Cublai tornò trionfante a
,, *Chan-tu*, ma è probabile che si recasse pri-
,, ma nell' ultima città, ch' era sul suo cammino
,, indi all' altra residenza di *Cambalù* (Baldelli).

non fare oste contra lo Gran Cane, ma avea gran paura del Gran Cane. Ora avete udito come il Gran Cane andò in oste, chè tutte le altre volte pur mandò suoi figliuoli e suoi baroni, e questa volta vi volle andare pur egli, perciocchè 'l fatto gli pareva troppo grande. Or lasciamo andare questa materia, e torneremo a contare de' gran fatti del Gran Cane. Noi abbiamo contato di quale lignaggio e' fu, e sua nazione; ora vi dirò degli doni ch'egli fece alli baroni, i quali si portarono bene nella battaglia, e quello che fece a quelli che furono vili e codardi. Io vi dico che agli prodi diede, che s'egli era Signore di cento uomeni, egli lo fece di mille, e fecegli gran doni di vassellamenta d'ariento e di tavole da Signore; quegli che hae Signoria di cento ha tavola d'ariento: e quegli che l'ha di mille l'hae d'oro, e d'ariento e d'oro; e quegli che hae Signoria di diecimila ha tavola d'oro a testa di lione. Lo peso di queste tavole si è cotale; che quelli che hae Signoria di cento, o di mille, la sua tavola pesa libbre centoventi; e quella c'ha testa di lione pesa altrettanto; l'altre sono d'argento: e in tutte queste tavole è scritto uno comandamento che dice così: » Per la forza del grande Iddio, e per la grazia c'ha donata al no-
» stro Imperadore, lo nome del Gran Cane sia benedetto, e tutti quelli che non

» ubbidiranno siano morti e distrutti ". E ancora questi che hanno queste tavole hanno brivilegj [1], ov' è iscritto tutto ciò che debbono fare nella loro Signorìa. Ancora vi dico, che colui che ha Signorìa di centomila uomeni, o è Signore d'una grande oste generale, questi hanno tavola che pesa libbre trecento; e havvi iscritte lettere che dicono così come io v'ho detto di sopra; e di sotto alla tavola ee iscolpito un leone, e dall'altro lato ee il sole e la luna; ancora hanno brivilegj di gran comandamenti e di gran fatti; e questi che hanno queste nobile tavole hanno per comandamento, che tutte le volte ch'egliono cavalcano debbiano portare sopra lo capo un palio [2] in significanza di grande signorìa; e tutta volta, quando seggono, debbiano sedere in sedia d'ariento. Ancora a questi cotali, loro dona lo Gran Cane una tavola, nella quale ha di sopra un lione e un girfalco intagliati, e queste tavole dona egli agli tre gran baroni, perciocchè abbiano balìa, com'egli medesimo, e puote prendere lo cavallo del Signore quando gli piace, non che gli altri. Or lasciamo di questa materia, e conterovi

(1) Per *privilegio* ne allega varj esempj il Vocabolario, ma non questo. — (2) Qui significa *baldacchino*, e così usollo anche M. Villani (Ist. Lib. IX. c. 4a).

delle fattezze del Gran Cane, e di sua contenenza.

67. Delle fattezze del Gran Cane.

Lo Gran Signore di Signori, che Coblay Cane è chiamato, è di bella grandezza; nè piccolo, nè grande, ma è di mezzana fatta [1]; egli è canuto di bella maniera; egli è troppo bene tagliato di tutte membra; egli hae lo suo viso bianco e vermiglio come rosa, gli occhi neri e belli, lo naso ben fatto e ben gli siede [2]. Egli hae tuttavia quattro femmine, le quali tiene per sue diritte moglie. El maggiore figliuolo, ch' egli ha di queste quattro mogli, dee essere Signore, per ragione, dello imperio dopo la morte del suo padre. Elle sono chiamate imperadricie, e ciascuna è chiamata per' suo nome, e ciascuna di queste donne tiene corte per sè, e non ve n'ha niuna che non abbia trecento donzelle [3]; e hanno molti valletti e scudieri, e molti altri uomeni e femmine, sicchè ciascuna di queste donne ha bene in sua corte mille persone. E quando vuole giacere con alcuna di queste donne,

---

(1) *Fatta* significa *foggia, sorta, specie,* ma qui è per indicare *statura.* — (2) Il *lui sied bien,* gallicismo. — (3) *E ognuna ha almeno quattrocento donzelle,* Cod. Pucc.

egli la fa venire in sua camera, e talvolta vae alla sua. Egli tiene ancora molte amiche; e dirovi, com'egli è vero, che gli è una generazione di Tarteri, che sono chiamati Ungrat [1], che sono molto bella gente e avenenti, e di queste sono iscelte cento le più belle donzelle che vi sieno, e sono menate al Gran Cane, ed egli le fa guardare a donne del palagio, e fatte giacere appresso lui in un letto per sapere s'ella hae buono fiato, e per sapere s'ella è pulcella; e bene sa d'ogni cosa [2]; e quelle che sono buone e belle di tutte cose, sono messe a servire lo Signore in tal maniera, com'io vi dirò. Egli è vero, che ogni tre dì e tre notti, sei di queste donzelle servono lo Signore in camera e al letto, e a ciò che bisogna; e'l Signore fae di loro quello ch'egli vuole, e di capo di tre dì, e di tre notti vengniono le altre sei donzelle, e così vae tutto l'anno di sei in sei donzelle.

(1) *Ungat*, T. Ramus. Nel T. Parigino *Migrac*. Alcùn istorico crede che questa tribù sia quella detta *Hong-kila*, o *Congorat*, o *Konkurat*. — (2) Forse deve leggersi: *E ben sana di ogni cosa*. Un Cod. Bernense dice: ***Et bien saines de tous leur membres***.

68. *De' figliuoli del Gran Cane.*

Ancora sappiate, che 'l Gran Cane hae delle sue quattro moglie ventidue figliuoli maschi; lo maggiore avea nome Cinghy Cane [1], e questi dovea essere Gran Cane e Signore di tutto l'imperio. Ora avvenne ch'egli morìo, e rimase un figliuolo che ha nome Temur [2], e questo Temur dee essere Gran Cane e Signore, perchè fu figliuolo del maggiore figliuolo. E sì vi dico, che costui è savio uomo e prode o bene approvato [3] in più battaglie; e sappiate che 'l Gran Cane ha venticinque figliuoli di sue amiche, e ciascuno è gran barone; e ancora dico che degli ventidue figliuoli ch'egli ha delle quattro moglie, gli sette ne sono re di grandissimi reami [4], e tutti mantengono bene loro regni, come savi e prodi uomeni che sono; e ben tengono ragione, e risomigliano dal padre, di grandezza e di senno, è 'l migliore rettore [5]

(1) *Cingis*, T. Ramus. Nelle Storie Cinesi *Tchin-kin*. Fu dal padre nominato principe ereditario, e morì l'anno 1285. E' ricordato come un modello di virtù e di costumatezza. — (2) *Themur*, T. Ramus. Dai Chinesi *Tching-tsong*. Questo principe ebbe la gloria d'essere il pacificatore della Tartaria. Morì in età di 42 anni nel 1307. — (3) Per *posto a prova* non è registrato nel Vocabolario. — (4) Dee intendersi *Vicerè* dipendenti ordinariamente dal Gran Can, appellati *Regi* per grandigia. — (5) *Perocchè egli è il migliore rettore*, Cod. Pucc.

di gente e d'osti che mai fosse tra Tarteri. Or v'ho divisato del Gran Cane, e di sue femmine, e di suoi figliuoli, ora vi diviserò com' egli tiene sua corte, e sua maniera.

69. Del palagio del Gran Cane.

Sappiate veramente che 'l Gran Cane dimora nella nostra città, ch'è chiamata Comblau [1] tre mesi dell'anno, cioè, dicembre, gennajo e febbrajo, e in questa città ha suo grande palagio [2]: ed io vi diviserò com' egli è fatto. Lo palagio è di muro quadro, per ogni verso un miglio, e in su ciascuno canto di questo palagio è uno molto bel palagio, e quivi si tiene tutti gli arnesi del Gran Cane, cioè, archi, turcassi, e selle e freni, corde e tende, e tutto ciò che bisogna ad oste e a guerra. E ancora tra questi palagi hae quattro palagi in quel cercovito [3], sicchè

---

(1) *Cambalù* (*Città del Signore*), T. Ramus. Oggidì *Chan-tu*. I sovrani della Cina di sangue mogollo hanno avuto residenza in più capitali.
— (2) *Ed è di fuori tutto bianco e vermiglio*, Cod. Magl. II. Rimase incendiato nel 1400, e l'attuale ha dodici stadi cinesi per ogni lato, che corrispondono a tre miglia d'Italia. È stato difusamente descritto da Magaillanes, il quale avea letta la descrizione del Polo, e la rammenta. Altra minuta descrizione sta nella Storia Generale dei Viaggi ec. T. VI. p. 16, e seg.
— (3) Per *circuito*, o *recinto*.

in questo muro attorno attorno sono otto palagi, e tutti sono pieni d'arnesi, e in ciascuno ha pur ¹ d'una cosa. E in questo muro verso la faccia del mezzodì hae cinque porte, e nel mezzo è una grandissima porta, che non s'apre mai, nè chiude se non quando il Gran Cane vi passa, cioè, entra e esce. E dal lato a questa porta ne sono due piccole da ogni lato una, onde entra tutta l'altra gente; dall'altro lato n'hae un'altra grande, per la quale entra ² comunemente tutta l'altra gente, cioè ogni uomo. E dentro a questo muro hae un altro muro, e attorno attorno hae otto palagj come nel primaio, e così son fatti: ancora vi stae gli arnesi del Gran Cane. Nella faccia verso mezzodie hae cinque porte, nell'altra pure una; e in mezzo di questo muro ee il palagio del Gran Cane; ch'è fatto com'io vi conterò. Egli è il maggiore che mai fu veduto; egli non v'ha palco; ma lo ispazzo ³ ee alto più che l'altra terra bene dieci palmi. La copritura 4 è molto altissima; le mura delle sale e delle camere sono tutte coperte d'oro e d'ariento; havvi iscolpite belle istorie di donne, di cavalieri e d'uccelli, e di bestie

---

(1) *Più*, Cod. Magl. III. — (2) *Esce*, Cod. Pucc. — (3) O *spazzo* è il *pavimento* e *Pavimentum* porta il T. Latino di Fra Pipino. — (4) Intendasi qui non per *tetto*, ma per *soffitto*.

è di molte altre belle cose; e la copritura
ee altresì fatta che non vi si può vedere
altro che oro e ariento. La sala è sì lunga
e sì larga, che bene vi mangiano seimila
persone; e havvi tante camere, ch'è una
maraviglia a credere. La copritura di sopra ¹, cioè, di fuori, è vermiglia e bioda ² e
verde e di tutti altri colori, ed è sì bene
invernicata che luce come oro o cristallo,
sicchè molto dalla lungie si vede lucere lo
palagio: la copritura è molto ferma. Tra
l'uno muro e l'altro, dentro a quello ch'io
v'ho contato di sopra, havvi begli prati e
albori, e havvi molte maniere di bestie
salvatiche, cioè, cervi bianchi, cavriuoli,
e dani, le bestie che fanno il moscado,
vaj e ermellini ³ e altre belle bestie. La
terra dentro di questo giardino è tutta piena dentro di queste bestie, salvo la via
donde gli uomeni entrano; e dalla parte
verso il maestro hae uno lago molto grande, ove hae molte generazioni di pesci. E
sì vi dico che un gran fiume v'entra e
esce; ed ee sì ordinato, che niuno pesce

(1) Questa copritura è il *tetto*, e per maggior chiarezza è espressa *copritura di sopra*.
— (2) *Pavonazza*, C. Pucc. Nel T. Parigino si
legge *Bloies et jaunes*, talchè il colore blò, o
turchino, il volgarizzatore traslatò in *biodo*. —
(3) Il *vajo* è un animaletto della famiglia degli
scojattoli, delle cui pelli fregiansi le vesti, e
l'*ermellino* è una specie di *donnola*, la cui
pelle nel verno diviene bianca.

ne puote uscire (e havvi fatto mettere molto ingenerazioni di pesci in questo lago), e questo è con rete di ferro ¹. Anche vi dico, che verso tramontana, da lungi dal palagio una arcata ², ha fatto fare un monte ch'è alto bene cento passi, e gira bene un miglio :. lo quale monte è pieno d'albori tutto quanto che di niuno tempo perdono foglie, ma sempre son verdi. E sappiate, che quando è detto al Gran Cane d'uno bello albore, egli lo fa pigliare con tutte le barbe e con molta terra, e fallo piantare in quel monte, e sia grande quanto vuole, ch'egli lo fa portare a' leofanti. E sì vi dico, ch'egli ha fatto coprire tutto il monte della terra dello azzurro ³, ch'è tutta verde, sicchè nel monte non ha cosa se non tutta verde, perciò si chiama lo Monte Verde. E in sul colmo del monte è un palagio e molto grande, sicchè ogni cosa è verde; sicchè a guatarlo è una grande maraviglia, e non è uomo che 'l guardi che non ne prenda allegrezza, e per avere quella bella vista l' ha fatto fare il

(1) *Di rame*, Cod. Magl. II. Nel T. Pucc. leggesi: *E hac chiuso l'entrata e l'uscita con reti di ferro.* — (2) *A una arcata*, Cod. Ricc., cioè quanto tira un arco. — (3) Questa particolarità, che passò forse per un'esagerazione non leggesi nel T. Ramus., ma osserva il Baldelli, che probabilmente intendesi coperto il terreno di quelle concrezioni tratte dalle cave del rame che abbonda nella Tartaria e nella Siberia.

Gran Signore per suo conforto e sollazzo. Ancora vi dico, che appresso di questo palagio n' hae un altro nè più nè meno fatto, ove istà lo nipote del Gran Cane, che dee regnare dopo lui; e questi è Temur figliuolo di Cinghis, ch'era lo maggiore figliuolo del Gran Cane; e questo Temur, che dee regnare, tiene tutta la maniera del suo avolo, e ha già bolla d'oro, e sugiello d'imperio, ma non fa l'uffizio finchè l'avolo è vivo.

70. *Della città grande di Camblay.*

Dacchè v'ho contato de' palagj sì vi conterò della grande città di Camblau [1], ove sono questi palagi, e perchè fu fatta, e com'egli è vero che appresso a questa città n'avea un'altra grande e bella, e avea nome Garibalu [2], che vale a dire in nostra lingua, la Città del Signore; e il

---

(1) *Camblay,* nel T. Ram. e 'l Riccard. porta *Cambalu.* Dovea forse scriversi *Han-Palu,* che significa *Corte del Can, o del Signore.* La lettera H non avendo suono usò il Polo in sua vece la lettera C. I Tartari poi orientali e occidentali non hanno la lettera B. — (2) *Garibalu.* Magaillanes conferma ch'eranvi due *Han-Palu,* o Corti, e che l'antica era più piccola, e distante tre leghe dall'attual capitale della Cina, detta *Tum-chew.* La nuova è quella detta *Pekino* oggidì, e che il Polo appellò *Taidu* in vece di *Taitu,* che significa *Corte grande.*

Gran Cane trovando per astrolomia [1], che questa città si dovea rubellare, e dare gran briga allo imperio, e però il Gran Cane fece fare questa città presso a quella; chè non v'è in mezzo se non un fiume; e fece cavare la gente di quella città [2], e mettere in quell'altra, la quale è chiamata Camblau. Questa città è grande in giro [3] da ventiquattro miglia, cioè sei miglia per ogni canto, ed è tutta quadra, che non è più dall'uno lato che dall'altro; questa città è murata di terra [4], e sono grosse le mura dieci passi e alte venti; ma non sono così grosse di sopra, come di sotto; anzi vengono di sopra assottigliando tanto, che vengono grosse di sopra tre passi, e sono tutte merlate e bianche; e quivi ha dieci porte [5], e in su ciascuna porta hae un gran palagio, sicchè in ciascuno quadro hae tre porti con palagi. Ancora in ciascuno quadro di questo muro [6] hae un grande palagio, ove istanno gli uomini che guardano la terra. E sappiate che le rughe [7] della città sono sì ritte, che l'una porta vede l'altra: e di tutte quante

(1) Idiotismo di *Astrologia*. — (2) *Città vecchia*, Cod. Pucc. — (3) *E' quadra, e gira*, Cod. Pucc. — (4) *A terra*, Cod. Pucc. — (5) *Dodici porti*, Cod. Pucc. — (6) *Di questa città*, Cod. Pucc. — (7) *Ruga* per *istrada* è voce usata anche nel Cento Novelle.

incontra così ¹. Nella terra ha molti palagi, e nel mezzo n'hae uno, ov'è suso una campana molto grande ², che suona la sera tre volte; che niuno non puote poi andare per la terra sanza grande bisogno, o di femmina che partorisse, o per alcun infermo. Sappiate che ciascuna porta guarda mille uomeni, e non crediate che vi si guardi per paura d'altra gente, ma fassi per riverenza del Signore che là entro dimora, e perchè gli ladroni non facciano male per la terra. Ora v'ho contato di sopra della città ; or vi voglio contare com' egli tiene corte e ragione, e di suoi gran fatti; cioè, del Signore.

Or sappiate che 'l Gran Cane si fa guardare da dodicimila uomeni a cavallo, e chiamansi questi Tau, cioè a dire Cavalieri fedeli del Signore; e questo non fae per paura ; e tra questi dodicimila cavalieri, hae quattro capitani, sicchè ciascuno n'hae tremila sotto di sè, de' quali ne stanno sempre nel palagio l'una capitaneria ³, che sono tremila, e guardano tre dì e tre notti, e mangianvi e dormonvi. Di

(1) Qui *incontrare* è per *accadere*. —
(2) Scrive il Magaillanes che la campana grossa di Pekino pesa cento ventimila libbre. —
(3) Significa in questo luogo la coorte o legione ch'è sotto il comando d'un capitano. In altri sensi usarono questa voce Gio. Villani e Guido Giudice.

capo degli tre di questi se ne vanno, e gli altri vi vengono, e così fanno tutto l'anno. E quando il Gran Cane vuole fare una grande corte, le tavole istanno in questo modo. La tavola del Gran Cane è alta più che le altre, e siede verso tramontana, e volge il volto verso mezzodie. La sua prima moglie siede lungo lui dal lato manco; e dal lato ritto, più basso un poco, seggono gli figliuoli e gli nepoti, e suoi parenti che sieno dello imperiale lignaggio, sicchè il loro capo viene agli piedi del Signore. E poscia seggono gli altri baroni più a basso, e così va delle femmine, chè le figliuole del Gran Cane Signore, e le nipote e le parenti seggiono più basso della sinistra parte, e ancora più basso di loro le moglie di tutti gli altri baroni, e ciascuno sae il seo luogo, ov'egli dee sedere per l'ordinamento del Gran Cane. Le tavole sono poste per cotal modo che 'l Gran Cane puote vedere ogni uomo; e questi sono grandissima quantitade, e di fuori di questa sala ne mangia più di quarantamila, perchè vi vengono molti uomeni con molti presenti, gli quali vi vengono di strane contrade con istrani presenti. E di tali ve n'hae che hanno Signoria, e questa cotal gente viene in questo cotal die che 'l Signore fae nozze, e tiene corte e tavola [1]. E uno grandissimo

---

(1) *Tiene corte e mense ambastite*, Cod. Pucc.

vaso d'oro fine, che tiene come una gran botte, pieno di buon vino, istae nella sala, e da ogni lato di questo vaso ne sono due piccoli; di quel grande si cava di quel vino, e degli due, piccoli beveraggj. Havvi vasella vernicate d'oro, che tiene l'uno tanto vino che n'avrebbono assai più d'otto uomeni, e hanno su per le tavole tra due uno: e hae anche ciascuno una coppa d'oro con manico, con che beono; e tutto questo fornimento è di gran valuta. E sappiate che 'l Gran Signore hae tanti vasellamenti d'oro e d'ariento che non potresti credere se nol vedessi; e sappiate che quegli che fanno la credenza al Gran Cane Signore sono grandi baroni, e tengono fasciata la bocca e il naso con begli drappi di seta [1] acciocchè lo loro fiato non andasse nelle vivande del Signore; e quando il Gran Cane dee bere, tutti gli stormenti suonano, chè ve n'ha grande quantità; e questo fanno quando hae in mano la coppa, e allotta ogni uomo s'inginocchia, e baroni e tutta gente, e fanno segno di grande umilitade, e così si fa tuttavia che dee bere. Di vivande non vi dico, perciocchè ogni uomo dee credere ch'egli n'hae grande abbondanza, nè non v'ha niuno barone nè cavaliere che non vi meni sua moglie, perchè mangi coll'altre donne.

(1) *Di seta e d'oro*, Cod. Pucc.

Quando il Gran Signore ha mangiato, e le tavole sono levate, molti giucolari [1] vi fanno gran sollazzo di tragittare [2], e d'altre cose; poscia se ne va ogni uomo al suo albergo [3].

71. *Della festa della natività del Gran Cane.*

Sappiate che tutti gli Tarteri fanno festa di loro nativitade. Il Gran Cane nacque a dì 28 di settembre in lunedì; e ogni uomo in quel dì fae la maggiore festa ch'egli faccia per neuna altra cosa, salvo quella ch'egli fa per lo capo dell'anno, com'io v'ho contato [4]. Ora lo Gran Cane lo giorno della sua nativitade si veste di drappi d'oro battuto, e con lui si vestono dodicimila baroni [5] e cavalieri, e tutti d'un colore e d'una foggia, ma non sono sì cari, e hanno gran cintura d'oro, e questo dona loro il Gran Cane. E sì vi dico che v'ha tale di queste vestimenta, che vagliono le pietre preziose e le perle che sono sopra queste vestimenta più di diecimila bisanti d'oro; e di questi v'ha molti.

(1) Qui vale *buffoni*, o *saltatori*, o *giocolatori*. *Buffoni* leggesi nel Cod. Pucc. — (2) E' *giuocar di mano*. *Tragettatori* leggesi in *Seneca*, *Pistol*. — (3) Molte di queste ceremonie ne' banchetti dell'Imperatore erano in uso ancora quando lord Marcartney fu imbasciatore alla Cina. — (4) *Com' io vi dirò*, Cod. Pucc. — (5) *Dodici baroni*, Cod. Pucc.

E sappiate che il Gran Cane dona tredici volte l'anno ricche vestimenta a quegli dodicimila baroni [1], e vestegli tutti d'un colore con lui; e queste cose non potrebbe ben fare niuno altro Signore ch'egli, nè mantenerlo.

72. Qui divisa della festa.

Sappiate che 'l dì della sua nativitade tutti gli Tarteri del mondo, e tutte le provincie che tengono le terre da lui, lo dì fanno gran festa, e tutti il presentano [2], secondo che si conviene a chi 'l presenta e com'è ordinato. Ancora lo presenta chi da lui vuole alcuna Signoria, e il Gran Signore hae dodici baroni che donano queste Signorie a questi cotali secondo che si conviene, e questo dì ogni generazione di genti fanno prieghi agli loro Iddii, che gli salvino loloro Signore; e che gli doni lunga vita e gioia e santà [3]; e così fanno quel dì gran festa. Or lasciamo questa maniera, e dirovvi di un'altra festa ch'egli fanno a capo dell'anno, la quale si chiama la bianca festa.

(1) *Dodici Baroni*, Cod. Pucc. — (2) Lord Marcartney trovossi alla festa del dì della nascita dell'Imperadore, e descrisse la sontuosità e lo splendore della medesima nella sua *Relazione*, T. III. c. 325. — (3) Gallicismo dalla voce *santé*. E' molto usato da' trecentisti in luogo di *sanità*.

73. Della bianca festa.

Egli è vero che fanno lor festa in capo d'anno del mese di febbrajo, e lo Gran Cane e sua gente ne fanno cotale festa. Egli è usanza che il Gran Cane e sua gente si vestono di vestimenta bianche [1], e maschi e femmine, purchè le possa fare; e questo fanno perocchè i vestiti bianchi somigliano [2] a' loro buoni, e avventurosi [3]; e però il fanno di capo dell'anno, perchè a loro prenda tutto l'anno bene e allegrezza [4]. E questo die, chi tiene terra da lui si 'l presenta grandi presenti, secondo ch'egli possono, d'oro e d'ariento, e di perle e d'altre cose; ed ee ordinato ogni presente, quasi i più, cose bianche; e questo fanno perchè in tutto l'anno abbiano tesoro assai e gioia e allegrezza. E anche in questo die sono presentati al Gran Cane più di diecimila cavalli bianchi belli e ricchi, e ancora più di cinquemila leofanti, tutti coperti di panno ad oro e a seta, e ciascuno

(1) Il color bianco era tenuto in grande stima presso i Mogolli. Il padiglione di Gengiscan eretto in occasione della celebre dieta di Toncat era apparato di bianco. — (2) *Par lor che significhi*, Cod. Pucc. — (3) Qui pare che il testo sia mancante, ed in fatti nel Cod. Pucc. leggesi *avventurosi avvenimenti*. — (4) *Prender bene e allegrezza* per conseguire l'uno e l'altra.

hae addosso uno iscrigno ¹ pieno di vaselmenta d'oro e d'ariento, o d'altre che bisognano a quella festa; e tutti passano dinanzi dal Signore; e questa è la più bella cosa che giammai sia veduta. Lo scrigno vuole dire in nostra lingua un forzieretto. E ancora vi dico che la mattina di questa festa, prima che le tavole sieno messe, tutti gli re, duchi e marchesi e conti, e baroni e cavalieri, astrolomi e falconieri, e molti altri officiali, rettori di terre, di genti, e d'osti, vengono dinanzi alla sala al Gran Cane; e quelli che quivi non capiono ² dimorano di fuori del palagio in luogo che lo Signore gli vede ben tutti; e sono così ordinati: Prima, sono i figliuoli e nepoti, e quegli dello imperiale lignaggio; appresso, li re; e appresso gli duchi; poscia, gli altri per ordine, com'è convenevole. Quando sono tutti assettati, ciascuno nel suo luogo, allotta si leva un grande parlato ³, e dice ad alta boce: Inchinate e adorate; e così tosto com'egli ha detto, questi hanno tutti la fronte in terra, e dicono loro orazioni verso lo Signore. Allotta l'adorano

(1) Fra Pipino traslatò *Capsa. Escrin* in antico linguaggio francese vale bauletto o forzieretto. — (2) Terza persona plurale dell'indicativo del verbo *capere*, che tanto significa *non aver luogo sufficiente*, come *comprendere coll'intelletto*. — (3) Voce antica in luogo di *Prelato*, qui detto per significare un qualche primario ministro degl'Idoli.

come iddio [1]; e questo fanno quattro volte. Poscia si vanno ad un altare, ov' ha suso una tavola vermiglia, nella quale è iscritto il nome del Gran Cane; e ancora v'ha un bello incensiere, e inciensano quella tavola e l'altare a gran riverenza; poscia si tornano al loro luogo. Quando hanno così fatto, allotta si fanno gli presenti ch'io v' ho contato, che sono di gran valuta. Quando questo è fatto, sicchè il Gran Cane l'ha vedute tutte queste cose, mettonsi le tavole, e pongonsi a mangiare così ordinatamente come io v' ho contato di sopra. Or v'ho contato della bianca festa del capo dell'anno; or vi conterò d'una nobilissima cosa, che ha fatta lo Gran Cane; egli hae ordinate certe vestimenta a certi baroni che vengono a questa festa.

74. *De' dodici baroni che vengono alla festa, come sono vestiti dal Gran Cane.*

Or sappiate, che 'l Gran Cane hae dodici Baroni che sono chiamati quita [2], cioè a dire li prossimani figliuoli del Signore [3]. Egli dona a ciascuno tredici robe,

(1) *Quasi come Dio*, Cod. Pucc. — (2) *Quitan*, o *Quettan*, Cod. Pucc. Nel T. Ramus. leggesi *Quiecitan*. In altro luogo il Ramusio parla di questi Baroni, e soggiugne che formano un tribunale, detto *Tai*. — (3) *I più prossimani al Signore*, Cod. Pucc.

e ciascuna divisata l'una dall'altra di colori; e sono adornate di pietre [1] e di perle e d'altre ricche cose, che sono di gran valuta. Ancora dona a ciascuno un ricco iscaggiale [2] d'oro molto bello, e dona a ciascuno calzamento di camuto [3] lavorato con fila d'ariento sottilmente, che sono molto begli e ricchi: egli sono sie adornati, che ciascuno pare un re. E ciascuna di queste feste è ordinato qual vestimenta si debbia mettere; e così lo Gran Signore hae tredici robe simile a quelle di que' baroni, cioè di colore; ma elle sono più nobile e di più valuta. Or v'ho contato delle vestimenta che dona lo Signore agli suoi baroni [4], che sono di tanta valuta che non si potrebbe contare, e tutto ciò fae il Gran Cane per fare la festa più orrevole e più bella. Ancora vi dico una grande maraviglia, che un gran leone è menato dinanzi al Gran Signore, e quand'egli vede il Gran Signore, egli si pone a giacere dinanzi da lui, e fagli segno di grande umiltade, e fa sembianza ch'egli lo conosca per Signore, ed è sanza catena e sanza legatura alcuna; e questo è bene grande maraviglia. Or lasciamo istare queste cose, e conterovi della

---

(1) *Pietre preziose*, Cod. Pucc. — (2) Significa *cintura*, voce usata dal Bocc. e da G. Villani. — (3) Manca nel Vocabol. Nel Duchange trovasi la voce *Camuzzon*, ch' ei definisce *genus panni*. — (4) *Dodici Baroni*, Cod. Pucc.

grande caccia ch'egli fa fare, cioè il Gran Cane, come voi udirete.

75. Della grande caccia che fa il Gran Cane.

Sappiate di vero sanza mentire, che 'l Gran Signore dimora nella città del Cattay tre mesi dell'anno, cioè, dicembre, gennaio, e febbraio. Egli ha ordinato che quaranta giornate d'intorno a lui, che tutte genti debbiano cacciare e uccellare. E hae ordinato che tutti Signori di gente, di terre, chè tutte le gran bestie salvatiche, cioè cinghiari, cervi e cavriuoli e dani e altre bestie, gli sieno recate, cioè la maggiore partita di quelle gran bestie; e in questa maniera cacciano tutte le genti ch'io v'ho contate [1]. E quegli delle trenta giornate [2] gli mandano le bestie, e sono in grande quantità, e cavano loro tutto lo interamo [3] dentro; quegli delle quaranta giornate [4] non mandano le carne, ma mandano le cuoia, però chè il Signore ne fa tutto

(1) La caccia era uno de' più graditi divertimenti dei principi tartari. Celèbre rimase quella che Gengiscan fece fare allorchè era accampato a *Termed* nel cuore del verno, e ciò per non lasciare inoperosa e divertire la soldatesca. — (2) *Trenta giornate in giù*, Cod. Pucc. — (3) *Tutte le interiora*, Cod. Pucc. — (4) *Quegli dalle trenta giornate in su*, Cod. Pucc.

fornimento da arme, e da osti. Or v'ho divisato della caccia; ora vi diviserò delle bestie fiere che tiene lo Gran Cane.

76. Dei leoni e dell' altre bestie da cacciare.

Ancora sappiate che 'l Gran Sire ha bene leopardi assai, e che tutti sono buoni da cacciare e da prendere bestie [1]; egli hae ancora grande quantità di leoni che tutti sono ammaestrati [2] a prendere bestie e molto sono buoni a cacciare; egli ha piue lioni grandissimi, e maggiori assai che quegli di Bambellonia [3]: egli sono di molto bel pelo e di bel colore, chè egli sono tutti vergati per lo lungo, neri, vermigli e bianchi; e sono ammaestrati a prendere porci salvatichi, e buoi salvatichi, cervi, cavriuoli, orsi, e asini salvatichi, e altre bestie. E sì vi dico ch' egli è molto bella cosa a vedere le bestie salvatiche quando il lione le prende, chè quando vanno alla caccia egli gli portano in sulle carrette in

---

(1) Questa caccia col leopardo è anche descritta da Bernier, come usata da' Mogolli dell'India, i quali ivi trasportarono quest'antico divertimento. — (2) Gli animali che il Polo chiama *leoni* potevano essere tigri e leopardi. Gl'Indostani nella loro lingua non hanno voce che distingua il leone dalla tigre, e la voce *Shir* tanto significa il leone quanto la tigre. — (3) Così chiamavasi il *Cairo* nel medio evo.

una gabbia, e ha seco un piccolo cane. Egli hae ancora il Signore grande abbondanza d'aguglie [1], colle quali si pigliano volpi e lievri e dani e cavriuoli e lupi; ma quelle che sono ammaestrate a lupi sono molte, grandi e di grande podere, chè egli non è sì grande lupo che iscampi dinanzi da quelle aguglie, che non sia preso. Ora vi conterò della grande abbondanza de' buoni cani che hae lo Gran Sire.

Egli è vero che'l Gran Cane hae due baroni, gli quali sono fratelli carnali, che l'uno ha nome Bocca, e l'altro Manga [2], egli sono chiamati Tinuci [3], cioè a dire, quegli che tengono gli cani mastini. Ciascuno di questi fratelli hae diecimila uomeni sotto sè, e tutti gli diecimila sono vestiti d'un colore, e gli altri sono vestiti d'un altro colore, cioè vermiglio, e biodo. E tutte le volte che vanno col Gran Sire a cacciare si portano quelle vestimenta

(1) Anche in altri luoghi trovasi la voce *aguglie* per *aquile*, e fu adoprata anche dall'Allighieri. —(2) *Baja*, Cod. Pucc. *Bajam*, C. Magl. III. *Bajam, alter Myngam*, Cod. Ricc. I Kirguisi comprano dai Russi aquile, dette *Biarkai* dai Tartari, e le addestrano alla caccia del lupo, della volpe e della gazzella. Danno talvolta un buon cavallo per un'aquila, e talvolta veggonsi seduti per due ore in faccia al volatile per osservarne i buoni requisiti o i difetti (*Pallas*). — (3) *Civici*, T. Ramus. *Cinici*. T. Ricc. Crede il Marsden che questa voce derivi dalla italiana *Cane*.

ch'io v'ho contate; e di questi diecimila
n'hae bene due mila che ciascuno hae un
gran mastino con seco, o due o più, sicchè e' sono una grande moltitudine. E quando il Gran Sire va alla caccia mena seco
l'uno di questi due fratelli con diecimila
uomeni, e con ben cinquemila cani dal-
l'una parte; e l'altro fratello si è dall'altra coll'altra sua gente e cani, e vanno sì
di lungi l'uno dall'altro, che tengono bene una giornata o più. Egli non truovano
niuna bestia salvatica che non sia presa.
Egli è troppo bella cosa a vedere questa
caccia, e la maniera di questi cani e di questi cacciatori; chè io vi dico, che quando
il Gran Signore va co' suoi baroni uccellando, vedesi venire attorno di questi cani,
cacciando orsi, porci e cavriuoli e cerbi
e altre bestie, e d'una parte e dall'altra,
sicchè è bella cosa a vedere. Or v'ho contato della caccia di cani, or vi conterò come il Gran Cane va gli altri tre mesi.

77. *Come il Gran Sire va in caccia.*

Quando il Gran Sire ha dimorato tre
mesi nella città [1] ch'io v'ho contato di sopra, cioè, dicembre e gennaio e febbraio,
sì si parte di quindi del mese di marzo,
e vae in verso il mezzodie infino al mare

(1) *Città del Cattay*, Cod. Pucc.

Oceano, che va due giornate [1], e mena seco bene diecimila falconieri, e porta bene cinquecento girfalchi, e falconi pellegrini, e falconi sagri in grande abbondanza: ancora porta grande quantità d'astori per uccellare in riviera; e non crediate che tutti gli tenga insieme, ma l'un istà quà, e l'altro là, a cento e a dugento, e a più e a meno, e questi uccellano, e la maggiore parte ch'egli prendono danno al Signore. E sì vi dico, che quando il Gran Sire va uccellando co' suoi falconi, e cogli altri uccelli, egli hae bene diecimila uomeni che sono ordinati a due a due, chè si chiamamano Tostaer [2], che viene a dire in nostra lingua, uomo che dimora a guardia; e questo si fa a due a due, acciocchè tenghino molta terra; a chiascheduno hae lunga [3] e cappello [4] e sturmento da chiamare gli

(1) ,, Si comprende che Cublai-Can si recava all'imboccatura del fiume *Pay-ho* a 85 miglia a scirocco da Pekino '' (Baldelli). — (2) *Toscaor*, C. Parig. *Toscaol*, T. Ramus. *Ruscaar*, T. Pucciano. ,,Per quanto non possiamo con l'autorità di altro scrittore assegnare nè la derivazione nè il significato di detta voce, riportiamo le varianti a comodo di coloro che dopo di noi si occuperanno di tali difficilissime inchieste''(Baldelli).—(3) Nel Vocab. si spiega su quest'esempio la voce *lunga* per ,,quella strisciuola di cuojo colla quale annodati a' piedi degli uccelli gli strozzieri li tengono legati''. — (4) *Capello* citarono *cappella* gli Accad. nel Vocab. ma non riportarono quest'esempio.

uccelli e tenergli. E quando il Gran Cane fa gittare alcuno uccello, e' non bisogna che quegli che 'l getta gli vada dietro, perciocchè quegli uomeni, ch'io v'ho detto di sopra, che stanno a due a due, gli guardano bene, che non puote andare in niuna parte che non sia preso. E se all'uccello fa bisogno soccorso, egli gliel danno incontanente. E tutti gli uccelli del Gran Sire, e degli altri baroni, hanno una piccola tavola d'ariento a' piedi, ov'è iscritto il nome di colui di cui ee l'uccello, e per questo è conosciuto di cui egli è; e com'è preso così è renduto a cui egli è; e s'egli non sa di cui e' si sia, sì 'l porta ad uno barone, c'ha nome *Bulargugi* [1], cioè a dire, guardiano delle cose che si truovano. E quegli che 'l piglia, se tosto nol porta a quel barone, è tenuto ladrone; e così si fa de' cavagli e di tutte cose che si truovano. E quel barone sì lo fa guardare tanto, che si truova di cui egli è; e ogni uomo il quale ha perduto veruna cosa incontanente ricorre a questo barone; e questo barone istà tutta via nel più alto luogo dell'oste con suo gonfalone, perchè ogni uomo il vegga. Sicchè chi ha perduto sì se ne rammenta, quando il vede; e così non vi si perde quasi nulla. E quando il Gran Sire

(1) *Bulangafi.* T. Ramus. Questa voce non si trovò nè dal Marsden, nè dal Baldelli rammentata presso alcun altro scrittore.

va per questa via verso il mare Oceano, ch'io v'ho contato, c' puote vedere molte belle viste, di vedere prendere bestie e uccelli; e non è sollazzo al mondo che questo vaglia. E 'l Gran Sire va tuttavia sopra quattro lionfanti, ov'egli hae una molto bella camera di legno, la quale è dentro coperta di drappi d'oro battuto, e di fuori è coperta di cuoia di leoni. Lo Gran Sire tiene tuttavia quivi entro dodici girfalchi de'migliori ch'egli abbia; e quivi dimora più baroni a suo sollazzo e a sua compagnìa. E quando il Gran Sire va in questa gabbia, e gli cavalieri che cavalcano presso a questa camera, dicono al Signore: Sire, grue passano; ed egli allora fae scoprire la camera, e prende di quegli girfalchi, e lasciagli andare a quegli grue; e poche gliene campano che non sieno prese; e tuttavia il Gran Sire dimora in su' letto, e coglie ben gran sollazzo e diletto; e tutti gli altri cavalieri cavalcano attorno al Signore. E sappiate che non è niuno Signore al mondo che tanto sollazzo in questo mondo potesse avere, nè che avesse il podere d'averlo; nè fu, nè mai sarà, per quello ch'io creda. E quando egli è tanto andato, che gli è venuto ad un luogo, ch' è chiamato *Tarcarmodu* [1], quivi fa tendere

---

(1) *Caczaomodin*, T. Ram. *Ciamoram*, T. Ricc. *Tarcar-mondu*, Cod. Pucc. Il Marsden suppone

suoi padiglioni e tende (e di suoi figliuoli e di suoi baroni e di sue amiche, che sono più di diecimila) molto belli e ricchi. E diviserovi com'è fatto il suo padiglione. La sua tenda, ov'egli tiene la sua corte, ed è sì grande che bene vi stanno sotto mille [1] cavallieri; e questa tenda ha la porta verso mezzodie, e in questa sola dimorano i baroni, e altra gente [2]. Un'altra tenda è che si tiene con questa, ed è verso il ponente, e in questa dimora lo Signore. E quando egli vuole parlare ad alcuno, egli lo fa andare là entro; e dirieto della gran sala è una camera ove dorme il Signore. Ancora v'hae altre tende, ma non si tengono colla gran tenda. E sappiate che le due sale, ch'io v'ho contate, e la camera, sono fatte com'io vi conterò. Ciascuna

che la caccia si facesse in Tartaria, e trova una somiglianza della voce *Ciamoram* con *Chahiri-mondu*, luogo alle sorgenti del fiume *Usuri* nella *Manciusa*; ma dimostrò il Baldelli che la caccia faceasi nella Cina, e non in Tartaria. — (1) *Diecimila*, Cod. Pucc. — (2) Nella vita di Gengis-kan leggesi la bella descrizione del padiglione da esso eretto allorchè riunì la dieta generale a *Tonchat*. Gli alloggiamenti per la casa imperiale occupavano più di due leghe di giro; vi erano strade, piazze, mercati; la tenda destinata alla dieta potea contenere almeno due mila persone, e per distinguerla, dalle altre era parata di bianco; sotto questa fu innalzato il magnifico trono dell'Imperatore, e avea due porte, una riserbata sola per esso, l'altra per tutti gli altri,

sala hae quattro colonne di legno di spezie molto belle [1]: di fuori sono coperte di cuoja di leoni, sicchè acqua nè altra cosa non vi passa dallato; dentro sono tutte di pelle d'armine [2] e di gierbellini [3], e sono quelle pelle che sono più belle e più ricche e di maggiore valuta che pelle che sieno. Ma bene è vero, che la pelle del gierbellino (o tanta quanto sarebbe una pelle d'uomo), fina, varrebbe bene duemila bisanti d'oro; se fosse comunale varrebbe bene mille. E chiamalle li Tarteri *leroide polame* [4], e sono della grandezza d'una faina, e di queste due pelli sono lavorati ad intagli la sala grande del Signore; e sono intagliate sottilmente, ch'è una maraviglia a vedere. E la camera dove il Signore dorme, ch'è allato a queste sale [5], è nè più nè meno fatta. Elle costano tanto queste tre tende, che un piccolo re non le potrebbe pagare: e allato a queste sono altre tende molto bene ordinate; e l'amiche del Signore hanno altresì molte ricche tende, e padiglioni; e gli uccelli hanno molte tende, e i falconi: e le più belle hanno i girfalchi, e anche hanno le bestie tende in

(1) *Di preziosa legna*. Cod. Pucc. — (2) *Ermelline*, Cod. Pucc. — (3) Diconsi ancora *sibellini*, piccoli quadrupedi somiglianti alla martora. — (4) Il solo T. Parigino può far comprendere il significato di *leroide palame*. Ivi leggesi *roi des pelaines*; cioè *le reine delle pelli*. — (5) *A questa sala*, Cod. Pucc.

grande quantità. E sappiate che in questo campo ha tanta gente ch'è una maraviglia a credere, ch'e' pare la maggiore città ch'egli abbia; perocchè dalla lunga vi viene molta gente, e tienvi tutta sua famiglia così ordinata di falconieri e d'altri uficiali, come se fosse nella sua maestra villa. E sappiate ch'egli dimora in questo luogo infino alla Pasqua di Risurresso [1]; e in tutto questo tempo non fa altro che uccellare alla riviera a' grue e a' cesini [2] e ad altri uccelli. E ancora tutti gli altri che stanno presso a lui gli recano dalla lunga uccellagioni e cacciagioni assai. Egli dimora in questo tempo a tanto sollazzo che non è uomo che 'l potesse credere; perciocchè gli è suo affare e suo diletto più ch'io non v'ho contato. E sì vi dico che nessuno mercatante, nè niuno artefice, nè villano non puote tenere nè falconi, nè cani da cacciare presso dove il Signore dimora, a trenta giornate. Da questo in fuori ogni uomo a suo senno puote fare di questo. Ancora sappiate, che in tutte le parti ove il Gran Cane ha Signoria, niuno re, nè barone, nè alcuno altro uomo non può prendere, nè cacciare nè lievre [3], nè dani, nè cavriuoli, nè cierbi, nè di niuna bestia

---

(1) Ed anche *Resurresci*, o *Resurresco*, per significare la Pasqua di Risurrezione. — (2) Errore del copista. Rettamente nel T. Ramus. leggesi *cigni*. — (3) Per *lepre*, voce pretta francese.

che moltiprichi, del mese di marzo infino all'ottobre. E chi contra ciò facesse sarebbe bene punito. E sì vi dico, ch'egli è sì bene ubbidito, che le lievre e dani e cavriuoli, e l'altre bestie ch'io v'ho contato, vegniono più volte infino all'uomo, e non le tocca, e non le fa male. In cotal modo dimora lo Gran Cane in questo luogo infino alla Pasqua di Risurresso; poscia si parte in questo luogo per questa medesima via alla città di Cablau [1] tuttavia cacciando e uccellando, a sollazzo e a grande gioia.

78. Come il Gran Cane tiene sua corte con festa [2].

E quando egli è venuto alla maestra villa di Cablau, egli dimora nel suo maestro palagio tre dì e non più: egli tiene grande corte e grande tavole e gran festa, e mena grande allegrezza con queste sue femmine, ed ec grande maraviglia a vedere la grande solinità che fa il Gran Sire in questi tre dì. E sì vi dico che in questa città

---

(1) *Camblay*, Cod. Pucc. — (2) Questo Capo è l'XI. del Lib. 2. nel Cod. Riccard., e segue quello ove tratta della città di Cambalu; talchè si ravvisa, osservò il cav. Baldelli, che la lezione Ramusiana e la Riccardiana furono tratte da un autografo di Marco Polo riordinato, ricorretto ed ampliato, e di alcune inutili ripetisioni abbreviato..

ha tanta abbondanza di masnade ¹, e di gente tra dentro e di fuori della villa; chè sappiate ch'egli ha tanti borghi quante sono le porte, cioè, dodici molto grandi ², e non è uomo che potesse contare lo numero della gente, chè assai hae più gente negli borghi che nella città. E in questi borghi albergano i mercatanti con ogni altra gente, che vegniono per loro bisogna alla terra e ne' borghi. Hae altresì belli palagj, come nella città. E sappiate che nella città non si sotterra niuno uomo che muoia, anzi si vanno a sotterrare di fuori dagli borghi ³; e s'egli adora gl'idoli si va fuori degli borghi ad ardersi. E ancora vi dico, che dentro dalla terra non osa istare niuna femmina di suo corpo che faccia male per danari; ma stanno tutte ne' borghi; e sì vi dico, che femmine che fallano per danari ⁴ ve n' hae bene ventimila; e sì vi dico, che tutte vi bisognano

(1) Significa qui semplicemente *compagnia* o *truppa di gente*. — (2) Il Dualdo valutava la popolazione di Pekino tre millioni, ed il p. Magaillans, nove e non dodici dice essere le porte della città, ed altrettanti i borghi. Possono essere accaduti ne' tempi posteriori gran cambiamenti a Pekino, come avviene anche nelle altre grandi capitali d'Europa. — (3) Questo provvedimento di far seppellire i morti fuori di città veggasi da quanto tempo era in uso alla China, e quanto prima che i nostri politici ne predicassero la esecuzione anche fra noi. — (4) Bel modo d'esprimere delicatamente ciò ch'è disonesto.

per la grande abbondanza di mercatanti e di forestieri che vi capitano tutto die. Adunque potete vedere se in Cablau ha grande abbondanza di gente da che male femmine v'ha cotante, com'io v'ho contato. E sappiate per vero, che in Cablau vengono le più care cose e di maggiore valuta che 'n terra del mondo; e ciò sono tutte le care cose che vengono d'India, come sono pietre preziose, perle e altre care cose che sono recate a questa villa; e ancora tutte le care cose e le belle che sono recate dal Cattai, e di tutte altre provincie; e questo è per lo Signore che vi dimora, e per le donne, e per gli baroni, e per la molta gente che vi dimora per la corte che vi tiene lo Signore. E più mercatanzie vi si vendono, e vi si comperano; e voglio che voi sappiate che ogni dì vi vengono in questa terra più di mille carrette cariche di seta, perchè vi si lavora molti drappi ad oro [1] ed a seta. E anche a questa città d'intorno intorno bene a dugento miglia vengono a comperare a questa terra quello che a loro bisogna; sicchè non è meraviglie se tanta mercatanzia vi viene. Ora vi diviserò del fatto della moneta che si fa in questa città di Cablau; e sì vi mostrerò come il Gran Cane puote più spendere

---

(1) *Ad oro ed ariento*, Cod. Pucc.

è più fare ch'io non v'ho contato; e dirovi in questo libro come.

79. Della moneta del Gran Cane.

Egli è vero che in questa città di Camblau ee la Tavola [1] del Gran Sire, e è ordinata in tal maniera, che l'uomo puote ben dire, che il Gran Sire hae l'archimia perfettamente, e mostrelovi incontanente. Or sappiate ch'egli fa fare una cotale moneta, com'io vi dirò; e' fa prendere iscorza d'uno albore c'ha nome gelso [2]; e è l'albore le cui foglie mangiano gli vermini che fanno la seta. E colgono la buccia sottile, ch'è tra la buccia grossa e l'albore (o vogli tu) legno dentro [3], e di quella buccia fa fare carte, come di bambagia, e sono tutte nere. Quando queste carte sono fatte così, egli ne fa delle piccole, che vagliono una medaglia di tornesello piccolo [4],

(1) *Tavola* in significato di *banca* di commercio è usato anche dal Boccaccio. — (2) L'albero di cui fa qui menzione il Polo è il *Moro papirifero*, originario del Giappone e della Cina e da cui traggono i Cinesi vantaggio per la fabbricazione della carta. — (3) *Che è tra la scorta grossa, e il midollo dentro,* Cod. Pucc. — (4) Dalla più corretta lezione del T. Parig. si rileva che si facevano cedole del valore d'un tornesello, e d'un mezzo tornesello. Più corretta è la lezione del T. Parig. *qui vaut un merule* (la metà) *de tornesel petit, et l'autre est d'un tornesel ancor petit.*

e l'altra vale un tornesello, e l'altra vale un grosso d'argento di Vinegia [1], e l'altra un mezzo, e l'altra due grossi, e l'altra cinque, e l'altra dieci, e l'altra un bisanto d'oro, e l'altra due, e l'altra tre; e così va infino in dieci bisanti [2]. E tutte queste carte sono sugiellate col sugiello del Gran Sire, e hanne fatte fare tante che tutto il suo tesoro ne pagherebbe. E quando queste carte son fatte, egli ne fa fare tutti gli pagamenti, e fagli ispandere per tutte le provincie e regni e terre dov'egli hae signoria, e nessuno gli osa rifiutare a pena della vita [3]. E sì vi dico, che tutte le genti e regni che sono sotto sua Signoria sì pagano di questa moneta d'ogni mercatanzia di perle, d'oro e d'ariento e di pietre preziose, e generalmente d'ogni altra cosa; e sì vi dico che la carta che si mette per dieci bisanti, non ne pesa uno; e sì vi dico, che gli mercatanti le più volte cambiano questa moneta a perle o a oro e altre cose rare. È molte volte è recato al Gran Sire per gli mercatanti tanta mercatanzia in oro e ariento, che vale

(1) *Egli ne fa trarre fuori di quelle che vagliona una meduglia, e l'altra un picciolo, e l'altra una vinisiano d'ariento,* Cod.-Pucc. —
(2) *Bisanti d'oro,* Cod. Pucc. — (3) Resta qui confutata l'asserzione di Megaillans che la moneta di carta non ha mai avuto corso nella Cina. Continuava l'uso della moneta di carta anche verso la metà del sec. XV. e lo confermò Giosafà Barbaro nel suo viaggio alla Tana.

quattrocentomila di bisanti [1], e 'l Gran Sire fa tutto pagare di quelle carte, e i mercatanti le pigliano volentieri, perchè le spendono per tutto il paese. E molte volte fa bandire il Gran Cane, che ogni uomo che hae oro e ariento, o perle o pietre preziose, o alcuna altra cara cosa, che incontanente la debbiano avere appresentata alla Tavola del Gran Sire, ed egli lo fa pagare di queste carte; e tanto gliene viene di questa mercatanzia ch'ee un miracolo. E quando ad alcuno si rompe, o guastasi niuna di queste carte, egli va alla Tavola del Gran Sire, e incontanente gliele cambia, e ègli data bella e nuova, ma sì gliene lascia tre per cento. Ancora sappiate, che se alcuno vuol fare vasellamenta d'ariento o cinture [2] egli va alla Tavola del Gran Sire, ed ègli dato per queste carte ariento quant' e' ne vuole, contandosi le carte secondo che s'ispendono. E questa è la ragione perchè il Gran Sire dee avere più oro e più ariento che Signore del mondo. E sì vi dico, tra gli Signori del mondo hanno tanta ricchezza quanto hae il Gran Cane solo. Or v' ho contato della moneta delle carte; or vi conterò della Signoria della città di Camblau.

(1) *Bisanti d'oro*, Cod. Pucc. — (2) *D'oro e d'ariento, o d'altro ornamento.* Cod. Pucc.

80. *Degli dodici baroni che sono sopra ordinare tutte le cose del Gran Cane.*

Or sappiate veramente, che 'l Gran Sire ha dodici baroni con lui, grandissimi, e quelli sono sopra tutte le cose che bisognano a trentaquattro provincie. E dirovi loro maniera e loro ordinamenti. E prima vi dico, che questi dodici baroni istanno in un palagio dentro a Camblau : ee molto bello e grande, e ha molte sale e molte magioni e camere; e in ciascuna provincia hae une procuratore e molti iscrittori in quel palagio, e ciascuno il suo palagio per sè; e questi procuratori e questi iscrivani fanno tutte quelle cose che fanno bisogno a quelle provincie a cui egli sono deputati : e questo fanno per lo comandamento de' dodici baroni; e hanno tale Signoria, com'io vi dirò, ch'egli alleggono tutti gli Signori [1] di quelle provincie che io v'ho detto di sopra, e quando egli hanno chiamato quegli che a lor paiono, e gli migliori, egliono il dicono al Gran Cane, e egli conferma e fagli cotali tavole d'oro [2], come a sua Signoria si conviene. Ancora questi dodici baroni fanno andare l'oste ove si conviene, e del modo, e della quantità, e d'ogni cosa, secondo la volontà del Signore.

(1) *Officiali*, Cod. Pucc. — (2) *D'oro e d'oriento*, Cod. Pucc.

E com'io vi dico di queste due cose, così vi dico di tutte le altre che bisognano a quelle provincie; e questa si chiama la corte maggiore, e che sia nella corte del Gran Cane, perocchè egli hanno grande podere di fare bene a cui eglino vogliono. Le provincie non vi conto per nome, perocchè io le vi conterò per ordine in questo libro; e conterovi come il Gran Sire manda messaggi, e come hanno gli cavalli apparecchiati.

81. *Come di Camblau si partono molti messaggi per andare in molte parti.*

Or sappiate per veritade, che di questa cittade si partono molti messaggi, gli quali vanno per molte provincie; l'uno va all'una, e l'altro va all'altra, e così di tutti, chè a tutti è divisato ove debbiano andare. E sappiate che quando si partono di Camblau questi messaggi, per tutte le vie ov'egli vanno, di capo delle venticinque miglia egli trovano una Posta [1], ove in ciascuna hae un grandissimo palagio e bello, ove albergono i messaggi del Gran Sire, ov'è uno letto coperto di drappi di seta, e

(1) L'appellazione di *Posta* data alla mansione dove stanno i cavalli si trasse forse da questo passo del Milione.

ha tutto quello che a messaggio si conviene [1]. E se uno re vi capitasse, sì vi sarebbe bene albergato. E sappiate, che a queste Poste truovano gli messaggi del Gran Sire, e havvi bene quattrocento cavalli, che 'l Gran Sire hae ordinato che tuttavia dimorino quivi, e sieno apparecchiati per li messaggi quando egli vanno in alcun luogo. E sappiate che a ogni capo di venticinque miglia sono apparecchiate queste cose, ch'io v'ho contato; e questo è nelle vie maestre che vanno alle provincie, ch'io v'hoe contate di sopra; e a ciascuna di queste Poste ee apparecchiato da trecento o quattrocento cavalli per gli messaggi al loro comandamento. Ancora v'ha così belli palagi, com'io v'ho contato di sopra [2]; e per questa maniera si va per tutte le provincie del Gran Sire; e quando gli messaggi vanno per alcuno luogo disabitato, lo Gran Cane hae fatte fare queste Poste

(1) Dell'esistenza delle Poste nella Cina parla una relazione pubblicata dal Renaudot. E' un ritrovato asiatico antichissimo, rammentato da Senofonte nella Ciropedia. Augusto le introdusse nel suo impero, e Adriano le rese di pubblico uso. Se ne restituì l'esercizio in Italia al finire del secolo XIII, e non è congettura inverisimile che Omodeo Tassi, il quale fu il primo a porle in esercizio, ne traesse il pensiero dalla relazione del Polo. — (2) *Ove albergano i messaggi così riccamente, com'io v'ho contato di sopra*, Cod. Pucc.

piue alla lunga a trenta miglia, e a quaranta. E in questa maniera vanno gli messaggi del Gran Sire per tutte le provincie e hanno albergherie [1] e cavalli apparecchiati, come voi avete udito, a ogni giornata. E questo è la maggiore grandezza che avesse mai niuno imperadore, nè che aver potesse niuno altro uomo terreno; chè sappiate veramente che piue di dugentomila di cavalli istanno a queste Poste pur per questi messaggi: ancora gli palagi sono più di diecimila, che sono così forniti di ricchi arnesi, com'io v'ho contato; e questa è cosa di sì gran valuta e sì maravigliosa che non si potrebbe iscrivere nè contare. Ancora vi dirò un'altra bella cosa. Egli è vero, che tra l'una Posta e l'altra è ordinato, tra ogni tre miglia, una villa, dov'ha bene quaranta case d'uomeni appiede, che fanno ancora queste messaggerie [2] del Gran Sire. E dirovi com'egliono portano una cintura piena di sonagli attorno attorno, che s'odono bene dalla lunga; e questi messaggi vanno a gran galoppo, e non vanno se non tre miglia; e gli altri che dimorano in capo delle tre miglia, quando odono questi sonagli, che

(1) Deesi intendere l'alloggio ch'era a' messaggi dovuto per comando del Gran Cane. —
(2) *Messaggieria* è voce dalla Crusca citata per *Ambasceria*, ma non per *corsa* come in questo luogo significa.

s'odono bene della lunga, ed egli istanno tuttavia apparecchiati [1], e corre contro a colui, e pigliano questa cosa che colui porta, ed è una piccola carta che gli dona quel messaggio, e mettesi correndo; e va infino alle tre miglia, e fa così come ha fatto quell'altro. E sì vi dico che 'l Gran Sire ha novelle per uomini a piedi in un dì e in una notte bene dieci giornate dalla lunga; e in due dì e in due notte, bene di venti giornate; e così in dieci dì e in dieci notte avrà novelle bene di cento giornate; e sì vi dico che questi cotali uomeni recano al Signore in un dì fatti di dieci giornate. E il Gran Sire non piglia da questi cotali uomini niuno tributo, ma fa loro donare de' cavagli e delle cose che sono ne' palagi di queste Poste ch'io v'ho contato. E questo non costa nulla al Gran Sire, perocchè le città che sono attorno a quelle Poste vi pongono i cavagli, e fannogli questi arnesi, siochè le Poste sono fornite per gli vicini, e il Gran Sire non vi mette nulla salvo che le prime Poste. E sì vi dico, che quando gli bisogna che il messaggio da cavallo vada tostamente per contare al Gran Sire novelle d'alcuna terra rubellata, o d'alcuno barone, o d'alcuna

(1) *Che come costui giugne, di torre quelle lettere che colui porta; e come egli è giunto subitamente sono tolte da un altro, e vanne correndo all'altra posta delle tre miglia.* C. Pucc.

cosa che sia bisognevole al Gran Signore, egli cavalca bene dugento miglia in un die, ovvero dugentocinquanta; e mostrerovvi ragione com'è questo. Quando gli messaggi vogliono andare così tosto, e tante miglia, egli ha la tavola del girfalco, in significanza ch'egli vuole andare tosto; s'egli sono due, egli si muovono dal luogo ov'egli sono su due cavagli buoni e freschi e correnti, egli si bendano la testa e 'l capo, e sì si [1],, mettono alla gran cor-
,, sa, tanto ch'egli sono venuti all'altra
,, Posta di venticinque miglia; quivi pren-
,, de due cavagli buoni e freschi [2], e mon-
,, tanvi su, e vi stanno fino alla loro Po-
,, sta; e così vanno tutto die, e così van-
,, no in un die bene dugentocinquanta mi-
,, glia per recare novelle al Gran Sire, e
,, quando bisognavano, bene trecento. Or
,, lasciamo di questi messaggi, e conterovi
,, d'una bontà, che fa il Gran Sire a sua
,, gente due volte l'anno".

(1) Qui comincia una lacuna del Testo ottimo, in cui manca una pagina. Il virgolato indica ch'è supplito colla scorta del ms. Magliabechiano ch'è copia del precedente. Molto più disteso però e molto diverso si è quello che leggesi nel T. Ramus, e che occupa i Cap. XX à XXVI. del libro secondo. — (2) *Prendono due cavagli buoni e freschi, e lasciano i loro lassi, e corrono insino all'altra Posta*, Cod. Pucc.

82. *Come 'l Gran Cane ajuta sua gente quando è pistolenza [1] di biade.*

„ Or sappiate ancora per verità che il
„ Gran Cane manda messaggi per tutte
„ sue provincie per sapere di suoi uomeni
„ s'egli hanno danno [2] di loro biade, o per
„ disfalta di tempo, o di grilli [3], o per altra
„ pistolenza; e s'egli truova che alcuna sua
„ gente abbia questo danagio [4], egli non
„ gli fa torre trebuto ch'egli debbano da-
„ re, ma falli donare di sua biada, acciec-
„ chè abbiano che seminare e che mangia-
„ re ; e questo è un gran fatto d'un Signo-
„ re a farlo [5]; e questo fa la state. Lo ver-
„ no fa cercare se ad alcuna gente muore
„ sue bestie, fae lo somigliante; e così so-
„ stiene lo Gran Sire sua gente. Lascere-
„ mo questa maniera, e dirovi d'un' altra.

„ Or sappiate per vero che il Gran Si-
„ re ha ordinato per tutte le mastre vie
„ che sono nelli suoi regni, che vi siano
„ piantati gli alberi, lungi l'uno dall'altro
„ su per la ripa della via due passi ; e que-
„ sto acciocchè li mercatanti e messaggi o
„ altra gente non possa fallare la via quan-
„ do vanno per cammino o per luoghi

(1) *Carestia*, C. Pucc. — (2) *Difetto*, C. Pucc.
— (3) *Occasione locustarum*, Cod. Ricc. — (4)
Dannaggio è voce antica in luogo di *danno*. —
(5) *E' gran bontà del Signore*, C. Pucc.

„ deserti; é questi albori sono ramati [1] che
„ bene si possono vedere dalla lunga. Or
„ v' ho contato delle vie, or vi conterò
„ d' altro.

83. Del vino.

„ Ancora sappiate che la maggiore parte
„ del Catai beono uno cotale vino com'io
„ vi conterò. Egli fanno una polgione [2] di
„ riso e con molte altre buone spezie, e
„ concialla in tale maniera, ch'egli è il
„ meglio da bere che nullo altro vino; egli
„ è chiaro e bello, e inebria più tosto che
„ altro vino, perciocch'è molto caldo. Or la-
„ sciamo di questo, e conterovi delle pietre
„ che ardono come brace.

84. Delle pietre che ardono.

„ Egli è vero che per tutta la provin-
„ cia del Catai hae una maniera di pietre
„ nere [3] che si cavano delle montagne come
„ vene che ardono come brace, e tengono

(1) Forniti di rami. Il Vocab. allega questa voce senza l'esempio. — (2) Per *posione*, o *bevanda*. Nel Cod. Pucc. leggesi *Polgio*. I Cinesi traggono dal riso, ed anche dal miglio, un liquore fermentato, al palato gratissimo, e somigliante al vino. — (3) Questa *pietra nera* è il carbon fossile, uno de' ricchissimi possedimenti della Cina. Le cave sono a 2 o 3 leghe di distanza da Pekino.

„ più lo fuoco che non fanno le legna ; e
„ mettendole la sera nel fuoco, s'elle s'ap-
„ prendono bene, tutta notte mantengono
„ lo fuoco, e per tutta la contrada de Ca-
„ tai non ardono altro [1]. Ve ne hanno le-
„ gne, ma queste pietre costan meno, e so-
„ no gran risparmio di legna. Or vi dirò
„ come il Gran Sire fa acciocchè le biade
„ non siano troppo care.

85. *Come il Gran Cane fa riporre le biade*
per soccorrer sua gente.

„ Sappiate che il Gran Cane quando
„ è grande abbondanza di biade egli ne
„ fa fare molte canove d'ogni biade, co-
„ me di grano, miglio, panico, orzo e ri-
„ so, e fatte sì governare che non si gua-
„ stano; poscia quando è il gran caro, si
„ 'l fa trarre fuori, e tiello talvolta tre o
„ quattro anni, e fal dare per lo terzo, e
„ per lo quarto di quello che si vende co-
„ munemente; e in questa maniera non vi
„ può essere gran caro; e questo fa fare
„ per ogni terra ov'egli hae Signoria. Or
„ lasciamo di questa materia, e dirovi del-
„ la carità che fa fare il Gran Cane.

(1) *Quasi altro*, C. Pucc.

86. Della carità del Signore.

„ Or vi conterò come il Gran Cane fa
„ carità alli poveri che stanno in Cam-
„ balu. A tutte le famiglie povere della
„ città, che sono in famiglia sei o otto, o
„ più o meno, che non hanno che man-
„ giare, egli li fa dare grano e altre bia-
„ de; e questo fa fare a grandissima quan-
„ tità di famiglie. Ancor non è" vietato lo
pane del Signore a niuna persona che voglia andare per esso. E sappiate che ve ne
vanno ogni dì più di trecentomila; e questo fa fare tutto l'anno: e questo è gran
bontà di Signore; e per questo è adorato
come Iddio dal popolo. Or lasciamo della
città di Camblau, e entreremo nel Cattay
per contare di gran cose che vi sono.

87. Della provincia del Cattay [1].

Or sappiate che il Gran Cane mandò
per ambasciadore messer Marco verso ponente; però vi conterò tutto quello che vide in quella via andando e tornando. Quando l'uomo si parte di Camblau presso alle
dieci miglia si truova un fiume 'l quale si

---

(1) Qui incomincia la relazione dei viaggi
fatti dal Polo in servigio del Gran Can; e pri-
mieramente esso descrive quello fatto sino alla
provincia di *Carazan*, come di già avverti nel
suo Proemio.

chiama Pulinsanghis [1], lo quale fiume va infino al mare Oceano, e quinci passano molti mercatanti con molte mercatanzie; e in su questo fiume ha un molto bel ponte di pietra. E sì vi dico che al mondo non ha uno così fatto, perchè egli è lungo bene trecento passi, e largo otto, che vi puote andare bene dieci cavalieri allato l'uno all'altro, e v'ha trentaquattro archi, e trentaquattro pile nell'aqua; ed è tutto di marmo, ed a colonne così fatte com' io vi dirò. Egli è fatto dal capo del ponte una colonna di marmo, e sotto la colonna uno lione di marmo, e di sopra un altro [2] molto begli e grandi e ben fatti: e di lungi a questa colonna un passo, n'ha un'altra, nè più nè meno fatta con due leoni; e dall'una colonna all'altra è chiuso di tavole di marmo, perciocchè niuno potesse cadere nell'acqua; e così va di lungo in lungo per tutto il ponte; sicch' è la più bella cosa del mondo a vedere [3]. Ora abbiamo

(1) *Pulinzanchin*, T. Riccardiano. Secondo il P. Martini è il fiume *Lu-Keu*, o *Sagkan*; secondo il Magaillans è il fiume *Hoen-ho* segnato nella carta particolare del *Pe-tche-li* di d'Anville. Il *Lu-Keu* prende il nome di *Hoen-ho* nell'accostarsi a Pekino. — (2) Nel T. Pucc. leggesi: *Egli è dal capo del ponte ritta una colonna di marmo, e sotto la colonna ha uno lione di marmo, e di sopra un altro*. — (3) Anche il P. Magaillans scrive ch'era il più bel ponte della Cina, e forse del mondo, tutto di finissimo marmo bianco, abbellito con lavori

detto del ponte, ora sì vi conterò di nuove cose.

88. Della grande città del Gioguy.

Quando l'uomo si parte da questo ponte, l'uomo va trenta miglia per ponente, tuttavia trovando belle case e begli alberghi, e alberi e vigne, e quivi truova una città che ha nome Giogui [1] grande e bella. Quivi hae molte badie d'idoli. Egli vivono di mercatanzia e d'arti, e quivi si lavora drappi di seta e d'oro, e bel zendado, e quivi ha degli alberghi. Quando l'uomo hae passato questa villa d'uno miglio, l'uomo truova due vie, l'una va verso ponente, e l'altra va verso iscirocco. Quella di verso il ponente è del Chatay, e l'altra verso iscirocco va verso il gran mare alla gran provincia d'Eumagi [2]. E sappiate

finissimi, ornato di 140 colonne, con tavole di marmo che servono di spalletta al ponte, scolpite con ornati a grottesco di fiori, frutti, uccelli e altri animali. Nel 1688 una piena sopraggiunta dopo una gran siccità lo fece cadere in rovina. — (1) *Gousa*, T. Ramus, con errore. Di questa stessa città fa menzione il Polo tornando indietro dal suo viaggio, chiamandola *Cin-gui*, storpiatura della voce *Gio-guy*. In altro luogo con altra storpiatura è detta *Ca-gni*; tutte varianti che derivano dalla trascuranza dei trascrittori, giudicandosi che questa città sia *Tso-tcheu*, a ponente 40 miglia distante da Pekino. — (2) *Manzi* o *Mantzu* era il nome che davano i Tartari agli abitanti, e non alla contrada.

veramente che l'uomo cavalca per ponente per la provincia del Chatay ben dieci giornate, tuttavia trovando belle cittadi e belle castella di mercatanzie e d'arti, e belle vignie, e albori assai, e gente dimestiche. Quivi non ha altro da ricordare, perciò ci partiamo di qui, e andremo a un reame chiamato Tajarefu.

89. *Del regno di Tinafu.*

Quando l'uomo si parte di questa città di Giogui cavalcando dieci giornate truova uno reame chiamato Tajarefu [1]. E di capo di questa provincia ove noi siamo venuti, è una città c'ha nome Tinafu, ove si fa mercatanzia e arti assai; e quivi si fanno molti fornimenti che bisognano ad osti del Gran Sire. Quivi hae molto vino, e per tutta la provincia del Chatay non ha vino, se non in quella città, e questa ne fornisce tutte le provincie d'intorno; quivi si fa molta seta, perocchè v'ha molti mori gersi [2], e molti vermini che la fanno. E quando l'uomo si parte di Tinafu, l'uomo cavalca

(1) *Tajansti*, C. Pucc. *Transsi*, T. Magl. II. *Tania*, C. Ricc. *Tainfù*, T. Ramus. E' la provincia di *Chan-si* cui dà il nome della sua capitale, detta *Tai yven fu*. E' una delle meglio coltivate, abbonda di biade e di uve (eccetto che di riso); ha muschio, marmi preziosi, e ferro; e manifatture di tappeti ad uso di Turchia e di Persia. — (2) *Gelsi*, Cod. Pucc.

per ponente bene sette giornate per molte belle contrade, ove si truovano molte ville e castella assai di molta mercatanzia e d' arti. Di capo delle sette giornate si truova una città che si chiama Pianfu.[1], ov' ha molti mercatanti, e ove si fa molta seta e piue altre arti. Or lasciamo questa e dirovi d'un castello chiamato Caituy.

90. Del castello del Caituy.

E quando l'uomo si parte di Pianfu, e va per ponente due giornate e' truova un bel castello c'ha nome Caituy[2], lo quale fece fare uno re, lo quale fu chiamato lo re Dor[3]. In questo castello ee un molto

(1) E' *Pin-van-fu*, capitale del secondo dipartimento della provincia, ed una delle più cospicue città della Cina. Siede sulla riva orientale del *Fuen-ho* Lat. 36.° 6. Long. occ. 4.° 55. — (2) *Thaigin*, T. Ramus. Nel T. Riccard. *Caicai*. Congettura il Marsden che sia *Kia-tcheu*, città considerabile a mezzodì di *Taiping*, sulla via maestra che dovea fare il Polo per recarsi al *Pegù*. Il T. Parigino ha *Cayafù*. — (3) *Dar*. T. Magliabechiano. In qualche altro testo volendosi dare alla voce una desinenza latina fornmossi il ridicolo nome *Darius*. Ingegnosa congettura del Marsden è che la lezione portasse *re d'or* in viniziano, o *re dell'oro* in italiano. A buon conto la voce Dor non può essere Cinese dove non è nota la lettera *r*. Nel T. Pucc. leggési: *lo quale fe fare* Jaddis *uno re, lo quale fu chiamato lo re* Dar. La voce *jaddis*, pretta francese, è altra prova che 'l testo italiano n' è un volgarizzamento.

bello palagio, ove hae una molto bella sala, molto bene dipinta, di tutti gli re che anticamente sono istati re di quel reame: ed è questo molto bella cosa a vedere. E di questo re Dor sì vi conterò una molto bella novella, di un fatto che fu tra lui e 'l Presto Giovanni. E questi è in sì forte luogo [1] che 'l Presto Giovanni nò gli poteva venire addosso, e aveano guerra insieme, secondo che diceano quegli di quella contrada. Il Presto Giovanni n'avea grande ira, e sette valletti del Presto Giovanni sì gli dissoro: Che egli gli recherebbono innanzi lo re Dor tutto vivo s'egli volesse; e 'l Presto Giovanni lor disse: Che ciò voleva volentieri. Quando questi valletti ebbono udito questo, egli si partirono e andarono alla corte del re Dor, e dissono al re ch'egli erano d'istrane parte, e dissono ch'egli erano venuti per servirlo [2]. Egli rispuose loro: Che fossero gli ben venuti, che farebbe loro piacere e servigio. E così cominciaro gli sette valletti del Presto Giovanni a servire lo re Dor; e quando egliono furono istati ben due anni, egli erano istati molti amati del re per lo bel servigio ch'egliono gli aveano fatto. Il re faceva di loro come se tutti e sette fossero istati suoi

(1) *E questo re Dor era in sì forte luogo*, C. Pucc. — (2) *Per servirlo quanto a lui piacesse*, C. Pucc.

figliuoli. Or udirete quello che questi malvagi fecero, perchè niuno si puote guardare da' traditori. Ora avvenne ¹ che questo re si andava sollazzando con poca gente, e tra gli quali erano questi sette; e quando eglino ebbono passato un fiume, di lungi del palagio detto di sopra, quando questi sette viddoro che il re non avea compagnìa che 'l potesse difendere, missoro mano alle ispade, e dissono d'ucciderlo, o egli n'andasse colloro. Quando lo re si vide a questo, diedesi grande maraviglia, e disse: Come questo, figliuoli miei? perchè mi fate voi questo? ove volete voi che venga? Egli dissono: Noi vogliamo che voi vegniate al Presto Giovanni, che è nostro Signore.

91. *Come il Presto Giovanni fece prendere lo re Dor.*

E quando lo re intese ciò che costoro gli dissono buonamente che non morì di dolore, e disse: Deh' figliuoli non v'ho io onorati assai? perchè mi volete voi mettere nelle mani del nimico mio? Quegli rispuosono: Che conveniva che così fosse. Allora lo menarono al Presto Giovanni. Quando il Preste Giovanni il vide, ebbene grande allegrezza, e dissegli: Ch'egli

(1) *Uno dì*, C. Pucc.

fosse lo malvenuto. Quegli non seppe che si dire. Allotta comandò ch'egli fosse mosso a guardare bestie; e così fu. E questo gli fece fare per dispetto, tuttavia ben guardandolo. E quando egli ebbe guardate le bestie bene due anni, egli sel fece venire dinanzi, e fecegli donare ricche vestimenta, e fecegli onore assai; poscia gli disse: Signore re, aguale [1] ben puoti vedere che tu non so' da guerreggiare con meco. Rispuose lo re: Sempre cognobbi che io non era poderoso da ciò fare. Allotta disse il Presto Giovanni: Non ti voglio più fare noia; se non che io ti farei piacere e onore [2]. Allotta fecegli donare molto begli arnesi e cavagli e compagnia assai, e lasciollo andare. E questi si tornò al suo reame; e da quell'ora innanzi fu suo amico e servidore. Or vi conterò d'un'altra materia.

92. *Del gran fiume di Charamera.*

E quando l'uomo si parte di questo castello e va verso ponente venti miglia trova un fiume ch'è chiamato Charamera [3], ch'è sì grande che non si può passare

(1) Cioè *adesso.* — (2) *Ma sempre ti farei piacere e onore,* C. Pucc. — (3) *Caramoran,* T. Ramus. Celebre fiume, detto dai Cinesi *Hoang-ho,* o *fiume giallo.* Cublai Can fece cercare le sorgenti di questo fiume dallo scienziato *Tarchi,*

per ponte, e va infino al mare Oceano. E su per questo fiume ha molte città e castella ove sono molti mercatanti e artefici. Attorno a questo fiume per la contrada nasce molto gengiovo [1], e havvi tanti uccelli ch'è una maraviglia, che e' v' ha per una moneta che si chiama vaspre, ch'è come uno viniziano, tre fagiani. Quando l'uomo ha passato questo fiume, e l'uomo è ito due giornate sì si truova una nobile città ch'è chiamata Chaciafu [2]. Le genti sono tutti idoli, ed è terra di gran mercatanzia e d'arti, e havvi molta seta; quivi si fanno molti drappi di seta e d'oro. Qui non ha cosa da ricordare, però ci partiamo, e dirovi d'una nobile città ch'è in capo del reame di Quengianfu.

93. Della città di Quengianfu.

Quando l'uomo si parte della città, ch'è detto di sopra, cavalca otto giornate

che impiegò quattro mesi per giugnervi, e ne formò una carta che rimise all'Imperatore, indicandone la sorgente al confine occidentale del paese *Tonkasu* nel regno di *Tufan*. — (1) Pianta perenne nella penisola del Gange e nella Cina. Mangiasi verde a uso d'insalata, ed è ottima condita e giulebbata; la radice secca è una droga medicinale, ed un condimento per le vivande, come il pepe, di cui ha il sapore. — (2) *Cacianfù*, T. Ramus. Pensa il Baldelli che sia *Hoa-techeu*, che si pronunzia *Coa-itcheu*.

per ponente, tuttavia trovando castella, cittadi assai, e di mercanzie e d'arti e begli giardini e case. Ancora vi dico, che tutta la contrada è piena di gelsi; le genti sono idoli: quivi ha cacciagioni e uccellagioni assai. Quando l'uomo ha cavalcato queste otto giornate, l'uomo truova la nobile città Quegianfu [1], la quale è nobile e grande e capo di reame. E anticamente fu buono reame e possente, aguale n'è Signore [2] il figliuolo del Gran Cane, che Maghala [3] è chiamato, e ha corona. Questa terra è di grande mercatanzia, e havvi molte gioie: quivi si lavora drappi d'oro e di seta di molte maniere, e di tutti i fornimenti da oste. Egli hanno di tutte cose che a uomo bisogna per vivere in grande abbondanza, e per gran mercato [4]. La villa [5] è al ponente, e sono tutti idoli, e di fuori della terra è il palagio di Maghala re, ch'è così bello com'io vi dirò. Egli è in un bel piano e grande, e v'ha fiume largo e padule, e fontane assai; egli ha dintorno un muro

(1) *Quenzanfu*, T. Ramus. E' verisimilmente *Hang-tchong-fu* sull' *Hoang-ho*, capitale del sesto dipartimento di *Chen-si*. — (2) *Agnale ora n'è Signore*, Cod. Pucc. — (3) *Mangalù*, T. Ramus. Lo dice il Deguignes terzo figlio di Cublai Can, e viceré del *Chen-si*, del *Se-tchueu*, e del *Tibet*. Soleva il Polo appellare re anche i vicerè, o governatori. — (4) Gallicismo. Dicono i francesi *cette chose est à grand marché*. — (5) *La Città*, C. Pucc.

che gira bene cinque miglia, ed è tutto
merlato e ben fatto: e in mezzo di questo
muro è il palagio sì bello e sì grande che
non si potrebbe nel mondo meglio divisare: egli ha molte belle sale e molte belle
camere tutte dipinte ad oro battuto. Questo Maghala mantiene bene suo reame in
grande giustizia e ragione, ed ee molto a-
mato; quivi ha grandi sollazzi di cacciare [1].
Ora partiamo di quì, e dirovi di una provincia ch' è molto nelle montagne e ha nome Chunchum.

94. *Della provincia di Chunchum.*

Quando l'uomo si parte da questo palagio di Maghala, l'uomo va per ponente
tre giornate di bel piano, tuttavia trovando ville e castella assai; e vivono di mercatanzie e d'arti, e hanno molta seta. Di
capo delle tre giornate sì si truovano montagne e valli, che sono della provincia di
Chunchum [2]. Egli ha per monti e per valli
città e castella assai, e sono idoli, e vivono di lor lavorìo di terra e di boscaglie;
e havvi molti boschi, ove sono molto belle bestie salvatiche, come sono lioni e orsi e cavriuoli, lupi cervieri, daini e cierbi,

(1) *Dell' accellare*, C. Pucc. — (2) *Cunchin*,
T. Ramus. Forma il territorio della città di
Chan-ching, ch' è la capitale del sesto dipar-
timento della provincia di *Chen-si.*

e altre bestie assai, sicchè troppo n' hanno grande utilità. E per questo paese cavalca l'uomo venti giornate per montagne e valli e boschi, tuttavia trovando città e castella assai e buoni alberghi. Ora partiremo di quì, e conterovi d'un altra provincia.

95. D' una provincia d'Ambalet.

Quando l'uomo si parte ed ha cavalcate queste venti giornate delle montagne di Chunchum sì si truova una provincia [1] che ha nome Ambalet Magi, e havvi città e castella assai, e sono al ponente; e sono idoli, e vivono di mercatanzie e d'arti: e per questa provincia ha tanto giengiovo, che s'isparge per tutto lo Chatay, e hassene grande guadagno: egli hanno riso, e grano, e altre biade assai e a gran mercato: è doviziosa d'ogni bene. La mastra terra ee chiamata Ambalet Magi [2]; che vale a dire, l'una delle confine dei Magi. Questa contrada dura due giornate; a capo di queste due giornate si truovano le gran valli e gli gran monti e boschi assai; e

(1) *Ch'è tutta piana*, C. Pucc. — (2) *Achbaluch Mangi*, T. Ramus. Molto oscuro si trovò questo capitolo; e 'l Baldelli congettura, che avendo il Polo rammentato altro luogo detto *Ach Baluc* in questa stessa provincia, che così appellassero i Tartari i loro allogiamenti stazionarj ad esempio dei Romani.

vassi bene venti giornate per ponente truovando ville e castella assai. La gente sonò idoli, vivono dei frutti della terra, e d'uccelli e di bestie; quivi hae lioni, orsi, lupi cervieri, daini e cavriuoli assai ¹, Quivi ha grande quantità di quelle bestiole che fanno il moscado. Or ci partiamo di quì, e dicovi d'altre contrade bene e ordinatamente come voi udirete.

96. *Della Provincia di Sindafa.*

E quando l'uomo è ito venti giornate per ponente, com'io v'ho detto, l'uomo truova una provincia, ch'è chiamata ancora delle confine de' Magi, e hae nome Sindafa: E la mastra città hae nome Sardafu ², la quale fue anticamente grande città e nobile, e fuvi entro un molto grande e ricco re: ella giroe intorno bene venti miglia. Ora avvenne che fu così ordinata, che il re che morì e' lasciò tre figliuoli; sicchè

- (1) *Lupi, orsi, cavriuoli, cervi, daini assai,* C. Pucc. — (2) *Stadinfù,* T. Ramus. Tutt'i comentatori del Polo, la Storia generale de'Viaggi, il Zurla, il Marsden dicono essere *Tchin-tu-fu,* capitale del *Se-tchuen.* La città è in isola, formata da varj fiumi; il paese è parte piano, parte montuoso; il suolo è ferace, e i campi sono irrigabili verso oriente per tre giornate di estensione. La campagna è piacevole e divertente (*Martini*).

ogliono partirono la città per terzo, e ciascuno rinchiuse [1] lo suo terzo di mure dentro da questo circovito, e tutti questi figliuoli furono re, e avéano grande podere [2] di terre e d'avere, perchè lo loro padre fu molto poderoso, e 'l Gran Cane disertò questi tre re, e tiene la terra per sè. E sappiate che per mezzo questa città passa un gran fiume d'acqua dolce, ed è largo bene mezzo miglio, ove ha molti pesci, e va infino al mare Oceano, e havvi bene da ottanta in cento miglia [3], ed è chiamato Quiiafu [4]. E in su questo fiume hae città e castella assai, e havi tante navi che appena si potrebbe credere chi nol vedesse; e v'ha tanta moltitudine di mercatanti, che vanno giuso e suso, ch'è una grande maraviglia. E il fiume è sì largo, che pare un mare a vedere e non fiume [5]. E dentro della città in su questo fiume è un ponte tutto di pietre, ed ee lungo bene un mezzo

(1) *Accerchiò*, Cod. Pucc. — (2) *Potenzia*, C. Pucc. — (3) Qui ha errato il Codice; non dee dire *miglia*, ma *giornate*. Nella lezione Ramusiana si legge che il fiume *Quian* scorre per cento giornate sino al mare Oceano. — (4) *Quian*, T. Ramus. detto ancora *Yang-tse-kiang*, o *fiume azzurro*. Trae origine a settentrione del *Tibet*, non lungi dal deserto di *Cobi*, traversa tutta la Cina da ponente a levante, e separa le provincie settentrionali dalle meridionali dell' Impero. — (5) Dee intendersi questa gran larghezza di lungi dalla città e più verso il mare.

miglio, e largo otto passi: e su per quello ponte [1] ha colonne di marmo, che sostengono la copritura del ponte [2]. E sappiate ch'egli è coperto di bella copritura, e tutto dipinto di belle istorie, e havvi suso più magioni ove si tiene molta mercatanzia e favisi arti, ma sì vi dico che quelle case sono di legno, che la sera si disfanno e la mattina si rifanno. E quivi è lo camarlingo del Gran Sire, che riceve lo diritto della mercatanzìa che si vende in su quel ponte, e sì vi dico che il diritto di quel ponte vale l'anno bene mille bisanti di oro [3]. La gente è tutta ad idoli [4]. Di questa città si parte l'uomo e cavalca bene per piano e per valli cinque giornate, trovando città e castella assai. L'uomeni vivono del frutto della terra, e v'ha bestie salvatiche assai; come si è lioni e orsi e altre bestie; quivi si fa bel zendado e drappi dorati assai, egli sono di Sindu [5]. Quando l'uomo è ito queste cinque giornate ch'io v'ho contate, l'uomo truova una provincia molto guasta che ha nome Tebet; e noi ne diremo di sotto.

(1) *E su per lo ponte dalle sponde*, C. Pucc. — (2) *La copritura del corpo del ponte*, C. Pucc. — (3) *Diebus singulis, ut fertur ad valorem mille bisantium aureorum*, Cod. Ricc. — (4) *Essere ad idoli* per *essere idolatra*. — (5) Cioè fabbricansi in detto luogo.

97. Della provincia di Tebet [1].

Appresso le cinque giornate che v'ho detto truova l'uomo una provincia che guastoe Mogut Cane per guerra, e v'ha molte ville e castella tutte guaste. Quivi hae canne grosse bene quattro [2] ispanne, lunghe bene quindici passi, e hae dall'uno nodo all'altro bene tre palmi. E sì vi dico che gli mercatanti, e gli viandanti prendono di quelle canne la notte e fannole ardere nel fuoco; perchè fanno sì grande iscoppiata [3] che tutti gli leoni e orsi e altre bestie fiere hanno paura e fuggono, e non si accosterebbero al fuoco per cosa del mondo; e questo si fanno per paura di queste bestie che ve n'ha assai. Le canne iscoppiono, perchè si mettono verdi nel fuoco, e quelle si torcono e fendono per mezzo, e per questo fendere fanno tanto

(1) *Thebeth*, T. Ramus. Questa denominazione è ignota ai nativi, come il nome di Cina ai Cinesi. Lo appellano questi *Te-pe-te*, o *Tsang*, o *Sy-Tsang* (*contrada a occidente*). mentre tanto suona la voce *sy* in Cinese. Questo paese cominciò ad essere rammentato dagli Occidentali nel II. Secolo. Il Malte-brun scrisse che questa negletto articolo del nostro viaggiatore è più istruttivo delle relazioni comparse alcuni secoli dopo di lui. — (2) *Sei*, C. Pucc. — (3) Per *iscoppio* alleg. nel Vocab. dietro questo esempio riportato però scorrettamente. *Scoppiare e romore*, Cod. Pucc.

romore, che s'odono della lunga presso a cinque ¹ miglia di notte e piue; ed è sì terribile cosa a udire, che chi non fosse d'udirlo usato, ogni uomo n'avrebbe gran paura, e gli cavagli che non ne sono usi, sì spaventono sì forte che rompono capresti ² e ogni cosa, e fuggono; e questo avviene ispesse volte. E a ciò prendere rimedio, egli fanno a cavagli che non ne sono usi, e' gli fanno incapestrare di tutti e quattro li piedi, e fasciare gli occhi, e turare gli orecchi ³; sicchè non può fuggire quando ode questo iscoppio, e così campano gli uomini la notte, loro e le loro bestie. E quando l'uomo va per queste contrade bene venti giornate, non truova nè alberghi, nè vivande, ma conviene che porti vivande per sè e per sue bestie, tutte queste venti giornate, tuttavia trovando fiere pessime e bestie salvatiche, che sono molto pericolose. Poscia si truova castella e case assai, ov'hae un cotal costume di maritare femine com'io vi dirò. Egli è vero che niuno uomo piglierebbe una pulciella ⁴ per moglie per tutto il mondo ⁵; e dicono che non

---

(1) *A trenta*, C. Pucc. — (2) *Capresto per capestro* ha varj esempj nel Vocab. — (3) *E a' cavagli che non sono usi, sì gli incrapestano da tutti e quattro i piedi, e fasciano loro gli occhi, e turano gli orecchi*, C. Pucc. — (4) *Pulcella per vergine* è voce derivata dal francese. — (5) *Per niuna cosa*, C. Pucc.

vagliono nulla s'ella non è costumata con molti uomeni [1]. E quando gli mercatanti passano per le contrade, le vecchie tengono loro figliuole sulle istrade, e per gli alberghi, e per loro tende; e stanno a dieci, e a venti e a trenta, e faunole giacere con questi mercatanti, e poscia le maritano: e quando il mercatante hae fatto suo volere e' conviene che il mercatante le doni qualchè gioia [2], acciocchè possa mostrare come altri hae avuto affare seco; e quella che hae più gioie è segno che più uomeni sono giaciuti con essa, e più tosto si marita. E conviene che ciascuna anzichè si possa maritare, conviene che abbia più di venti segnali a collo, per mostrare come molti uomeni abbiano avuto affare seco; e quella che n'ha più è tenuta migliore, e dicono ch'è più graziosa che l'altre [3]. La gente è idola e malvagia, che non hanno per niuno peccato di far male e di rubare, e sono gli migliori ischerani del mondo. Egli vivono de' frutti della terra, e di bestie e d'uccelli. E dicovi che in quella contrada hae molte bestie che fanno il moscado [4]; e questa mala gente hae molti buoni

(1) *Non usa con molti uomeni*, C. Pucc. —
(2) *E poi che il mercatante ha giaciuto con lei le dona qualche gioja*, C. Pucc. — (3) I moderni viaggiatori favellano non di questa prostituzione, ma di altre assai somiglianti. —
(4) *E sono appellati* Zuder *e prendonsi con cani*, C. Pucc. Il muschio sta recchiuso in un sacco

cani, e prendone assai di queste bestie. Egli non hanno nè carte, ne monete di quelle del Gran Cane, ma fannolo da loro. Egliono si vestono poveramente, chè'l loro vestire si è di canovacci e di pelle di bestie, e di bucherani; e hanno loro linguaggio, e chiamasi Tebet. E questa Tebet è una grandissima provincia; e conterovi brievemente [1] come voi potrete udire.

98. Ancora della provincia di Tebet.

Tebet ee una grandissima provincia, e hanno linguagio per loro [2], e sono idoli, e confinano colli Magi e con molte altre provincie, e sono molti grandi ladroni, ed è sì grande, che v'ha bene otto reami grandi, e grandissima quantità di cittade e di castella; egli v'ha in molti luoghi fiumi e laghi, e havi montagne ove si truova l'oro di pagliuola [3] in grande quantità; e in questa provincia si spende lo corallo, e evvi

umbelicale del capriolo muschiato il quale suol sfregarsi sui scogli e sugli arbusti, su cui s'attacca il muschio e si coagula. I mercanti il raccolgono, e pongono in sacchi che i Persiani chiamano *umbellichi di muschio* (Eugl. Jones riportato dal Baldelli). — (1) *E dirovvi brievemente alcuna cosa*, C. Pucc. — (2) La lingua del Tibet differisce intieramente dalla *Mogolla* e dalla *Manceso*, ed è somigliante a quella che parlasi nel *Tufàn*. — (3) *Palliola*, Cod. Pucc. E' quell' oro nativo che in tenui particelle rotolano i fiumi tra le loro rene.

molto caro perchè egliono lo pongono a collo di loro femmine e di loro idoli, e hannolo per grande gioia; e in questa provincia ha ciambellotti assai; e drappi d'oro e di seta; e quivi nasce molte spezie che mai non furono vedute in queste nostre contrade; e hanno li più savi incantatori e astrologi che sieno in questi paesi. Egli fanno tali cose per opere di diavoli, che non si vuole contare in questo libro, perocchè troppo se ne maraviglierebbero le persone; e sono male costumati. Egli hanno grandissimi cani, e mastini grandi come asini [1], che sono buoni da pigliare bestie salvatiche. Egli hanno ancora di più maniere di cani da caccia; e vi nasce ancora molti buoni falconi pellegrini e bene volanti. Or lasciamo di questa provincia di Thebet, e dirovi d'un'altra provincia e regione, la quale è iscritta di sotto; e sono al Gran Cane. E tutte provincie e regioni, che sono iscritte in questo libro [2], sono al Gran Cane, salve quelle dal principio di questo libro, che sono così com'io ho iscritto; e quelle infuori, quante n'è iscritto in questo libro, tutte sono al Gran Cane; e perchè voi nol trovaste iscritto, sì lo intendete in tal maniera, com'io v'ho detto.

(1) D'uno di questi mostruosi cani per la grandezza parla Turner (*Amb. au Tibet* T. I. p. 122.). — (2) *Iscritto indietro*, C. Pucc.

Or lasciamo quì e conterovi della provincia di Ghaindu.

99. Della provincia di Ghaindu.

Ghaindu [1] è una provincia verso ponente [2], e non ha se non uno re, e sono idoli e sono al Gran Cane; e v'ha città e castella assai, e v'ha un lago ove si truova molte perle, ma il Gran Cane non vuole che se ne cavino, che se ne cavasser quante se ne troverebbono, diventerebbono sì vili che sarebbono per nulla; ma il Gran Sire ne fa torre solamente quante ne bisognano a lui; e chi altri ne cavasse perderebbe la persona. Ancora v'ha una montagna ove si trovano pietre in grande quantità, che si chiamano turchiese [3], e sono

(1) *Caindù*, T. Ramus. ,, Ho esitato lungamente a determinarmi se il Polo per recarsi al *Pegù* traversasse il *Tibet*, ma dopo maturo esame mi sono convinto, ch' ei seguì la via del *Yun-nan*, e che ciò che racconta del *Tibet* fu per sentito dire, e che solo l'estrema frontiera orientale di quel paese polè traversare, in quel punto ove sembra internarsi nelle provincie Cinesi del *Se-tchuen* e nel *Yun-nan* " (Baldelli). *Cain-dù* è la città di *Yong-ning-fu* all'estremo confine del *Tibet*. — (2) *Nella quale ha sette reami*, C. Magl. II. — (3) *Turchese*, T. Ramus. dal Franc. *Turquoises*. Il Martini e 'l Dubaldo dicono che nel distretto di *Tchew-hieng-fu* vi sono montagne, da cui si ricava l'azzurro, o il lapis lazzuli, ed altra pietra d'un bellissimo verde.

molto belle, e il Gran Sire non le lascia trarre se non per suo comandamento [1]. E sì vi dico che in questa contrada ha un bel costume, che non si tengono a vergogna se uno forestiere, o altra persona giace, colla moglie, o colla figliuola, o con alcuna femmina che gli abbiano in casa: e questo tengono a' bene, e dicono che gli loro idoli ne danno loro molti beni temporali; e perciò fanno sì gran larghità [2] di loro femmine a forastieri, com'io vi dirò. Che sappiate che quando uno uomo di questa contrada vede che gli venga un forestiere a casa, incontanente esce di casa, e comanda alla moglie, e alla altra famiglia, che al forestiere sia fatto ciò che vuole come alla sua persona: e esce fuori e istà a sua villa, o altrove tanto che il forestiere, tre die [3]. E il forestiere fa appicare suo cappello, o altra cosa alla finestra a significare, che egli ee ancora là entro perchè il marito, o altro forestiere non vi andasse; e infin che quel segnale stà alla casa, mai non vi torna: e questo si fa per tutta questa provincia. Egli hanno moneta com'io vi dirò. Egli prendono la sel [4], e fanno cuocere, e gittala in forma,

(1) *Non vuole che se ne traggli se non per suo comandamento,* C. Pucc. — (2) Cioè *ne sono liberali.* Nel Cod. Pucc. *Sì gran cortesìa.* — (3) *E vanne a sua villa, o altrove tanto quanta il forestiero vi dimora, tre dì, più,* C. Pucc. — (4) Gallicismo per *sale.* Nel Cod. Magl. leggesi il passo seguente così cambiato: *La moneta*

e presa questa forma da una mezza libbra: e le quattro venti ¹ di questi tali sel, che io v'ho detto, vagliono un saggio d'oro fine; e questa è la picciola moneta ch'egli ispendono. Egli hanno bestie che fanno il moscado in grande quantità; egli hanno pesci assai, e cavagli del lago, ch'io v'ho detto, ove si truovano le perle. E havvi leoni, lupi cervieri, orsi, dani, cavriuoli; cervi hanno assai; e di tutti uccelli hanno assai: vino di vigne non hanno, ma fanno vino di grano e di riso con molte ispezie, ed è un buona bevignone ². In questa provincia nasce garofani assai; egli è un albero piccolo che fa le foglie grandi quasi come corbezze ³, alcuna cosa più lunghe e più istrette, lo fiore fa bianco piccolo come il garofano ⁴; egli hanno gengiavo ⁵ in grande abbondanza, e cannella e altre ispezie assai, che non vengono in nostra contrada. Or lasciamo di questo e conterovvi di questa contrada medesima più innanzi. Quando

piccola fanno in cotal modo, eglino cuocono sale in una caldaja, e poi lo gittano in forma, e diventa duro e saldo, e di questo fanno piccioli, grandi come Tornesi, e gli ottanta di questi doman vagliono un saggio d'oro. — (1) *Quattre vingt*, per *ottanta*, pretto gallicismo. — (2) Per *bevanda*. La Crusca cita quest'esempio. — (3) *Corbezzole*, C. Pucc. — (4) La breve descrizione del Polo si riconosce esatta comparandola con quella dell' Accosta. (V. Targ. Ist. Bot. T. II. p. 427). — (5) *Zinsebri*, C. Pucc.

l'uomo si parte di questa Ghaindu, l'uomo cavalca bene dieci giornate per castella e per cittadi; e la gente è tutta di questa maniera di costumi e d'ogni maniera di quelli ch'io v'ho detto. Ora passate queste dieci giornate sì si trova un fiume chiamato Brunis [1]; e quivi si finisce la provincia di Ghaindu; e in questo fiume si truova gran quantità d'oro di pagliuola, e in quella parte hae cannella assai. Egli entra questo fiume nel mare Oceano. Or lasciamo di questo fiume chè non v'ha cosa più da contare; e diremo di un'altra chiamata Caragia, come voi udirete.

(1) *Brius*, T. Ramus. E' il *Kin-cha-kiang* (*fiume a rena d'oro*). I Cinesi appellano *Kiang* i fumi di prima grandezza, quelli di mezzana *Ho*, i piccoli *Chiu*.

100. *Della provincia di Charagia.*

Quando l'uomo ha passato questo fiume, sì se ne entra nella provincia di Charagia [1], ch'è sì grande che bene hae sette reami; ed è verso ponente; e sono idoli, e sono al Gran Cane; e il re che v'è (figliuolo del Gran Cane [2]) è ricco e poderoso, e mantiene bene sua terra e giustizia, ed è prod'uomo [3]. Quando l'uomo ha passato il fiume, ch'io v'ho detto di sopra, ed è ito sei giornate, sì si truova città e castella assai; quivi nasce troppi buoni cavagli, e costoro vivono di bestiame e di terra. Egli hanno loro linguaggio molto grave [4] da intendere. Di capo di queste cinque giornate si truova la mastra città, ed è capo [5] del regno, ch'è chiamata Jaci [6] molto grande e nobile; quivi hae mercatanti e artefici; la legge v'è di più maniere; chi adora Malcometto, e chi gl'idoli,

(1) *Carajan*, T. Ramus. e *Caraian*, T. Parig. E' una porzione del *Yun-nan* la cui capitale era *Tali-fu*. Fu conquistata da Cublai nel 1253.
— (2) *Che ha nome Sentemus*, Cod. Magl. II.
— (3) *Prod'uomo e savio*, C. Pucc. — (4) *Molto malagevole*, C. Pucc. — (5) *Che è capo*, C. Pucc.
— (6) *Janci*, Cod. Pucc. è detta anche *Talifu*. Le genti di questo regno erano dai Cinesi dette uno dei quattro flagelli dell'Impero; erano gli altri tre i *Tibetani*, gli *Eiguri*, i *Turchi*.

e chi è Cristiano Nestorino. E v'ha grano e riso assai, ed è contrada molto inferma; perciò mangiano riso, e vino fanno di riso e di spezie, ed è molto chiaro e buono, ed inebria tosto come il vino. Egli spendono per moneta porcellane bianche [1] che si truovano nel mare, e che se ne fanno le scodelle; e vagliono le ottanta porcellane un saggio d'argento, che sono due viniziani grossi, e gli otto saggi d'ariento fine vagliono un saggio d'oro fine. Egli hanno molte saliere [2] ove si cava o fa molto sale, onde se ne fornisce tutta la contrada; di questo sale lo re ne ha grande guadagno. E non curano [3] se l'uno tocca la femmina dell'altro, pure che sia sua volontà della femmina. Quivi hae un lago che gira bene cento miglia, nel quale ha molti pesci grandi, li migliori del mondo di tutte fatte [4]. Egli mangiano la carne

(1) Le conchiglie dette *porcellane*, di cui qui si ragiona, si chiamano *Cori*, vengono dalle *Maldive*, e spendonsi in tutto l'Indostan. A' tempi del Polo sembra che avessero maggior valore. Questo passo è importante, anche in quanto che ci fa conoscere d'onde traesse nome il vasellame detto porcellana, dall'errata opinione cioè, che s'impastasse colle conchiglie ch'erano così appellate. — (2) *Saliera* per *Salina*. La Crusca cita quest'esempio. — (3) *Non curano que' paesani*. C. Pucc. — (4) E' il lago *Sud* ch'è di ricreazione e di comodo agli abitanti. I Cinesi l'appellano

cruda, e ogni carne; i poveri vanno alla beccheria, e quando s'apre il castrone o bue, sì gli si cava le budella di corpo, e mettele nella salsa dell'aglio, e mangialle; e così fanno d'ogni carne: i gentili uomeni la mangiano cruda, ma la fanno minuzzare molto minutamente [1], poscia la mettono nella salsa, mangiola con buone ispezie, e mangiola così come noi la cotta. Ancora vi conterò di questa provincia di Charagia medesima.

101. *Ancora della provincia di Charagia.*

Quando l'uomo si parte della città di Jaci, e va dieci giornate per ponente, truova la provincia di Charagia [2], e la mastra città del regno è chiamata Charagia; e sono idoli, e sono al Gran Cane. E il re è figliuolo del Gran Cane; e in questa provincia si truova l'oro della pagliuola, cioè nel fiume: e

mare a cagione di sua grandezza. Nella carta d'Anville è nominato *Chang koen*. Nel Duhaldo *El-hai*. — (1) La Crusca spiega questa voce per *tritare minutissimamente*; ma val *tritare* soltanto, altrimenti il *molto minutamente* sarebbe una ridondanza. — (2) *Carazan*, T. Ramus. Osservò il Baldelli che non v'è parte del viaggio del Polo meno rischiarata dagli altri viaggiatori di questa; e che il Polo fu il solo forse fra gli Europei che andasse per la terra di *Tunnan* nel regno di *Ava*.

ancora si truova in laghi e in montagne oro più grosso che di pagliuola, e danno un saggio d'oro per sei d'ariento. Ancora qui si spende le porcellane, che io vi contai; e in questa provincia non si truova queste porcellane, ma vengono d'India. E in questa provincia nasce lo gran colubre ¹, e 'l gran serpente, che sono sì ismisurati che ogni uomo se ne dovrebbe maravigliare. Egli sono molto orribile cosa a vedere; e sappiate ch' egli ve n'ha per vero di quelli che sono lunghi dieci ² gran passi, e sono grossi dieci palmi; e questi sono li maggiori; egli hanno due gambe ³ dinanzi presso al capo, e gli loro piedi sono d'una unghia fatta come di lione, e il celfo è molto grande ⁴, e lo viso è maggiore che un gran pane, la bocca ee tale che inghiotirebbe un uomo al tratto ⁵; egli hae gli denti grandissimi, ed è sì smisuratamente grande e fiero, che non è uomo, nè bestia che nollo tema e non abbia paura ⁶;

---

(1) Forse dal francese *colexvre*. E' voce usata anche da Dante: *Che fuggiendoli innanzi, dal colubro*. Par. 6. — (2) *Cento*, Cod. Pucc. — (3) E' congettura del Marsden che il viaggiatore intenda ragionare dell' *Alligatore*, ch'è il coccodrillo de'fiumi che sboccano nell'Oceano indiano, chiamato dai Cinesi *Serpente acquatico*. Il Polo però fa menzione di due sole gambe, mentre ne ha quattro. — (4) *E lo ceffo ha molto grande, e lo naso*. Cod. Pucc. — (5) Cioè *in una fiata*. — (6) *E abbiae grande paura*, Cod. Pucc.

e ancora ve n'ha de' minori d'otto passi o di sei ¹. La maniera come si prendono si è questa. Egli dimorano lo die sotterra per lo gran caldo, e la notte escono fuori a pascere, e prendono tutte quelle bestie che possono avere; elle vanno a bere al fiume, e al lago e alle fontane; elle sono sì grande e sì grosse che quando vanno a bere o a mangiare di notte, fae nel sabbione, onde vae, tal fossa ch' e' pare che una botte vi sia voltata ²; e li cacciatori che la vogliono pigliare veggono la via onde è ito il serpente, e hanno un palo di legno grosso e forte, e in quel palo è fitto un ferro d' acciajo fatto com' uno rasojo e cuopresi col sabbione ³; e assai fanno di questi ingegni i cacciatori; e quando lo colubre viene per questo luogo percuote in questo ferro sì forte, che si fende dallo capo al piede infino al bellico, sicchè muore incontanente; e così lo prendono i cacciatori, e incontanente ch'egli è morto e' gli cavano lo fiele

(1) Di quei smisurati serpenti, detti dai Molari *Mala bamba*, e in favella tamulica *Vengaxari* parlano i più de' viaggiatori stati all'India. Secondo il P. Paolino da S. Bartolomeo havvene di 30 in 40 piedi romani di lunghezza, e grossi quanto un bue grasso. — (2) *Vi sia stata trascinata*, Cod. Pucc. — (3) *Tagliente come un rasojo, e pongollo in terra per la via, onde è andato il serpente, e cuoprollo col sabbione*, Cod. Pucc.

di corpo, e vendolo molte caro, perciocchè è la migliore medicina al morso dal cane rabbioso, dandogliene a bere d'un peso d'un piccolo danaio; e quando una donna non potesse partorire, dandogliene a bere un poco di quel fiele, incontanente partorisce; la terza cosa si è buono a nascienza.¹, ponendone suso un poco di quel fiele, e in poco tempo è guarito: e per queste cagioni questo fiele ee molto caro in questa contrada. E ancora la carne si vende, perchè è molto buona a mangiare; e dicovi che questo serpente vae alle tane de' lioni e degli orsi, e mangia loro i loro figliuoli, se gli puote avere, e tutte altre bestie di quella contrada. Egli v'ha grandissimi cavagli, e molti ne vanno in India, e cavano loro due o tre nodi della coda ², acciocchè non meni la coda quand'altri cavalca, perciocchè a loro pare molto cosa laida. Egli cavalcano lungo come i Franceschi, e fanno arme turchiesche di cuoio di bufole, e hanno balestra, e atoscano tutte le quadrella ³. E ancora aveano cotale usanza prima che il Gran Cane gli conquistasse; che

---

(1) Per *enfiato*, voce usata anche dal Boccaccio. Fra Pipino tradusse *apostema*. — (2) L'uso di mutilar la coda dei cavalli sembra trasfuso in Europa da questa barbara contrada. — (3) *Atoscare* per *avvelenare*, e *quadrella* per *frecce*.

se avenisse che alcuno albergasse a lor casa, che fosse grazioso e bello e savio, sì lo uccidevano o con veleno o con altro; e ciò non facevano questo per moneta, ma diceano che tutto il senno di colui, e la grazia e la ventura rimaneva in lor casa; e daposcia che 'l Gran Cane la conquistò, ch'è da trentacinque anni, non fanno più questa cosa per paura del Gran Cane. Or lasciamo di questa provincia, e dirovi d'un'altra.

I VIAGGI
IN ASIA
IN AFRICA, NEL MARE DELL' INDIE

DESCRITTI NEL SECOLO XIII

DA

MARCO POLO VENEZIANO

TESTO DI LINGUA
DETTO *IL MILIONE*
ILLUSTRATO CON ANNOTAZIONI

PARTE II.

VENEZIA
DALLA TIPOGRAFIA DI ALVISOPOLI
MDCCCXXIX

102. Della provincia d'Ardanda.

Quando l'uomo si parte di Charagia, e va per ponente cinque giornate, truova una provincia che si chiama Arnanda [1], e sono idoli, e sono al Gran Cane. La mastra città si chiama Vacian [2]. Questa gente hanno una forma d'oro a tutti i denti, ed a quelli di sopra ed a quelli di sotto, sicchè tutti i denti paiono d'oro, e questo fanno gli uomini, ma non le donne [3]. Gli

(1) *Cardandan*, T. Ramus. *Zardanda*, Cod. Ricc. Sembra che questo paese corrisponda al piccolo reame di *Lac-tho*, che confina a mezzodì col paese di *Laos*, a levante e tramontana col *Tunkino*, e a occidente colla Cina. *Zardanda* è vocabolo che in persiano, come *Kinchi* in cinese, significa *denti d'oro*. — (2) *Vociam*, T. Ramus. Secondo il P. Martini corrisponde all' ottava città militare del *Yun-nan*, da altri detta *Yun-chan*, ma osservò il Baldelli, che dopo la scoperta di *Symes* non fa d'uopo cercare questa città nel *Yun-nan*, ma al di là del suo confine verso il regno di Ava sul *Meinam*, ch'è il fiume di *Sciam*; il che può anche dedursi dai racconti posteriori del Polo, che d'ivi per recarsi a *Mien*, o alla città di *Pegu*, gli convenne di fare gran china o iscesa. — (3) „Varie costumanze
„ straniere essi hanno ; alcuni si cuoprono di
„ lamelle d'oro i denti, altri gli anneriscono
„ con un glutine ; altri si fanno dipignere fi-
„ gure nere sul volto, come sogliono farlo gl'
„ Indiani; cavalcano senza sella, con una co-
„ pertina " (Martini Atl. Cin. p. 129.)

uomeni sono tutti cavalieri, e secondo loro usanza e' non fanno nulla salvo che andare in oste [1]; le donne fanno tutte loro bisogne cogli schiavi insieme ch'egli hanno. Quando alcuna donna ha fatto il fanciullo, lo marito istae nel letto quaranta dì [2], e lava il fanciullo e governalo; e ciò fanno, perchè dicono che la donna ha durato molto affanno del fanciullo a portarlo, e così vogliono [3] che si riposi; e tutti gli amici [4] vegniono a costui al letto e fanno gran festa insieme; e la moglie si leva dal letto, e fa le bisogne di casa, e serve il marito nel letto. E mangiano tutte carne, e crude e cotte, e riso cotto con carne. Lo vino fanno di riso con ispezie, ed è molto buono. La moneta hanno d'oro, e di porcellane, e danno un saggio d'oro per cinque d'ariento, perciocchè non hanno argentiera presso a cinque mesi di giornate [5]; e di questo fanno

---

(1) *E uccellare e cacciare*, C. Magl. II. — (2) Notò il Ramusio che per asserzione di Strabone ciò era in uso anche presso gli Spagnuoli; e lo stesso si narra di alcuni barbari del Nuovo Mondo. — (3) Più chiarezza evvi nel Cod. Riccard. *Vir autem ejus, quadraginta diebus in lecto decumbit, et nati sibi filium curam gerit. Mater autem pueri nullam de illo sollecitudinem habet nisi quod lac illi praebet.* — (4) *E parenti vengono a visitare*, C. Pucc. — (5) *O sei giornate*, Cod. Pucc. *Cinque mesi di giornate* significa a cento cinquanta giornate di distanza da quella contrada, mentre ogni mese dee

i mercatanti grande guadagno, quando ve ne recano. Queste genti non hanno idoli nè chiese, ma adorano lo maggiore della casa, e dicono: Di costui siamo [1]. Egli non hanno lettere, nè scritture, e ciò non è maraviglia, perocchè stanno in luogo molto divisato, che non vi si puote andare di state per cosa del mondo, per l'aria che v'è così corrotta che niuno forestiere vi può vivere per niuna cosa. Quando hanno affare l'uno coll'altro fanno tacche di legno [2], e l'uno tiene l'una metà, e l'altro l'altra metà; quando colui dee pagare la moneta egli la paga, e fassi dare l'altra metà della tacca. In tutte queste provincie non è medici; e quando egli hanno alcuno malato, egli mandano per loro magi e incantatori di diavoli; e quando sono venuti al malato, ed egli gli ha contato lo male che egli ha, egli suonano loro istrumenti e cantano e ballano: quando hanno ballato un poco, e l'uno di questi magi [3] cade in terra colla ischiuma alla bocca e' tramortisce,

---

computarsi trenta dì, che moltiplicati per cinque danno il divisato numero. — (1) Nella descrizione del *Tun-kino* di la Bissachere si legge: *Dans plusieurs communes il n'y a point de Bonses, et le chef de la commune le remplace.* Ecco perchè il Polo avrà creduto che al più anziano rendesser culto (Baldelli). — (2) *Fanno tacche a taglio di legno*, Cod. Pucc. — (3) *Malefichi*, C. Pucc.

e 'l diavolo [1] gli è ricoverato in corpo; e così istà grande pezza [2] ch'e' pare morto; e gli altri magi dimandano questo tramortito, della infermità del malato e perchè egli hae ciò [3]: quegli risponde: Ch'egli ha questo perocchè fece dispiacere ad alcuno; e gli magi dicono: Noi ti preghiamo che tu gli perdoni, e prendi del suo sangue, sicchè tue ti ristori di quello che ti piace. Se il malato dee morire lo tramortito dice: Egli ha fatto tanto dispiacere a cotale ispirito, ch' egli non gli vuole perdonare per cosa del mondo. Se il malato dee guarire, dice lo spirito ch'è nel corpo del mago: Togliete cotanti montoni dal capo nero, e cotali beveraggi che sono molto cari, e fate sacrificio a cotale ispirito. Quando gli parenti del malato hanno udito questo tutto ciò che dice lo spirito [4] e' uccidono gli montoni, e versono lo sangue, ov'egli ha detto, per sacrificio; poscia fanno cuocere un montone, o piue, nella casa del malato; (e quivi sono molti di questi maghi, e donne) tanti quanti egli ha detto questo ispirito [5].

(1) *Perocchè il diavolo*, C. Pucc. — (2) Per *un buon tratto di tempo*. — (3) Estesissima è questa impostura in tutta la parte centrale idolatra dell'Asia. E' da leggersi spezialmente Pallas. — (4) *E i parenti dello infermo fanno incontanente tutto ciò che ha detto lo spirito*, C. Pucc. — (5) *Tanto quanto ha detto quello spirito*, C. Pucc.

Quando lo montone è cotto, e 'l beveraggio apparecchiato, e la gente v'è ragunata al mangiare, egli cominciano a cantare e a ballare e a sonare, e gittano del brodo per la casa in qua e in là, e hanno incenso e mirra, e affummicano e alluminano tutta la casa. Quando hanno così fatto un pezzo, allotta inchina l'uno e l'altro, e domandano lo spirito: Se ancora ha perdonato al malato; quegli risponde: Non gli è ancora perdonato, fate anche cotale cosa, e saragli perdonato; e fatto quello che ha comandato, egli dice: Egli sarà guarito incontanente; e allotta dicono egliono: Lo spirito è bene dalla nostra parte; e fanno grande allegrezza, e mangiano quel montone, e beono, e ogni uomo torna alla sua casa; e il malato guarisce incontanente. Or lasciamo questa contrada, e dirovi d'altre contrade, come voi udirete.

103. *Della grande China.*

Quando l'uomo si parte di questa provincia, ch'io v' ho contato l'uomo discende per una grande china [1], ch'è bene due

---

(1) Per *iscesa* o *calata*, voce allegata nel Vocab. " Nella carta dell'Impero Birmanno, data
,, dal Symes, si ravvisa che dal fiume *Mayguie*,
,, ov'è *Yun-shan*, e 'l fiume *Sy-tang*, bisogna
,, valicare per recarsi alla città di *Pegù*; ch'è sul
,, fiume *Sirian* una catena d'altissimi monti;

giornate e mezzo pure a china; e in quelle due giornate e mezzo non hae cosa da contare, salvo che v' ha una gran piazza, ove si fa certa fiera certi dì dell'anno. E quivi vengnono molti mercatanti che recano oro e ariento e altre mercatanzie assai, ed è grandissima fiera; e quegli che recano l'oro e l'ariento quiritta [1], niuno puote andare in loro contrada, salvo ch'eglino; tanto è contrada rea e divisata dalle altre, nè niuno puote sapere ov'egli stanno, perchè niuno vi puote andare. Quando l'uomo hae passate queste due giornate, l'uomo truova una provincia verso mezzodie, ed è agli confini dell'India, ch'è chiamata Amie [2]; poscia va l'uomo quindici giornate per luogo disabitato e sozzo ov' hae molte selve e boschi, ov' hae lionfanti e liocorni [3] assai, e altre diverse bestie assai; uomeni nè abitazioni non v' ha, perciò vi lascerò di questa contrada, e dirovi d'una istoria, come potrete udire [4].

,, che la valle di *Mayguié* dev'essere molto più
,, alta, nel punto ov'è *Yan-shan*, di quella
,, del *Sy-tang*, perchè più lungo corso ha il
,, primo fiume, e che perciò più lunga dev'essere la scesa della salita nel traversare quella giogana (Baldelli). — (1) E' lo stesso che qui: *Di suo dover quiritta si ristora*. Dante Par. c. 17. — (2) *Mien*, C. Ricc. — (3) Cosi si chiamano i *rinoceronti*. — (4) Qui dice di contare una storia, lo che non fa perchè nel testo manca un Capitolo. Il Baldelli vi supplì

Come la gente del Gran Can sconfissono i leofanti.

Anni di Cristo 1272 per cagione del reame di Characiam e di Vochaam, fu in quella contrada una gran battaglia. Lo Gran Can mandovvi un suo barone con dodici migliaia d'uomini a cavallo e guardia della provincia di Characiam. Quando lo re di Mien e di Bulgana [1], che confina con Characiam, seppe di questa gente, ebbe paura che non acquistino le terre sue; fece un grande apparecchiamento per andare incontro a quella gente. Egli ebbe due mila leofanti con castelli di legname adosso; e in ciascuno castello erano sette uomini armati, e anche erano gran moltitudine di fanti a piede. E fatto questo apparecchiamento andò verso la città dov'era

togliendolo dal Codice Magliabechiano, e lasciandolo senza numero per non alterare la numerazione dei Capi del testo ottimo. Notò in oltre che la stessa relazione leggesi più estesa nel C. Ricc. — (1) *Mien e Bangala*, T. Ramus. La descrizione del Polo ora si volge alla parte di quel paese che dalla *Cina* e dal *Tibet* s'estende sino allo stretto di *Malacca*, regione detta modernamente *Indo-China*, e che comprende oggidì l'impero *Birmanno* che ha sotto la sua signoria riuniti i regni d'*Ava* e di *Pegù*, il *Tun-kino*, la *Coccincina*, il regno di *Siam* ec. L'identità del regno di *Mien* del Polo coi paesi di *Ava* e del *Pegù* non è da revocare in dubbio. Questo stato fa oggidì 17 millioni di abitanti.

la gente del Gran Can, e posossi a campo, appresso alla città tre miglia. Quando Naschardin intese quella novella, ebbe paura, perocchè avea poca gente a comparazione del re di Mien, ma non mostrò d'avere paura. Messesi con sua gente in via, e andò nel piano di Vociam, e ivi aspettò gl'inimici. Appresso a quello luogo era un bosco folto di grandi alberi; ed egli si mise appresso a quello bosco, perchè i leofanti non ci potessero entrare colli castelli. E lo re di Mien venne con sua gente in quello piano; e andò sopra gli suoi nimici. Quando la battaglia si dovea cominciare, li cavalli dei Tarteri ebbono paura de' leofanti, e non potendo gli Tarteri ire con loro cavagli, scesono a piè, e andarono contro alla schiera de' leofanti. La gente del re combattè forte, ma gli Tarteri erano più usati in battaglia e maestri che non erano la gente del re. Gli Tarteri non attendevano ad altro che a fedire i leofanti. E fedirone tanti, che i leofanti si misono in fuga a correre al bosco. Però fu gran rotta, chè quegli che gli guidavano non gli potevano tenere. E quando i leofanti entrarono nel bosco, sù sù spezzarono e ruppono tutti i castegli. E quando gli Tarteri vidono questo, corsono tutti agli loro cavagli, e salsono a cavallo incontanente, andarono contro agli loro nemici, e combatterono sì forte che vinsono la battaglia, e presono lo re, e conquistarono tutte le sue terre.

104. *Della provincia de Mye.*

Sappiate, che quando l'uomo ha cavalcato quindici giornate per questo così diverso luogo, l'uomo truova una città, che ha nome Mien [1], molto grande e nobile; e la gente è idoli, e sono al Gran Cane, e hanno linguaggio per loro [2]; e in questa città hae una molto ricca casa; chè anticamente fu in questa città un molto ricco re, e quando venne a morte, lasciò che da ogni capo della sua sepoltura si dovesse fare una torre, l'una d'oro, e l'altra d'ariento; e queste torre sono fatte com'io vi dirò. Ch'elle sono alte bene dieci passi, e grosse come si conviene a questa altezza; la torre si è di pietra tutta coperta d'oro di fuori, ed evvi grosso bene un dito,

(1) I nativi appellano *Miamma* il paese che formava il regno di *Ava*. *Mien*, ossia la città di *Pegù*, era allora la capitale; fa oggidì sei in sette mila anime. — (2) Scrive il Malte-Brun, che la favella di questa contrada è semplice e monosillaba, come quella del Tibet e della Cina; e quella ch'è in uso a *Ava* e nel *Pegu* chiamasi *Bomana* o *Bragmana*, ed è mista di cinese e d'indiano.

sicchè vedendola pare pura [1] d'oro, e di sopra è tonda, e quel tondo è tutto pieno di campanelle, e sono dorate, che suonano tutte le volte che 'l vento vi percuote. L'altra è d'ariento, ed è fatta nè più nè meno che quella d'oro; e questo re le fece fare per sua grandezza, e per sua anima, e dicovi che gli è la più bella cosa del mondo a vedere, e di maggiore valuta [2]. Il Gran Cane conquistò questa provincia, com' io vi dirò. Il Gran Cane disse a tutti i giullari che avea in sua corte: Che voleva che andassero a conquistare la provincia de Mia [3], e darebbe in loro compagnia quegli d'Aide, e quegli di Caveita [4]. Li giullari dissoro: Che volentieri. Vennero qui con questa gente i giullari, e presono questa provincia. Quando furono a questa città, vidono così bella cosa di queste torri, mandarono a dire al Gran Cane la bellezza di queste torri, e la ricchezza e 'l modo come furono fatte, e ov' elle erano, e se voleva che le disfacessono e mandassogli l' oro e l'ariento. E lo Gran Cane udendo che quello

---

(1) Nel T. Paris, leggesi: *for d'or seulament.*
— (2) Il sig. Symes descrive e dà il disegno del tempio di *Schae-Madu*, ch'è nella città di *Pegu*. Secondo lo stesso, è il più stupendo edifizio che esista, e si riconosce essere la tomba descritta dal Polo. — (3) *Mien*, C. Pucc. — (4) *In loro compagnia quegli di Cavenita, e quegli d'Ayda*, Cod. Pucc.

rè l'avea fatte fare per la sua anima, e per ricordanza di lui, mandò, comandando che non fossono guaste; anzi vi si stessono per colui che l'avea fatte fare, cioè il re che fu di quella terra. E di cioe non fue maraviglia, perciocchè niuno Tartero non tocca cosa di niuno uomo morto. Egli hanno leonfanti assai, e buoi salvatichi grandi e belli, e di tutte bestie in grande abondanza. Ora abbiamo detto di questa provincia, e dirovi d'un'altra che ha nome Gangala,

105. *Della provincia di Gangala.*

Ghanghala [1] è una provincia verso mezzodi, che negli anni domini mille dugento-novanta, che io Marco era nella corte del Gran Cane, ancòra non l'avea conquistata; ma tuttavia c'era l'oste e sua gente per conquistarla. In questa provincia egli hanno loro linguaggio [2]; e sono pessimi idoli, e sono a confini dell'India; quì

(1) *Bangala*, T. Ramus. Il Polo non comprende nell'India il *Bengala*, che a' tempi di lui era una provincia del grand'impero indostanico. — (2) La favella antica e classica è la *Samscradamica*, ignorata oggidì dal popolo e nota solo agli eruditi; è però il fondamento de' dialetti moderni mescolati colle lingue de' varj conquistatori dell'Indie,

v'hae molti arnesi [1]. Li baroni di quella contrada hanno li buoi grandi come leofanti [2]. Egli vivono di carne e di riso, e fanno grande mercatanzia, chè gli hanno spigo e galiga e zizibe [3] e zucchero, e di molte altre care ispezie che io v'ho detto; e quivi ne truovano assai. E sappiate che gli mercatanti in questa provincia accattano assai ispezierìa, poscia le portono a vendere per molte altre parti. Quì non ha altro ch'io voglia contare; e perciò ci partiremo, e diremo di un'altra provincia verso levante che ha nome Chaugigu.

106. *Della provincia di Chaugigu.*

Chaugigu [4] è una provincia da levante, che ha re, e sono idoli, e hanno lingua

(1) *Erniofi*, C. Pucc. — (2) *Ma non sono sì grossi*, Cod. Pucc. Sòno gibbosi, e chiamansi *Bissoni*. Thevenot dice esserne di sei piedi d'altezza, ma anche dei nani, e che gl'indiani ne usano come appo noi si fa de' cavalli. Avverte il Marsden che i bovi del Bengala e dell'Arracan non sono li *bovi grugnanti* delle regioni freddissime, ma il *Gayac*, o *bove gauco* delle provincie all'oriente del Bengala. — (3) Lo *spigo*, è *spiga-nardi*, pianta odorifera; *galiga*, detta *galanga* nel Codice Riccardiano, è l'*alpina-galanga* di Linneo; *zibibe*, nel Cod. Riccard. *zizbibe*, è il *gengiovo*. — (4) *Cangigù*, ha il T. Ramus. ma con peggior lezione. E' il regno di *Tunkino*, derivato dal nome di *Kiachi-kue*, dato anticamente dai Cinesi al *Tunkino*.

per loro [1]. Egli ubbidiscono al Gran Cane, e ogni anno gli fanno tributo [2]. E dicovi che quello re che regnava era sì lussurioso ch'egli teneva bene trecento moglie, e com'egli avea una bella femmina nella contrada, incontanente la pigliava per moglie [3]. Quivi si truova molto oro e care ispezie [4]; ma è molto di lungi dal mare, però non vagliono loro mercatanzie. Egli hanno molti leofanti e altre bestie assai, e vivono di carne e di riso, e 'l vino fanno di riso [5]. I maschi e le femmine si dipingono tutti a uccelli, e a bestie, e ad aguglie [6], e ad altri divisamenti; e dipingonsi il volto, e le mani, e 'l corpo e ogni cosa, e questo fanno per gentilezza, e chi più n'ha di queste dipinture più si tiene gentile e più bello. Or lasciamo di questo, e dirovi

(1) I *Cinesi* e i *Tunkinesi* non si comprendono fra loro, ma la favella tunkinese ha le stesse regole grammaticali della cinese. — (2) *Lo reame ha bene trecento miglia*, Cod. Magl. II. — (3) *E si caldo di natura, che ha bene trecento moglie, e come egli ha una bella femmina nella contrada incontanente la piglia per moglie*, C. Pucc. — (4) Ha il paese molte cave d'oro e d'argento, ma n'è vietata l'escavazione pel timore d'eccitare l'avidità europea. Le spezie della parte montuosa sono l'*areca*, il *betel*, la canella, il pepe, il gengiovo, pochissimi garofani, noci moscade e 'l tè (La Bissachere). — (5) *Di riso e di spezie*, Cod. Pucc. — (6) *E ad aguglie e dragoni*, Cod. Magl. II. *Aguglie* per *aquile*.

d'un'altra provincia ch'è chiamata Amu, ch'è verso il levante.

107. *Della provincia d'Amu.*

Amu [1], è una provincia verso il levante, che sono al Gran Cane e sono idoli; egli vivono di bestie e di terra, e hanno lingua per loro. Le donne portano alle braccia e alle gambe bracciali [2] d'oro e d'ariento di gran valuta, e gli uomini gli portano migliori e più cari. Egli hanno buon cavagli ed assai, e quegli d'India ne fanno grande mercatanzia; egli hanno grande abbondanza di buoi e di bufale e di vacche, perchè hanno molto buon luogo da ciò per fare buone pasture [3], per anche da vivere di tutte cose. E sappiate che da Amu

(1) *Amun*, C. Pucc. Il paese *Arnù* corrisponde a quello di *Barnu*, descritto dal Symes. Sotto il parallelo di *Barnu* a ponente è il *Bengala*, a levante il *Tunkino*, appunto la posizione relativa che il Polo assegna ai tre paesi di *Bengala*, di *Arnû*, e di *Cangigù*. Dietro alle relazioni date da Symes scrive il Baldelli. ,, Marco, a mio credere, è il ,, solo europeo che abbia fatto questo importante viaggio, e tenne a mio credere, nel ,, tornare indietro, come più agiata la via accennata dal Symes, cioè che dal fiume di *Pegu* per canali entrasse nell' *Yerrawaddy*, e ,, che lo risalisse sino a *Barnu*". — (2) Per *braccialette* o *armilla* manca nel Vocabol. — (3) Tutto quello che segue in questo capo manca nel Cod. Pucciano.

infino a Chagigu, ch'è di dietro, si ha quindici giornate ; e di quivi a Bancaleche [1] la terza provincia a petto, si ha venti giornate. Or ci partiremo d'Amu, e andremo a un'altra provincia che ha nome Toloma ch' è di lungi da questa otto giornate verso levante.

108. Della provincia di Toloma.

Toloma [2] è una provincia verso il levante, e hanno lingua per loro, e sono al Gran Cane. La gente è idola, e sono bella gente non bene bianchi, ma bruni; ma sono buoni uomeni d'arme, e hanno assai città e castella, e hanno grandissima quantità di montagne, e forti ; e quando muoiono fanno ardere i loro corpi, e l'osse che non possono ardere, sì le mettono in piccole casette, e portanle alle montagne, e fannole istare appiccate nelle caverne, sicchè ninno uomo, nè altra bestia nolle puote toccare [3]. Quì si truova oro assai ; la

(1) *Bagalache*, Cod. Magl. II. Sembra che debba intendersi il *Bengala*. — (2) *Tholoman*, T. Ramus. Credono alcuni che debba leggersi *Lo-lo-man*, e che sia il paese dei *Lo-lo*, popolo già signore di gran parte del *Yun-nan* ; secondo altri il Polo intese di favellare dei *Birmanni*, detti ancora *Burmah*, e *Bornan*. — (3) Era l'uso de' settarj di Zoroastro di esporre i cadaveri ne'luoghi ermi e solinghi per farli divorare dagli uccelli di preda, secondo l'*Hydeo*.

moneta minuta ee di porcellane, e eosì tutte queste provincie, come Gangala e Chagigu ed Amu; e spendono oro e porcellane. Quivi hae pochi mercatanti, ma sono ricchi. Egliono vivono di carne e di lardo [1] e di riso e di molte buone ispezie. Or lasciamo di questa provincia, e dirovi d'un'altra chiamata Chugui verso il levante.

109. Della provincia di Chugiu.

Chugiu [2] è una provincia verso il levante, che quando l'uomo si parte di Toloma e' va dodici giornate [3] su per un fiume ov'ha ville [4] e castella assai. Non v'ha cose da ricordare. Di capo delle dodici giornate si truova la città di Sinuglil [5], la quale è molto nobile e molto grande, e sono idoli, e sono al Gran Cane, e vivono di mercatanzie e d'arti, e fanno panni di scorze d'alberi, e sono bel vestire di state; elle

(1) *Di biade*, Cod. Pucc. — (2) *Cintigui*, T. Ramus. Scrive il Baldelli che il capitolo presente è uno de' più intrigati, l'errore de' nomi proprj avendo fatto perdere ai comentatori il filo di questa parte della peregrinazione del Polo. *Citingui* vuolsi essere la città della *Sui-tchen*, città famosa al confluente dei fiumi *Kiang* e *Mahou*. — (3) *Quindici*, C. Pucc. — (4) *Città*, C. Pucc. — (5) *Synnilghe*, C. Ricc. *Sangiu*, C. Magl. II.

sono certe file traggono delle dette iscorze [1]. Egli sono uomeni d' arme; non hanno moneta, se non le carte del Gran Cane; e v' ha tanti leoni, che se neuno dormisse la notte fuori di casa, sarebbe incontanente mangiato [2]; e chi di notte va per questo fiume, se la barca non istà ben di lungi della terra, quando si riposa la barca, andrebbe alcuno leone, e piglierebbe uno di questi uomeni, e mangerebbolo; ma gli uomeni se ne sanno bene guardare. Gli leoni vi sono grandissimi e pericolosi. E sì vi dico una grande maraviglia [3] che due cani vanno a un gran leone (e sono questi cani di questa contrada,) e sì lo uccidono; tanto sono arditi. E dirovi come quando uno uomo ee a cavallo con due di questi buoni cani, come i cani veggono il leone, tosto corrono a lui, l'uno dinanzi e l'altro di dietro, ma sono sie ammaestrati e leggieri che il lione non gli tocca, perciocchè 'l lione riguarda molto l' uomo; poi il lione si mette a partire per trovare albore ove ponga le reni per

(1) Indrappano questi panni con fila tratte dalla scorza dell'arbusto detto dai Cinesi Ko, e 'l drappo leggiero fatto con queste fila chiamanlo Ko pu. — (2) E v'hanno tanti leoni, che se nenno vi dormisse la notte fuori di casa sarebbe incontanente mangiato da loro, C. Pucc. — (3) E dirovi un gran fatto che c' ci avviene, C. Pucc.

mostrare il viso agli cani, e gli cani tuttavia lo mordono alle coscie, e fannolo rivolgere or quà or là, e l'uomo che è a cavallo, sì lo seguita percotendolo con sue saette molte volte, tanto che 'l lione cade morto, sicchè non si puote difendere da uno uomo a cavallo con due buoni cani. Costoro hanno seta assai, e su per questo fiume va mercatanzia assai da ogni parte, e altresì per gli reami.¹ di questo fiume. E ancora andando su per questo fiume dodici giornate si truova città e castella assai; la gente sono idole e sono al Gran Cane, e spendono monete di carte; alcuna gente v'ha d'arme, alcuna di mercatanti e artefici. Di capo delle dodici giornate è Sindifu², di che questo libro parlò adrieto. Di capo di queste dodici giornate, l'uomo cavalca bene settanta giornate per terre e per provincie, di che ne parlò questo libro adrieto. Di capo delle settanta giornate l'uomo truova Cugni³, ove noi fummo. Di Cugni si parte e va quattro giornate trovando castella e città assai, e sono artefici e mercatanti, e sono al Gran Cane, e hanno moneta di carta⁴. Di capo delle quattro giornate si truova Cacafu ch'è

(1) *Rami*, C. Pucc. — (2) *Sin-din-fu*, T. Riccard. — (3) *Gingui*, T. Ramus. e *Giagui*, ma più correttamente *Giogui*, come s'è altrove avvertito, ch'è *Tso-ichen*. — (4) *E sono idolatri*, C. Pucc.

della provincia del Cattai [1], e dirovi sua usanza e suoi costumi, come voi potrete udire.

110. *Della città di Cacafu.*

Chancafu [2] è una città grande e nobile verso mezzodie; la gente sono idoli e sono al Gran Cane, e fanno ardere loro córpi quando sono morti [3]; e sono mercatanti e artefici, perchè gli hanno seta assai, e zendàdi; fanno drappi di seta indorati assai [4]; è ha città e castella sotto sè. Or ci partiamo di qui, e andremo tre giornate verso mezzodie e diremo di un' altra che ha nome Ciaglu [5].

(1) Si osservi che a *Cagny* o *Cynguy* cessa la descrizione del viaggio dal Polo fatto nell'India e nel regno di *Mien*; e di *Cynguy* si parte per *Cacafu* per incominciar a descrivere il viaggio che fece per tornar in patria quando accompagnò la regina Cogatin che andava ad Argon, come narrò nel Proemio. — (2) *Cancafu*, C. Pucc. *Cacaufu*, C. Ricc. *Pazanfu*, T. Ramus. Sembra essere la grande e popolata città di *Pao-ting-fa* del *Pe-tche-li*, bagnata dal fiume *Su*. E' bene avvertire a' leggeri cenni fatti dal Polo sulla direzione de' suoi viaggi o a levante, o a ponente, o a mezzodì con che si toglie talvolta la molta oscurità del testo, come dimostrò molte volte il Cav. Baldelli. — (3) *E hanno moneta di carta*, Cod. Pucc. — (4) *E fanno zendadi e drappi di seta e d' oro assai*, Cod. Pucc. — (5) *E troveremo una città che ha nome Ciaglu*, Cod. Pucc.

111. *Della città di Ciaglu.*

Ciaglu [1] è una molto gran città nella provincia del Catai, ed è del Gran Cane, e sono idoli; e la moneta hanno di carte, e fanno ardere lor corpi morti, e in questa città si fa sale in grandissima quantità; e dirovi cóme. Qui hae una terra molto salata, e fannone grandi monti, e in su questi monti gettano molto acqua [2]: tanto che l'acqua va di sotto; poscia quest'acqua fanno bollire in grande caldaie di ferro; ed è assai; e poi quest'acqua è fatta sale, bianca ed è minuta [3]; di questo sale si porta per molte contrade. Qui non ha altro che ricordare: ora vi conterò di un'altra città che ha nome Ciagli, ch'è verso mezzodì.

(1) *Cianglu*, T. Ramus. Sembra essere la città di *Moan-tchin*, che dipende da *Pac-tcheu*, che anticamente appellavasi *Yon-glo*. — (2) *Molto acqua* è un gallicismo *beaucoup d'eau*. — (3) Nel Codice Pucciano si legge: *Come noi facciamo della salamoia, in nostra contrada, e così diventa bianca e minuta, come a noi la salina*. Male è espresso o tradotto questo passo, sembrando che il Polo ignorasse, che l'acqua imbevesi talvolta di sostanze eterrogenee che possono poi esserne separate.

112. *Della città che ha nome*
Ciagli.

Ciagli [1] ee una città della provincia del Cattai, e sono idoli e al Gran Cane, e hanno monete di carte, ed è di lungi di Ciuglu cinque giornate, sempre trovando città e castella. E questa contrada è al Gran Cane, e per mezzo della terra vae un gran fiume ove sempre v' ha molta mercatanzia di seta, e di molta ispezieria, e d'altre cose. Or ci partiamo, e dirovi d'un'altra città, che ha nome Codifu, di lungi da questa sei giornate verso mezzodie.

113. *Della città che ha nome*
Codifu.

Quando l' uomo si parte di Ciagli e' vae sei giornate verso mezzodì tuttavia trovando [2] città e castella di grande nobiltà; e sono idoli, e ardono lo corpo morto, e sono al Gran Cane; e hanno moneta di carte, e vivono di mercatanzie e d'arti, e hanno grande abbondanza d'ogni cosa da

(1) *Ciangli,* T. Ramus. E' fuor di dubbio *T-tchen* del dipartimento di *Pao-ting,* che anticamente avea nome *Tchangli.* — (2) *Truova,* Cod. Pucc.

vivere; ma non ci ha cosa da ricordare, e però diremo di Codifu ¹. Sappiate che Codifu fu già molto grandissimo reame, ma il Gran Cane lo conquistò per forza d' arme ; ma ancora ella ee la più nobile città di quel paese. Quivi hae grandissimi mercatanti; quivi hae tanta seta ch'è maraviglia, e belli giardini e molti frutti e buoni; e sappiate che questa città ha sotto sè quindici città di gran podere, e sono tutte di grande mercatanzie e di grande prode ². E dicovi che negli anni Domini mille dugento-settanta-tre ³ il Gran Cane avea dato a un suo barone bene ottanta-mila cavalieri, che andasse a questa città per guardarla e per salvarla ; e quando egli fue istato in questa contrada un tempo, egli ordinò con certi uomeni di quel paese di fare tradimento al Signore, e rubellare tutte queste terre al Gran Cane. Quando il Gran Cane seppe questo vi mandò suoi due

(1) *Tudinfu*, T. Ramus. *Tandifu*, T. Ricc. E' la città di *Tsi-nan-fu* della provincia di *Chan-toug*, capitale dei principi tributarj di *Tsi*, e perciò avverte il Polo che fu già *molto grandissimo reame*. E' detta *Tsi-nan*, perchè è a mezzodí del fiume *Tsi*. — (2) *Prode* per *pro, utile*, è usato anche da Dante: *Ed io pensava andando Prode acquistar nelle parole sue.* Purg. XV. — (3) 1272. T. Ramus. Il fatto accadde, secondo le Storie Cinesi, nel 1262., ma concordano pienamente nei particolari il Polo e le Storie suddette.

baroni [1] con cento mila cavalieri; quando questi due baroni vi furono presso, il traditore uscì fuori con questa gente che avea, che erano bene cento-mila cavalieri e molti pedoni; quì si fu la battaglia grandissima; il traditore fue morto e molti altri; e tutti coloro della terra ch'erano colpevoli il Gran Cane gli fece uccidere, e a tutti gli altri perdonò. Or ci partiamo di quì, e dirovi di un'altra città ch'è verso mezzodì, che ha nome Singni.

114. Della città che ha nome Singni.

E quando l'uomo si parte di Codifu, l'uomo va tre giornate verso mezzodie, tuttavia trovando città e castella assai, e cacciagioni e uccelli assai, e d'ogni cosa ha grande abbondanza; e da capo delle tre giornate si truova la città di Singni [2], ch'è molto grande e bella e di gran mercatanzia e d'arti assai, e sono idoli e sono al Gran Cane. La loro moneta ee di carte, e sì vi dico che gli hanno un fiume, onde

---

(1) *Uno suo barone*, Cod. Pucc. — (2) *Singuimatù*, T. Ramus. La voce *matu* è aggiunta dai Cinesi, perchè significa emporio di traffico lungo un fiume. Essi aggiungono ai nomi proprj delle città le voci *hien*, *tcheu*, e *fu*, per dimostrarne l'importanza. *Singuimatù* s'è altrove detto ch'è la città di *Lin-tsin-tchen* della provincia di *Chang-toug*.

gli hanno gran prode; e dirovi come gli uomini della contrada hanno fatto questo fiume che viene verso mezzodì [1]. Egli l'hanno partito in due parti, l'una parte va verso levante e va ai Magi, l'altro verso il ponente verso lo Catai. E dicovi che questa terra ha sì gran novero di navi, che quest'è maraviglia, e non sono già gran navi. E con queste navi a queste provincie portano e recano grande mercatanzie, tanto ch'è maraviglia a credere. Or ci partiamo di quì e dirovi d'un' altra [2] verso mezzodì, che ha nome Lingnì.

115. Della città che ha nome Lingni.

Quando l'uomo si parte di Singui e' va per mezzodì otto giornate tuttavia trovando città e castella assai e ricche e grandi. E sono idoli, e fanno ardere loro corpo morto, e sono al Gran Cane. La moneta sono carte; e a capo delle otto giornate truova una città che ha nome Ligni [3], ch'è capo del regno, e la città è molto nobile, e sono uomeni d'arme. Ancora è la terra d'arti e di mercatanzia, ed havvi bestie e uccelli in grande abbondanza, e assai

---

(1) Qui accenna il Polo con la consueta sua brevità il così detto *Canal Imperiale*, e ch'è una delle più stupende opere della Cina. — (2) Si sottintende *città*. — (3) S'è detto essere *Lin-tsin-tcheu*.

roba da mangiare e da bere; ed ee in sul fiume che io vi ricordai di sopra, ed ha maggiori navi che l'altre di sopra. Or lasciamo qui, e dirovi d' un' altra città che ha nome Piagui, ch'è molto grande e ricca.

116. *Della città di Pingui.*

Quando l'uomo si parte di Ligni, e va tre giornate per mezzodì, trovando cittadi e castella assai, e sono del Cattai e sono idoli; e fanno ardere i loro corpi morti, e sono al Gran Cane; e havvi uccelli e bestie assai, e le migliori del mondo; di tutto da vivere hanno grande abbondanza. Di capo delle tre giornate si truova una città, che ha nome Pigui [1]; molto grande e nobile, di grande mercatanzie e d'arti; e questa città ee all'entrata della gran provincia dei Magi [2]. Questa città rende grande prode [3] al Gran Cane. Or ci partiamo e dirovi di un'altra città che ha nome Cigni ch'è ancora a mezzodie.

(1) Si crede la città *Pi-tchen* della Provincia di *Tcherkiang*. — (2) Qui il Polo usa della voce *Magi*, e nel T. Ramus. dice sempre *Paese dei Magi*. *Magi* o *Mangi* era il nome delle genti, e non della contrada. Il Magaillans dichiara che la parola *Mangi* viene da *Mantzu* che vuol dire *barbaro*. — (3) *Gran profitto*, C. Pucc.

117. *Della città che ha nome Cigni.*

Quando l'uomo si parte della città di Pigni e' vae due giornate verso mezzodie per belle contrade e doviziose d'ogni cosa, e a capo delle due giornate truova la città di Cigni [1], ch'è molto grande e ricca di mercatanzia e d'arti. La gente ee idola, e fanno ardere gli corpi loro morti; e le loro monete sono carte; e sono al Gran Cane; e hanno molto grano e biade. Qui non ha altro [2], e perciò ci partiremo, e andremo più innanzi. Quando l'uomo ee ito tre giornate verso mezzodie, l'uomo truova belle città e castella, e cacciagioni e uccellagioni, e buon grani e biade assai; e sono della maniera che quegli di sopra. Di capo delle due giornate si truova il Gran fiume di Caramera [3], che viene dalla terra del Presto Giovanni. Sappiate che

(1) Potrebbe essere *Teng-hien*, che ha avuto il nome di *Cing-hien*, nella provincia di *Chautong*. — (2) *Da ricordare*, C. Pucc. — (3) *Caramoran*, T. Ramus. Il Polo attraversò questo fiume nel punto ove imbocca in esso il Canal Imperiale, in faccia a *Hoai-gan-fu*. Anche l'ambasciata inglese lo passò ivi, e lo Staunton dice, che ha in quel luogo il fiume un miglio di lunghezza, e di là alla sua imboccatura sonovi 70 miglia. Il P. Quattremere scrisse una Memoria per dimostrare che *Characorum* era sotto il 49. paralello a settentrione dell' Orgon.

egli è largo un miglio, ed è molto profondo, sicchè bene vi puote andare gran nave; egli ha questo fiume bene quindicimila navi [1], e che tutte sono del Gran Cane, per portare sue cose quando fa oste all'isole del mare, che 'l mare è presso a una giornata [2]. E ciascuna di queste navi vuole bene quindici marinari, e portano in ognuna quindici cavagli cogli uomeni, co' loro arnesi e vivande. E quando l'uomo ha passato questo fiume entra nella gran provincia dei Magi; e dirovi come la conquistò il Gran Cane.

118. Come il Gran Cane conquistò lo reame dei Magi.

Egli è vero che nella gran provincia delli Magi era Signore Fafur [3], ed era dal

---

(1) Parve a taluno esagerato questo numero, ma è da avvertire che il corso del fiume è lunghissimo. Il P. Martini osservò ne' suoi viaggi: *qu' il sembloit que toutes les navires du monde, si on en considere le nombre et la quantité, abondoyent dans cette province.* — (2) Qui è osservabile la lezione seguente che sta nel testo Pucc. *E sopra questo fiume sono due città, l' una dall' uno lato, e l'altra dall'altro lato. L'una ha nome Ghianghui, e l'altra Chaighui, e sono presso al mare Oceano a una giornata; e quando l'uomo ha passato questo fiume entra nella gran Provincia dei Mangi, della quale io vi voglio contare.* — (3) *Fanfur,* T. Ramus. E' soprannome dai Turchi dato ai re della China, detto anche *Fagfur-Baghus* (figlio del Cielo).

Gran Cane in fuori il maggiore Signore del mondo, e il più possente d'avere e di gente; ma non sono genti d'arme, chè se fossono stati buoni d'arme, (alla forza della contrada) mai non l'avrebbe ¹ perduta; chè le terre sono tutte attorneate d'acqua molto fonda, e non ci si va che per ponte. Sicchè il Gran Cane gli mandò un barone, ch'avea nome Baia Anasa, cioè a dire Baia cento occhi ²; e questo fu negli anni Domini mille-duecento settantatre. E il re delli Magi trovò per sua istrolomia, che la sua terra mai non si perderebbe se non per uno uomo che avesse cento occhi. E andò Baia con grandissima gente, e con molte navi, che gli portarono uomeni a piedi ed a cavallo, e venne alla prima città delli Magi, e non si vollono arendere a lui; poscia andò all'altre infino alle sei città; e queste lasciava perocchè il Gran Cane gli mandava molta gente dietro; ed è questo Gran Cane che oggi regna. Ora avenne che costui prese pure queste sei città per forza, e poscia ne pigliò tante che n'ebbe dodici ³; poscia se ne andò alla

---

(1) *Non l'avrebbono*, C. Pucc. — (2) *Bajan-Chinsan*, T. Riccard. Gaubil asserisce, che *Chin-san* è voce derivata dalle due parole cinesi *Tsai-siang*, che significano *Ministro di Stato*.. — (3) *La sesta città prese per forza, poi ne pigliò tante che n' ebbe dodici*, C. Pucc.

maestra città de li Magi, che ha nome Quisai, ov'era il re e la reina. Quando il re vide tanta gente ebbe tal paura che si partì dalla terra con molta gente, e bene con mille navi, e andò al mare Oceano, e fuggì nelle isole, e la reina rimase, che si difendeva al meglio che poteva. E la reina domandò; chi era il Signore dell'oste. Fulle detto Baia cento occhi ha nome, e la reina si ricordò della profezia che abbiamo detto di sopra; incontanente rendeo la terra, e incontanente tutte le città delli Magi s'arenderono a Baia; e in tutto il mondo non era sì grande reame come questo; e dirovi alcuna delle sue grandezze. Sappiate che questo re faceva ogni anno nutricare ventimila fanciulli piccoli; e dirovi come. In quella provincia sì gittano i fanciulli, come sono nati, le povere persone che non gli possono nutricare [1]; e quando un ricco uomo non ha figliuoli, egli va al re e fassene dare quant'egli vuole, e quando egli ha fanciulli e fanciulle a maritare, sì gli ammoglia insieme, e da loro onde possano vivere [2] e in questo modo ne alleva ogni

---

(1) Quest'uso snaturato che i padri e le madri povere espongano i loro figli sulle strade appena nati è ancora pur troppo in uso alla China (Lett. Edif. T. XIX. p. 81.). — (2) *E quando questi cotali che sono notricati dal re, maschi e femmine, sono grandi, sì gli ammoglia insieme, e dà loro da vivere,* G. Pucc.

anno bene ventimila fra maschi e femine. Ancora fa un'altra cosa, che quando lo re va per alcuno luogo, e vede due belle case, e dal lato una piccola, ed egli domanda: Perchè quelle sono maggiore di quella? e s'egli è, perchè sia alcuno povero che nollo possa fare maggiore, incontanente comanda, che di suoi danari sia fatta. Ancora questo re si fa servire a più di mille tra donzelli e donzelle: egli mantiene suo regno in tanta giustizia, che non si fa niuno male; e tutte le mercatanzie istanno fuori. Contato v'ho del regno, ora vi conterò della reina. Ella fu menata al Gran Cane, e 'l Gran Cane le fece grande onore come a grande reina; e lo re, marito di questa reina, mai non uscì dell'isole del mare Oceano, e quivi morie. Or lasciamo di questa materia, e tornerovi a dire della provincia dei Magi, e di loro maniere e di loro costumi ordinatamente, e prima cominceremo della città di Chaygiagui.

119. *Della città chiamata Chaygiagui.*

Chaygiagui [1] è una gran città e nobile, ed è all'entrata della provincia dei Magi inverso isciloc. La gente è idola, e

(1) *Coi ganfu*, T. Ramus., o *Coi-gan-fu* è la città di *Hoi-ngan-fu* nella provincia di *Kiang-nan*. Ripetesi l'avvertenza che l'H in principio delle voci cinesi suona come il C e il K.

ardono i loro corpi morti, e sono al Gran
Cane; ed è in sul gran fiume di Chara-
mora ¹, e havvi molte navi. Questa terra è
di grande mercatanzia, perch'è capo della
provincia, ed è in luogo da ciò ². Quivi si
fa molto sale, sicchè ne fornisce bene da
ottanta città. Il Gran Cane n'hae grande
rendita di questa città, tra del sale e delle
mercatanzie. Or ci partiremo di qui, e dirovi d'un altra città che ha nome Pauchi.

120. *Della città chiamata Pauchi.*

Quando l'uomo si parte di qui, l'uomo va bene una giornata per isciloe per
una istrada lastricata tutta di belle pietre;
e da ogni lato della istrada si è l'acqua
grande, e non si puote entrare in questa
provincia se non per questa istrada. Di
capo di questa giornata si truova una città che ha nome Pauchi ³, molto grande e
bella; e la gente è idola, e fanno ardere
loro corpi morti, e sono al Gran Cane, e
sono artefici e mercatanti. Molta seta hanno, e fanno molti drappi di seta e ad oro,
e da vivere hanno assai. Quie non è altro,

(1) *Charamoran*, C. Pnce. — (2) *Da ciò*, cioè
in ottimo sito pel traffico. — (3) *Paughin*, T. Ramus. La distanza itineraria, la località, la somiglianza di nome fanno riconoscere essere questo
luogo *Pao-yn-hien*, della carta particolare del
Kiang-nan di d'Anville.

e perciò ci partiremo, e diremo di un'altra
che ha nome Chayn.

121. *Della città ch'è chiamata Chayn.*

Quando l'uomo si parte di Pauchi,
l'uomo vae una giornata per isciloc, e trova una città che ha nome Chayn [1]; molto
grande, e sono come que' di sopra, salvo
che v' è più bella uccellagione: ed ovvi
per uno viniziano d'ariento tre fagiani.
Ora vi dirò di un'altra chiamata Tingui.

122. *Della città ch'è chiamata Tingni.*

Tingni [2] è una città molto bella e piacevole, non molto grande, ch'è di lungi
da quella di sopra una giornata. La gente
si è idola, e sono al Gran Cane; moneta
hanno di carte; quì si fa molte mercatanzie, ed arti; ed havi molte navi, ed è verso isciloc. Quivi hae uccellagioni e cacciagioni assai, ed è presso a tre giornate al
mare Oceano. Qui si fa molto sale, e 'l Cane n' ha tanta rendita che a pena si potrebbe credere. Ora ci partiamo di qui, e

(1) *Caim*, T. Ramus. *Cays*, Cod. Parig. E' la
città di *Cao-yen* sul lago di detto nome. — (2)
Tingui, T. Ramus. Giudicasi essere la città di
Tai-tcheu del settimo dipartimento della Provincia di *Kiang-nan*, sotto la giurisdizione di
Yang-tcheu.

andiamo a un'altra città, ch'è presso ad una giornata a questa.

Quando l'uomo si parte di Tingui, l'uomo vae verso isciloc una giornata trovando castella e case assai. Di capo della giornata truova l'uomo una città grande e bella [1], che ha sotto di sè ventisette città tutte buone ed è di gran mercatanzie; e in questa hae uno de dodici baroni del Signore [2]; e Messer Marco Polo signoreggiò questa città tre anni. Qui si fa molti arnesi d'arme, e da cavalieri. E di qui ci partiamo e dirovi di due grandi provincie de li Magi, che sono verso levante; e prima dell'una che ha nome Nangi [3].

123. *Delle provincie di Nangi.*

Nangi [4] è una provincia molto grande e ricca; e la gente è idola; la moneta è di

(1) La città che non è qui rammentata col suo nome, lo ha nel Cod. Riccard. ed è della *Yanguy.* — (2) *E di questa è Signore uno de' dodici baroni del Gran Cane*, C. Pucc. — (3) Leggesi *Nangi*, o *Nagi*, e 'l cod. Pucc. scrisse *Mangi*. Queste varianti, ed alcune altre, fanno conoscere con quanta incostanza i vecchi trascrittori segnassero i nomi geografici. — (4) *Nanghin*, T. Ramus. *Nanckin*, celebre provincia, estesa, fertile e mercantile. Oggidì chiamansi *Kiangnan*. Il P. Martini la chiama *la seconda dell'Asia superiore*; e sono tuttavia famigerate le sue manifatture di cotone.

carte; e sono al Gran Cane, e vivono di mercatanzie e d'arti, e hanno seta assai, e uccellagioni e cacciagioni, e ogni cosa da vivere; e hanno lioni assai. Di qui ci partiamo, e conterovi delle tre nobili [1] città di Saiafu, perocchè sono di troppo grande affare. Saianfu [2] ee una gran città e nobile, che ha sotto sè dodici città grandi e ricche; qui si fa grandi arti e mercatanzie, e sono idoli; la moneta è di carte; e fanno ardere loro corpo morto, e sono al Gran Cane; e havi molta seta, e tutte le nobile cose che a nobile città conviene. E sappiate che questa città si tenne tre anni; poscia che tutto il Mangi fue renduto, tuttavia istandovi l'oste, ma non vi poteva istare se non da un lato verso tramontana, che l'altro si è il lago molto profondo [3]. Vivanda aveano assai per questo lago; sicchè

(1) Passo che più d'ogni altro dimostra essere il Milione tradotto dal francese. Dice che conterà *delle tre nobili città*, e poi parla soltanto di *Saiafu*, e ciò perchè il traduttore mal traslatò il testo in cui si legge: *et e vous dirai de les très-noble ville de Sajafu*. Il T. Parig. ha: *la tres-nobilissime cité de Quinsai, qui vaut à dire en Francois, la cité dou Ciel*. Anche il dichiararsi la voce *Quinsai* nel testo francese mostra che il dettato è originalmente francese. — (2) Più correttamente *Syan-fu*, ora *Syang-yan-fu* posta sul fiume *Ham*, città fortissima, Lat. 32.° 6.' Long. Occid. da Pek, 4.° 22. — (3) *Istandovi l'oste del Gran Cane, ma non vi potean far nulla, se non da un luogo verso tramontana, chè dall'altra parte si è il lago molto profondo.* G. Pucc.

la terra per questo assedio mai non sarebbe perduta; e volendosi l'oste partire con grande ira, mess. Niccolò e mess. Marco Polo e suo fratello dissoro al Gran Cane: Che aveano con loro uomo ingegnoso, che farebbe tali mangani [1], che la terra si vincerebbe per forza; e il Gran Cane fu molto lieto, e disse: Che tantosto fosse fatto. Comandarò costoro a questo loro famigliare, ch'era Cristiano Nestorino, che questi mangani fossono fatti; ed eglino furono fatti e dirizzati dinanzi a Saianfu, e furono tre, e incominciarono a gittare pietre di trecento libbre che tutte le case guastavano. Questi della terra vedendo questo pericolo (che mai non aveano veduto niuno mangano e questo fue il primo mangano che mai fosse veduto per niuno Tartero), quegli della terra furono a consiglio, e renderono la terra al Gran Cane, com'erano rendute tutte l'altre; e questo avvenne per la bontà di mess. Niccolò e di mess. Matteo e di mess. Marco; e non fu piccola cosa, chè l'è una delle maggiori provincie che abbia il Gran Cane. Or lasciamo di questa provincia, e diciamo d'una provincia che ha nome Sigui.

(1) Nel Vocab. la voce *mangano* è difinita per *antico strumento da guerra da tirare e scagliare*.

124. *Di Sigui e del gran fiume d'Aquiam.*

Quando l'uomo si parte di qui, e va verso isciroc quindici miglia, l'uomo truova una città che a nome Sigui ¹, ma non è troppo grande, ma è di grande mercatanzia, e di grande navilio ², e sono al Gran Cane; la moneta hanno di carte. E sappiate ch' ell' è in sul maggior fiume del mondo, ch' è chiamato Quian ³; egli è largo in tal luogo dieci miglia, e in tale otto e in tale sei, e lungo più di cento giornate. Questo fiume e questa città hae molte

(1) *Singu*, T. Ramus. Il Marsden congettura che possa essere *Kin-kiang*, città della parte settentrionale del *Kian-si*, ma 'l Baldelli modestamente osserva che avrebbe potuto parlare di *King-tcheu* sul *Kiang*, che fra gli altri nomi ebbe quello di *Sinkian*. — (2) *Navilio* qui significa moltitudine di legni da navigare, ed anche flotta. *Tutto il naviglio di Pisani si partiranno da Sardegna* (M. Vill. Lib. III. c. 183). — (3) *Quian*, ossia *Kang-tse-Kiang* (*fiume azzurro*). Nasce a tramontana del Tibet, vicino ad un luogo detto *Hourha Douare* verso il 35.° di Lat. e il 90.° di Long. Orient. dal meridiano di Greenwich, non molto lungi da dove trae origine l'*Hoang-ho* (fiume giallo). Le grandi montagne sforzano i fiumi a divergere grandemente l'uno dall'altro, ma poi non lungi dalla loro imboccatura si rapprossimano, e per mezzo di canali mescolano le loro acque ed hanno foce in mare nella provincie di *Kiang-nan*.

navi ed ee al Gran Cane, ed è di grande rendita per la mercatanzia che v' ha molta, che va suso e giuso e quivi si riposa. E per le molte città che sono in su quel fiume vi va piue mercatanzie, e ancora per tutto loro mare, chè io vidi a questa città per una volta mille cinquecento navi da portare mercatanzia. Or sappiate, da che questa città, che non è molto grande, ha tante navi quante sono l'altre che hae in su questo fiume, che v' ha bene sedici provincie, e havi su bene dugento buone città, che tutte hanno più navilio che questa. Le nave sono coverte, e hanno un albore, ma sono di gran portare, chè bene portano quattromila cantari infino in dodicimila cantari. Tutte le navi hanno sarte [1] di canape, cioè legami per legare le navi, e per tisalle su per questo fiume. Le piccole sono di canne, grosse e grandi, com' io v' ho detto di sopra [2]. Egli legono l' una all' altra, e fannola lunga bene trecento passi, e fendole, e sono più forti che di canape. Or lasciamo qui, e torniamo a Chaygui.

(1) *Sarte* in questo luogo significa le alzaje che servono per far risalire i fiumi si navilj.
— (2) Intende cioè divenute bambusa, pianta dal Polo antecedentemente rammentata.

125. *Della città di Chaygui.*

Chaygui [1] è una piccola città verso isciroc, e sono idoli, e al Gran Cane, e hanno moneta di carte e sono in su questo fiume. Qui si ricoglie molto grano e riso, e vanno fino alla gran città di Camblau per acque, alla corte del Gran Cane, non per mare, ma per fiumi e per laghi [2]. Della biada di questa città ne logora gran parte la corte del Gran Cane; e il Gran Cane ha fatto ordinare la via da questa città infino a Chablau, chè egli ha fatto fare fosse larghe e profonde dall'uno fiume all'altro, e dall'uno lago all'altro, sicchè vi vanno ben grandi nave, e così vi puote andare per terra, chè lungo la via dell'acqua è quella della terra: e in mezzo di questo fiume hae una isola guasta [3],

(1) *Cayngui*, T. Ramus. E' la città di *Chaatcheu*, nel luogo appunto ove imbocca il canal imperiale nel fiume *Yang-tse-kiang*. — (2) Il Canale imperiale da *Pekino* sin al fiume *Kiang* traversa alcuni laghi, e dalla relazione di lord Marcartney si ravvisa quanto veridica sia anche qui quella che ne dà il Polo. — (3) L'esattezza del nostro viaggiatore veggasi nelle seguenti parole del viaggio di lord Marcartney: „ Mentre i „ viaggiatori passavano il *Yang-tse-kiang* l'at- „ tenzione di essi si volse ad un'isola ch'è in „ mezzo al fiume, detta *Chin-shan*, (Monte „ d'oro). Quest'isola di rive scoscese è piena

che v'ha un monistero d'idoli, che v'ha trecento freri [1], e quivi ha molti idoli; e quest'è capo di molti altri monisteri d'idoli. Or ci partiamo di qui, e passeremo lo fiume, e dirovi di Cinghiafu.

126. *Della città chiamata Cinghiafu.*

Cinghiafu [2] è una città dei Magi, che sì sono come gli altri; sono mercatanti e artefici; cacciagioni e uccellagioni hanno assai, e hanno molta biada e seta, e drappi di seta e d'oro. Quivi hae due chiese di Cristiani Nestorini, e questo fu negli anni Domini mille-dugento-settantotto in qua; e dirovi, perchè e' fu vero, che in quel tempo vi fu Signore per lo Gran Cane un Cristiano Nestorino bene tre anni, ed ebbe nome Masarchim [3], e costui lo fece fare; e d'allora in qua vi sono istate. Or ci partiamo di qui, e dirovi di un'altra città grande, ch'è chiamata Cinghingiù.

,, di giardini, e l'arte e la natura sembrano es-
,, sersi unite per darle un aspetto incantevo-
,, vole. E' dell'imperatore, che vi ha fabbrica-
,, to un grandissimo e bellissimo palazzo, e
,, varj templi e pagodi sulla sommità ''. —
(1) *Frari* o *Freri* è termine veneziano, che significa *frati*. — (2) *Cianghianfu*, T. Ramus. *Cinghianfu*, T. Riccard. E' la città di *Tchin-kian-fu* in faccia a *Kua-tchew*, sull'altra riva del fiume *Kiang*. I sobborghi della città sono grandissimi. Lat. 32.° 14. Long. Orient. di Pek. 2.° 55. —
(3) *Morsachim*, C. Putc. *Marsarchis*, C. Ricc.

127. Della città chiamata Cinghingiu.

Quando l'uomo si parte di Cinghiafu, e' va tre giornate verso iscirco, tuttavia trovando città e castella assai di gran mercatanzia e d'arti; e sono idoli, e sono al Gran Cane; la moneta hanno di carte. Di capo di queste tre giornate si truova la città di Cinghingiu¹, ch'è molto grande e nobile, e sono come gli altri d'ogni cosa, e hanno da vivere d'ogni cosa assai. Una cosa ci aviene che io vi conterò. Quando Baian barone del Gran Cane prese tutta questa provincia, poichè ebbe presa la città maestra, mandò sua gente a prendere questa città; e questi si arrenderono. Come furono nella terra trovarono sì buono vino che s'inebriarono tutti, e stavano come morti, sì forte dormivano; e costoro veggiendo questo ², uccisegli tutti in quella notte, sicchè niuno ne scampò, e non dissoro nè bene, nè male siccome uomeni morti. E quando Baiam signore dell'oste seppe questo, mandovi molta gente, e fecela prendere per forza; e preso

(1) *Tinguigui*. T. Ramus, *Tinghingui*, T. Riccard. Si ravvisa ch'è *Tchan-tchen* nel *Kiang-nan*, ch'ebbe anche il nome di *Tcin-sing-tcheou*, città celebre e di gran traffico, e vicina al gran canal imperiale. — (2) *Veggendoli* cod. Cod. Pucc.

la terra, tutti gli missono al taglio delle
ispade. Or ci partiamo di qui, e dirovi di
un'altra città che ha nome Singni.

128. *Della città chiamata Signi.*

Signi [1] ee una nobile città, e sono idoli, e sono al Gran Cane, e moneta hanno
di carte. Egli hanno seta, e vivono di
mercatanzia e d'arti, e molti drappi di seta fanno, e sono ricchi mercatanti. Ella è
sì grande ch'ella gira sessanta [2] miglia, e
v'ha tanta gente che niuno potrebbe sapere lo numero. E sì vi dico, che se fossero buoni uomini d'arme, quegli degli
Mangi, egli conquisterebbono tutto il mondo; ma egli non sono uomini d'arme, ma
sono savi mercatanti d'ogni cosa, e sono
buoni e naturali filosofi. E sappiate che in
questa città hae bene seimila ponti di pietra, che vi passerebbe sotto una galea; e
ancora vi dico che nelle montagne di questa città nasce il reubarbero e giengiavo

(1) *Singui*, T. Ramus. E' *Su-tcheu* nella
provincia di *Kiang-nan*, una delle più popolo-
se e magnifiche città dell'Asia. Il Polo la chiamò *Singui* al modo tartaresco. E' tagliata da
canali come Venezia, e le strade ne formano le
rive. Il P. Buvet crede che abbia più di quattro leghe di circuito, e che faccia un milione
di anime, — (2) 40, Cod. Pucciano. 46, Cod.
Magl. II.

in grande abbondanza, chè per uno viniziano grosso s'avrebbe bene quaranta libbre di giengiavo fresco, ch'è molto buono; ed ha sotto di sè sedici città molto grande e di grande mercatanzia e d'arti. Or ci partiamo di Singni, e conterovi di un'altra che ha nome Ingiu ¹; e questa è lungi di Singní una giornata. Ella è molto grande e nobile; ma perchè non ci ha nulla da ricordare, dirovi di un'altra che ha nome Unghin ². Questa è grande e ricca, e sono idoli, e sono al Gran Cane, e la moneta hanno di carte. Quivi hanno abbondanza d'ogni cosa, e sono mercatanti, e savi molto e buoni artefici. Or ci partiamo di qui, e dirovi di Cianghi ³, ch'è molto grande e bella, e hae ogni cosa come l'altre, e favisi molto zendado. Qui non ha altro da ricordare: partiamoci, e anderemo alla nobile città di Quisai, ch'è la mastra città del reame delli Magi.

(1) *Vagiu*, T. *Ramus*. Non pare, secondo il Baldelli, fondata la congettura di Marsden, che questa città sia *Hotchex* sul lago di Toi. — (2) *Ughin*, Cod. Magl. II. — (3) *Cianchin*, Cod. Pucc.

129. *Della città che si chiama Quisai.*

Quando l'uomo si parte della città di Cingha [1] e' va tre giornate per molte belle città e castella ricche e nobile, di grande mercatanzie e artefici; e sono idoli è sono al Gran Cane, e hanno moneta di carte; egli hanno da vivere ciò che bisogna al corpo dell'uomo. Di capo di queste tre giornate sì si truova la sopra nobile città di Quisai [2], che vale a dire in francesco, la Città del Cielo [3]: e conterovi di sua nobiltà, perocch' ella è la più nobile città del mondo e la migliore. E dirovi di sua nobiltà, secondo che il re di questa provincia iscrisse a Baiam, che conquistò questa provincia delli Magi; e questi lo mandò a dire al Gran Cane, percioch'egli sappiendo tanta nobiltà, nolla farebbe guastare. Ed io vi conterò per ordine ciò che l'iscrittura conteneva: e tutto è vero, perocchè io Marco il vidi poscia co' miei

(1) *Cinghi*, Cod. Pucc. *Singhui*, C. Magl. II.
— (2) *Quinsai*, T. Ramus. E' detto altrove che corrisponde alla città di *Hang-tcheu-fu* (città del cielo), celebre capitale della provincia di *Tcho-kiang*. E' di gran lunga più disteso questo Capitolo nel Cap. LXVIII. del Testo Ram.
— (3) Nel T. Parig. leggesi: *La très nobilissime cité de Quinsai, qui vaut à dire en François, la Cité dou Ciel.* Altra evidente prova che il nostro Testo è dal francese volgarizzato.

occhi. La città di Quisai dura in giro cento miglia [1] e hae dodici mila ponti [2] di pietra, e sotto la maggiore parte di questi ponti vi potrebbe passare, sotto l'arco, una gran nave, e per gli altri bene mezza nave; e niuno di ciò si maravigli, perciocchè ella se tutta in acqua, o cerchiata d'acqua, e però v'ha tanti ponti per andare per tutta la terra. In questa città v'ha dodici arti [3], cioè d'ogni mestiere una, e ciascuna arte hae dodici mila istazioni [4], cioè dodici mila case; e in ciascuna bottega hae almeno dieci uomeni, e in tale quindici, e in tale venti, e in tale trenta, e in tale quaranta, non tutti maestri, ma

(1) Per queste *cento miglia* ebbe il Polo fama di mentitore. Il P. Martini lo giustificò scrivendo: *Cette ville a de circuit et de circonference plus de cent milles d'Italie, si vous y joignez les fauxbourgs qui sont fort grands, et s'avancent de coté et d'autre.* Del complesso della città, degli immensi borghi, formanti altre città ad essa attenenti, intese parlare il Polo. — (2) Altra asserzione rimproverata al Polo; ma al P. Martini, che abitò per quattr'anni in *Hang-tcheu*, sembrò che non si allontanasse dal vero se fra i ponti comprese gli archi di trionfo, e molto più se si fossero compresi i ponti del territorio. In queste relazioni i viaggiatori sogliono dipendere dai racconti degli abitanti per lo che riesce poi malagevole il poterlo verificare. — (3) *Arti caporali e principali*, G. Puoc. — (4) *Istazione per abitazione* è anche segnato nel Vocabolario.

discepoli. Questa città fornisce molte contrade, e havvi tanti mercatanti e sì ricchi e in tanto novero, che non si potrebbono contare che si credesse. Anche vi dico, che tutti li buoni uomeni e le donne e li capi maestri non fanno nulla di loro mano, ma stanno così delicatamente come se fossero re; e le donne come se fossero cose angeliche. Ed evvi uno ordinamento, che niuno puote fare altra arte che fece il padre; se 'l suo valesse un milione di bisanti d'oro non oserebbe fare altro mestiere. Anche vi dico, che verso mezzodì hae uno lago, che gira bene trenta miglia, e tutto dintorno ha belli palagi e case fatte maravigliosamente, che sono di buoni uomeni gentili; e havvi monisteri e badie d'idoli in grande quantità; nel mezzo di questo lago hae due isole; su ciascuna hae un molto bel palagio e ricco, sì ben fatto che bene pare palagio d'imperadore; e chi vuole fare nozze e conviti sì 'l fa in questi palagi, e quivi è sempre fornito di vasellamenti e di scodelle e di taglieri [1] e d'altri fornimenti. Nella città ha molte belle case e torri di pietra, e spesse, ove le persone portano le cose quando s'apprende fuoco nella città, ché molto spesso vi

----

(1). Sebbene *tagliere* sia quel legno nel quale si tagliano le vivande, usarono tal voce gli antichi per significare *piatto o tondino*.

s'accende perchè v'ha molte case di legname. Egliono mangiano tutte carne, così di cane come d'altre brutte bestie, e come delle buone, chè per cosa del mondo niuno Cristiano mangerebbe di quelle bestie ch'egli mangiano. Ancora vi dico, che ciascuno de dodici mila ponti guarda dieci uomini di dì e di notte, perchè niuno fosse ardito di rubellare la città. Nel mezzo della città v'hae un monte, ove hae suso una torre, ove istà suso sempre uno uomo con una tavoletta in mano, e davvi suso d'un bastone, che bene s'ode dalla lunga; e questo fa quando fuoco s'aprendesse nella città, o che mischia o battaglia vi si facesse. Molto la fa ben guardare il Gran Cane, perciocch'è capo di tutta la provincia dei Magi, e perchè n'ha di questa città grande rendita, sì grande che a pena si potrebbe credere. E tutte le vie della città sono lastricate di pietre e di mattoni; e così tutte le mastre vie delli Mangi, sicchè tutte si possono cavalcare nettamente ed a piede altresie. E ancora vi dico, che questa città hae bene tremila istufe [1], ove prendono gran diletto gli uomini e le femmine; e vannovi molto ispesso perocchè vivono molto nettamente di lor corpo, e sono i più belli

---

(1) In questo caso non s'intende, *stanze riscaldate da fuoco*, ma *bagni*.

bagni del mondo e i più grandi, chè bene
vi si bagnano insieme cento persone. Presso a questa città, a quindici miglia, è il mare Oceano, ed è tra greco e levante. E
quine [1] è una città che ha nome Giafu [2], ove ha molto buon porto, e havvi molte navi che vengono d'India e d'altri paesi. E da questa città [3] al mare, hae un gran fiume, onde le navi possono venire infino alla terra. Questa provincia delli Magi hae partita il Gran Cane in otto parti, e hanne fatti otto reami [4] grandi e ricchi, e tutti rendono ogni anno trebuto al Gran Cane; e in questa città dimora l'uno di questi re, e hae sotto sè bene cento quaranta città grandi e ricche. E sappiate che la provincia delli Magi ha bene mille dugento cittadi, e ciascuna ha guardie per lo Gran Cane, com'io vi dirò. E sappiate che in ciascuna di quelle, il meno che abbia, si

(1) *Quine* per *qui*, idiotismo pari a quello usato anche oggidì dal popolo fiorentino, che dice *trene* per *tre*, *mene* per *me*. — (2) *Gampu*, T. Ramus. Il Marsden congettura che sia il porto di *Nimpo* o *Ning-po*, 60 miglia distante da *Hang-tcheu* in retta linea, assai importante pe' suoi traffici; ma osservò rettamente il Zurla, che nel testo Pipiniano questo porto si chiama *Ganfu*, e nell'edizione Basileense *Canfu*, e che perciò sembra essere quello ove approdò un viaggiatore maomettano pubblicato dal Renaudot, e dallo stesso chiamato *Canfu*. — (3) Dee sottintendersi di *Quinsai*. — (4) *Nova*. Cod. Magl. II. *Novem*, Cod. Ricc.

sono mille guardie, e di tali n'ha diecimila, e di tali ventimila, e di tali trentamila, sicchè il numero sarebbe sì grande, che non si potrebbe contare, nè credere di leggieri [1]. Nè non intendiate, che quegli uomeni siano tutti Tartari, ma ve n'ha del Cattai [2]; e non sono tutti a cavallo quelle guardie, ma gran partito a piede. La rendita del Gran Cane di questa provincia delli Magi non si potrebbe credere, nè a pena iscrivere, e ancora la sua nobiltà. L'usanze de' Magi sono com'io vi dirò. Egli è vero che quando alcuno fanciullo nasce, o maschio o femmina, il padre fa iscrivere il dì e l'ora e il punto e il segno e la pianeta, sotto ch'egli è nato, sicchè ogni uomo lo sa di sè [3] queste cose; e quando alcuno vuole fare alcuno viaggio, o alcuna cosa, vanno a' loro astrologi, in cui hanno gran fede, e fannosi dire lo loro migliore [4]. Ancora vi dico, che quando lo corpo morto si porta ad ardere, tutti i parenti si vestono di canovaccio, cioè vilmente, per dolore; e vanno così appresso al morto, e vanno sonando loro istormenti, e vanno cantando loro orazioni d'idoli; e

(1) Oggidì, secondo Marcartney, si reputa che l'armata sia un milione di fanti, e di ottocentomila cavalieri. — (2) *Del Cattai assai*, C. Pucc. — (3) *Di sè e d'altrui*, C. Pucc. — (4) *Quello che è da fare*, C. Pucc.

quando e' sono là ove il corpo si dee ardere, e' fanno di carte uomeni e femmine, cavalli, danari, cammelli e molte altre cose ; quando il fuoco è bene acceso fanno ardere il corpo con tutte queste cose, e credono che quel morto, cioè colui, avrà nell'altro mondo tutte quelle cose da dì vero al suo servigio, e tutto l'onore che gli è fatto in questo mondo quando l' ardegli sarà fatto quando andrà nell' altro mondo dagli Idoli [1]. E in questa terra ee il palagio del re che si fuggì, ch' era Signore delli Magi [2], ch' è il più nobile e il più ricco del mondo; ed io ve ne dirò alcuna cosa. Egli gira dieci miglia, ed è quadro con muro alto e grosso, e attorno e dentro a questo muro sono molto belli giardini, ov'ha tutti buon frutti, ed havi molte fontane, e più laghi ov'ha molti pesci. E nel mezzo vi è il palagio grande e bello: la sala è molto bella, ove mangerebbono molte persone, tutta dipinta ad oro e ad azurro, con molte belle istorie; ond'è molto dilettevole a vedere ; per la copritura non si può vedere altro che dipintura ad oro. Non si potrebbe contare

(1) Sembra che sia accaduto un cambiamento in questi riti, mentre oggidì i corpi morti pongonsi in casse e si sotterrano. — (2) *Tiping*, ultimo imperatore della dinastia di *Song*, perduta una battaglia navale l'anno 1279, si annegò per non cadere nelle mani dei Mogolli.

la nobiltà di questo palagio; egli v'ha venti sale tutte pari di grandezza, e sono sì grande che bene vi mangerebbon agiatamente diecimila uomeni [1], e sì ha questo palagio bene mille camere. E sappiate che in questa città ha bene cento sessanta mila di tomani di fumanti [2], cioè di case, e ciascuno tomano è dieci case fumanti; la somma si è un milione seicento mila di magioni abitanti [3], nelle quali ha gran palagi; e havvi una chiesa di Cristiani Nestorini solamente. Sappiate che ciascuno uomo della città e di borghi hae iscritto in su l'uscio lo nome suo e di sua moglie e de' figliuoli e de' fanti e degli schiavi, e quanti cavagli egli tiene, e se alcuno ne muore fa guastare lo suo nome, e se alcuno ne nasce sì lo vi fa porre [4], sicchè il Signore della città sa tutta la gente per novero [5] ch'ee nella città, e così si fa in tutta la provincia delli Magi e del Cattay. Ancora v'hae un altro costume, che gli albergatori iscrivono in sulla porta della

(1) *Per usa*, C. Pucc. — (2) *Centoquaranta tomani, e ogni tomano ha mille focolini*, Cod. Magl. II. — (3) *Uno milione, e seicento mila di fumanti*, C. Pucc. Malagevole è il rischiarare questo passo. Il *toman* è voce tartarica per esprimere il numero collettivo *dieci*. *Fumante* è per *fuoco* o *famiglia*, uso di computare le popolazioni. *Abitanti* è qui posto per *abitabili*. —
(4) *Sì il vi fa porre incontanente*, C. Pucc. —
(5) *Per novero e per nome*, C. Pucc.

casa tutti gli uomeni degli osti ¹ suoi, e 'l die che vi vengono; e 'l die che se ne vanno sì spengono la scrittura; sicchè il Signore può sapere chi va e chi viene: e questo è bella cosa e saviamente fatta ². Or v'ho detto di questo una parte; or vi vo contare della rendita che hae il Gran Cane di questa terra e suo distretto, ch'è dell'otto parti l'una delli Magi.

130. *Della rendita del sale.*

Or vi conterò della rendita che hae il Gran Cane della città di Quisai, e delle terre e delle genti che sono sotto lei; e prima vi conterò del sale. Lo sale di questa contrada rende l'anno al Gran Cane ottanta tomani d'oro, ciascuno tomano ee ottanta mila saggi d'oro, che monta per tutto sei milioni e quattrocentomila saggi d'oro, e ciascuno saggio d'oro vale più d'un fiorino ³: e questa è maravigliosa cosa. Or

---

(1) *Oste* significa in questo caso l'albergato, e s'hanno esempj in Boccaccio. — (2) I regolamenti Cinesi veggonsi ora adottati in tutte le grandi città d'Europa. — (3) *Ottanta tomani d'oro, ciascuno tomano è 80 saggi d'oro; sicchè monta in tutto sei mila quattrocento migliaia di saggi d'oro, e ciascuno saggio vale più d'uno fiorino d'oro.* C. Pucc. Il *Fiorino* era la moneta d'oro che battevano i Fiorentini. La bontà dell'oro era a 24 caratti, ed il peso d'ogni fiorino era d'un ottavo d'oncia.

vi dirò dell'altre cose. In questa contrada nasce e favisi più zucchero che in tutto l'altro mondo, e questo è ancora grandissima rendita. Ma io vi dirò di tutte ispezie insieme. Sappiate che tutte ispezierie, tutte mercatanzie rendono al re il terzo per cento, e del vino, che fanno del riso, hanne ancora grandissima rendita; e de' carboni, e di tutte le dodici arti, che sono dodici mila istazioni [1] n'hae ancora grandissima rendita; chè di tutte cose si paga gabella; della seta si dà dieci per cento, sicchè io Marco Polo, che ho veduto e stato sono a fare la ragione, la rendita sanza il sale vale ciascuno anno dugento dieci mila di tomani d'oro: e questo ec il piue ismisurato novero di moneta del mondo, che monta a quindici milioni e settecento mila [2]: e quest'è delle otto parti l'una della provincia [3]. Or lasciamo istare di questa materia, e dirovi d'una città che ha nome Tapigni.

131. *Della città che si chiama Tapigni.*

Quando l'uomo si parte di Quisai e' vae una giornata verso iscirocco, tuttavia

(1) Cioè *botteghe* come porta il T. Ramus. — (2) *Sedici milioni e ottocento migliaia di fiorini contato tutto,* Cod. Magl. II. — (3) *Della provincia de' Mangi*, G. Pucc.

trovando palagi e giardini molto belli, ove si trova tutte cose da vivere. Di capo di queste giornate si truova questa città, che ha nome Tapigni ¹ molto bella e grande, ed è di sotto a Quisai; e sono idoli, e fanno ardere li loro corpi ; la moneta ee di carte, e sono al Gran Cane. Qui non ha altro da dire. Or vi dirò di un' altra che ha nome Nugui ², ch'è di lungi da quella tre giornate per iscirocco , e sono come que' di sopra. Di qui si va due giornate verso iscirocco, tuttavia trovando castella e ville assai. L'uomo va da quella città e truovane un'altra, che ha nome Chegui ³, e tutti sono come quelli di sopra. Di quì si va quattro giornate verso iscirocco come di sopra; qui hae uccelli e bestie assai, come se lioni ⁴ grandissimi e fieri. Qui

(1) *Tapinzu*, T. Ramus. *Campingui*, T. Ricc: Non si conosce bene a quale città oggidì corrisponda, ed il Baldelli inclina all'opinione del Magaillans, che sia la città di *Tai-pin-fu* della provincia di *Nan-king*. — (2) *Uguiu*, Testo Ramus. Scrive il Baldelli: ,, Debbo confessare ,, che non saprei rinvenire a quale delle mo,, derne città corrisponda ". — (3) *Gengui*, T. Ramus. ,, Con molta verosimiglianza crede il ,, Marsden che possa essere *Tchu-ki*, luogo se,, gnato nella carta particolare del *Tcho-kiang*: ,, ma in tale ipotesi il Polo per trasferirsi a ,, *Yen-tcheu* non avrebbe risalito il fiume *Tsien-,, tang-kiang*, ma avrebbe preso una via di ter,, ra più lunga ". (Baldelli). — (4) *Siccome lioni*, C. Pucc.

non ha montoni nè pecore per tutti gli Magi, ma egli hanno buoi e becchi e capre e porci assai. Di qui ci partiamo che non hae altro; e andremo quattro giornate, e troveremo la città di Ciafia [1], ed è in su'n un monte che parte lo fiume, l'una metà vae in giuso e l'altra in suso. Tutte queste città sono della Signoria di Quisai. Tutti [2] sono come que' di sopra. Di capo delle quattro giornate si truova la città di Chagu [3], e sono come gli altri di sopra ed ee la città sezzaia di Quisai [4]. Or comincia l'altro reame de' Magi, ch'è chiamato Fugui.

132. *Del reame di Fugui.*

Quando l'uomo si parte da questa sezzaia città di Quisai, l'uomo entra nel reame

(1) *Zengian*, T. Riccard. Non pare che siavi dubbio che corrisponda alla moderna città di *Nien-tchen*, o *Yen-tchen*. Fra gli altri nomi ebbe anche quello di *Sin-ngan*, voce di suono somigliante a quello di *Zengian*. — (2) Sottintendesi *gli abitanti*. — (3) *Giesa*, T. Ramus. Più correttamente *Cingui* o *Ciugui*, T. Riccard. ch'è *Kin-tchen*. Secondo il Martini, il quale anche a questo passo difende il Polo dalle accuse dategli di falsità, la città è fabbricata alle rive del fiume *Cang-yo*, e confina col *Fokien*, e conviene valicar monti per pervenirvi, il che rende la via di tre giornate difficile e incomoda. — (4) *Ed ee l'ultima città che ee sotto Quisai*, C. Pucc.

di Fugui [1], e vassi sei giornate per isciroc; e truova città e castella assai, e sono idoli, e sono al Gran Cane, e sono sotto la Signoria di Fugui. Vivono di mercatanzie e d'arti; d'ogni cosa hanno grande abbondanza; hanno gengiavo e galanga oltra misura, che per uno viniziano grosso n' avrebbe l'uomo piue d' ottanta libbre di gengiavo. E v'è un frutto che pare zafferano, ma e' non è, ma vale bene altrettanto ad operare. Egli mangiano d'ogni brutta carne; e d'uomo che non sia morto di sua morte e' molto la mangiano volentieri, e hannola per buona carne. Quando vanno in oste si tondono gli capegli molto alto, e nel volto si dipingono d'azurro con un ferro di lancia; e sono uomeni molto crudeli i più del mondo, che tutto dì vanno uccidendo gli uomeni e bevendo il sangue, e poscia gli mangiano tutti; e altro non procacciano [2]. Nel mezzo di queste sei giornate ha una città che ha nome Quellafu [3], ch'è molto grande e nobile, e sono al Gran Cane; e hae tre

---

(1) *Fugia*, T. Ramus. dove in luogo di *Reame di Fugui* leggesi *Regno di Conca*, e sembra che *Conca* appellassero quella provincia gli stranieri. E' paese ricchissimo pel suo gran traffico e navigazione. I *Fugui* sono reputati i più arditi pirati della Cina. — (2) Per *procurano, o ad altro non attendono.* — (3) *Qualinfu*, Cod. Ricc.

ponti di pietra di più belli del mondo, lunghi un miglio e larghi bene otto passi, e sono tutti in colonne di marmo, e sono sì belli che molto tesoro costerebbono a farne uno. Egli vivono di mercatanzia e d'arti; egli hanno seta assai e gengiavo e galanga, e havvi belle donne; e havvi galline che non hanno penne ma peli come gatte, e tutte nere, e fanno uova come le nostre, e sono molto buone da mangiare [1]. Qui non ha altro in queste sei giornate che sono dette di sopra, se no molte castella e città, e sono come quelle di sopra; e infra quindici miglia dell'altre tre giornate è una città, ove si fa tanto zucchero che se ne fornisce il Gran Cane e tutta sua corte, che vale gran tesoro; e ha nome Ungue [2]. Qui non ha altro. Quando l'uomo si parte di quindici miglia, l'uomo truova la città nobile di Fugni, ch'è capo di questo reame, e però ne conterò quello che saprà.

(1) Buffon ha descritto questa specie di galline ch'e' chiama *la poule à duvet du Japon*.
— (2) Rinomato è lo zucchero del *Fokien*, che fabbricasi ne' territorj dependenti da *Fu-tchun-fu*, e ch'è di bianchezza straordinaria.

133. *Della città chiamata Fugni.*

Sappiate che questa città di Fugni [1] è capo del regno di Cancha [2], che è delle nove [3] parti l'una delli Magi. In questa città si fa grande mercatanzia ed arti; e sono idoli, e sono al Gran Cane, e 'l Gran Cane vi tiene grande oste per le città e per le castella, chè spesso vi si rubellano, sicchè incontenente vi corrono, e pigliale e guastalle. E per lo mezzo di questa città vae un fiume largo bene un miglio. Qui si fanno molte navi che vanno su per quel fiume; qui si fa molto zucchero; qui si fa grande mercatanzia di pietre preziose e di perle, e portale i mercatanti che vi vengono d'India. E questa terra è presso al porto di Chatan nel mare Oceano. Molte care cose vi sono recate d'India. Egli hanno ben da vivere di tutte cose, e hanno molti giardini con molti frutti, ed è sì bene ordinata ch'è maraviglia. Perciò non ve ne conterò più ma conterovi d'altre cose.

(1) *Fugiu*, T. Ramus. *Fut-cheu*, capitale del *Fokien*, città su cui è un magnifico ponte di più di cento archi. Ha templi sontuosi. — (2) *Concha*, C. Ricc. *Chanca*, C. Puec. — (3) *Che è delle otto*, C. Puec.

134. Della città chiamata Zarton.

Or sappiate che quando l'uomo si parte di Fugni, e passa il fiume, e' va cinque giornate per isciroc, tuttavia trovando città e castella assai, dove hae d'*ogni cosa* gran dovizia; e v'ha monti e valli e piani, e havvi molti boschi e molti albori che fanno la canfora [1]; e v'ha uccelli e bestie assai; e vivono di mercatanzia e d'arti, e sono idoli come quelli di sopra. Di capo di queste cinque giornate si truova una città che ha nome Zartom [2], ch'è molto grande e nobile, ed è porto ove tutte le navi d'India fanno capo, con molta mercatanzia di pietre preziose, e d'altre cose [3] come perle grosse e buone. E questo è il porto degli mercatanti delli Magi, e attorno a questo porto ha tante navi di

---

(1) L'albero che dà la canfora è una specie di lauro che prospera nel Giappone, nella Cina nelle Isole dell'Arcipelago Indiano, e fu trapiantato al Capo di Buona Speranza. — (2) *Zaitum*, T. Ramus. In lingua persica *Cayiton* o *Zaiton*; *Siven-tchen* detta dagli Arabi. Porto floridissimo pe' suoi traffici e per le sue ricchezze. Il fiume che passa a canto alla città è detto *Lo-yang* su cui è uno de' più bei ponti dell'universo. *Zaitum* è segnata nella Carta della Sala dello Scudo in Venezia come il luogo più meridionale della Cina che visitasse il Polo. — (3) *Care cose*, C. Pucc.

mercatanti ch'è maraviglia; e di questa città vanno poscia per tutta la provincia delli Magi, e per una nave di pepe, che viene in Alessandria per venire in Cristinità ¹, sì ne vanno a questa città cinquanta ², che questo ee uno delli buoni porti del mondo, dove viene più mercatanzia. E sappiate, che il Gran Cane, di questo porto trae grande prode della mercatanzia, perocchè d'ogni cosa che vi viene, conviene ch'egli abbia dieci per cento, cioè delle dieci parti l'una d'ogni cosa. Le navi si togliono, per lo salaro di mercatanzie sottile, trenta per cento, e del pepe quarantaquattro per cento, e del legno aloe o di sandali, e d'altre mercatanzie grosse quaranta per cento, sicchè gli mercatanti danno tra le navi e al Gran Cane bene il mezzo di tutto; e però il Gran Cane guadagna grande quantità di tesoro di questa città ³. E sono idoli, e la terra ha grande abbondanza d'ogni cosa da vivere; e in questa provincia hae una

(1) Nel Cod. Magliab. leggesi *Cristianità*. Proviene dall'antica voce francese: *Chrestianité*. — (2) *Più di cento*, Cod. Pucciano. — (3) Tutti gli scrittori posteriori al Polo valutarono le entrate dell'Imperatore della Cina a somme immense. Secondo Marcartney nel 1792, pagate le spese provinciali, fu rimessa al tesoro imperiale la somma di 35,614,328 once d'argento. Il totale delle entrate lorde fu di 200,000,000 once d'argento.

città che ha nome Tenuguise [1], che vi si fanno le più belle iscodelle di porcellane del mondo [2]: e non ve ne se ne fae in altro luogo del mondo, e quindi si portano in ogni parte, e per uno viniziano se ne avrebbe tre le più belle del mondo e le più divisate. Ora avemo contato degli otto reami gli tre delli Magi, cioè, Cingni e Quisai e Fugui, degli altri reami non conto, perocchè sarebbe lunga mena [3]: ma dirovvi dell'India, ov'ha cose bellissime da ricordare; ed io Marco Polo tanto vi stetti, che bene lo saprò contare per ordine.

135. Qui si comincia di tutte le maravigliose cose d'India [4].

Poscia che abbiamo contato di cotante provincie terrene, come avete udito, noi conteremo delle maravigliose cose che sono nell'India, e comincerovi delle navi,

(1) *Tingui,* T. Ramus. Non visitò il Polo questa città, e ne parla per sentito dire. E' certamente quella detta oggidì *Ting-tchen.* — (2) La famosa porcellana fabbricasi a *Feu-Leang;* se ne fabbrica ancora nelle provincie di *Canton* e di *Fo-kien.* Quella dell'ultima provincia è d'un bianco candido ma senza lucentezza, e senza pitture. — (3) *Lunga mena* per *lungo affare.* Anche Gio. Villani scrisse *a chi l'avea servito, che sarebbe lunga mena a dire* (Lib. XII. c. 111). — (4) Nel Testo Ramusiano, e nel Riccardiano qui ha principio il LIBRO TERZO.

ove gli mercatanti vanno e vengono. Sappiate ch'elle sono d'un legno chiamato abete e di zapino [1]; elle hanno una coverta, e in su questa coverta hae bene quaranta camere nelle più navi, ove in ciascuna puote istare un mercatante agiatamente; e hanno un timone, e quattro alberi, e molte volte vi giungono due albori, che se ne levano e pongono: le tavole sono tutte chiavate [2] doppie l'una in sull'altra con buoni aguti, e non sono impeciate, perocchè non hanno [3], ma sono unte com'io vi dirò; perocchè gli hanno cosa che la tengono per migliore che pece. E tolgono canape trita e calcina e uno olio d'albori, e mischiano insieme, e fassi come veschio; e questo vale bene altrettanto come pece. Queste navi vogliono bene dugento marinai; ma elle sono tali che portano bene cinquemila isporte di pepe, e di datteli seimila, e vogano co' remi, chè a ciascuno remo vogliono essere quattro marinai; e hanno queste navi tale barche che porta l'una bene mille isporte di pepe. E sì vi dico, che questa barca mena bene quaranta marinai, e vanno a remi,

(1) In questo Testo sono segnati come alberi diversi l'*abete* e 'l *sapino*. La voce però *sapino* viene dal francese *sapin* che significa *abete*. — (2) *Chiavare* per *conficcare* è anche usato da Dante: *Nè pria, nè po', che'l si chiavasse al legno.* — (3) Sottintendesi *pece*.

e molte volte aiutano tirare la gran nave; ancora mena la nave dieci battelli per prendere de' pesci. Ancora vi dico che le gran barche ancora menano battegli; e quando la nave ha navigato un anno si aggiungono un'altra tavola su quelle due; e così fanno infino alle sei tavole [1]. Or v'ho contato delle nave che vanno per l'India; e prima che io vi conti dell'India sì vi conterò di molte isole che sono nel mare Oceano, ove noi siamo, e sono verso il levante; e prima diremo d'una che ha nome Zipagu.

136. Dell' isola di Zipagu.

Zipagu [2] ee una isola in levante, ch'è nell'alto mare mille cinquecento miglia.

(1) Così leggesi nel Cod. Pucc. *Si conficcano uno fogliolo d'assi in su quella, e così fanno insino alle sei fogliature.* Dopo i tempi di Marco Polo quasi niun progresso han fatto i Cinesi nell' architettura navale. Fra Mauro ornò il suo Mappamondo col disegno d'una nave indiana, delineata secondo la descrizione che qui il Polo ne ha data. — (2) *Zipangu*, T. Ramus. *Zibagum*, Cod. Pucc. Il Giappone, cui furono dati molti altri nomi, come *Yang-ka* (magazzino del sole), *Gepen-ka* (regno d'onde ha origine il sole), *Schibyn* è detto anche dai Cinesi. I natii l'appellano *Nipon* o *Nifon* (fondamento del sole). Questo potente impero è composto di tre isole grandi e di molte piccole che dal 30.° al 41.° grado di lat.

L'isola è molto grande; le genti sono bianche, di bella maniera e belle, e la gente è idola, e non ricevono Signoria da neuno, se no da loro medesimi. Qui si trova l'oro [1], però n'hanno assai; niuno uomo non vi va, e niuno mercatante non leva di questo oro, perciò n'hanno egliono cotanto. Il palagio del Signore dell'isola ee molto grande, ed è coperto d'oro, come si cuoprono di qua le chiese di piombo, e tutto lo spazo delle camere è coperto d'oro [2], ed evvi alto bene due dita, e tutte le finestre e mura e ogni cosa e anche le sale sono coperte d'oro; e non si potrebbe dire la sua valuta. Egli hanno perle assai, e sono rosse e tonde e grosse, e sono più care che le bianche [3]; ancora v'ha molte pietre preziose, e non si potrebbe contare la ricchezza di questa isola. E il Gran Cane che oggi regna, per questa gran ricchezza ch'è in questa isola, la volle fare

---

settentr. si estendono, e dal 143.° al 161.° di longitudine dal meridiano dell' isola di Teneriffa. Vi prosperò molto il cristianesimo, ma dopo una lunga persecuzione furono in fine l'anno 1638 fatti perire in un sol giorno 37,000 Cristiani, e vi rimase spento per sempre. Il Polo parla del Giappone sull'altrui relazioni. — (1) *L'oro in abbondanza*, C. Pucc. — (2) *E' lastricato*, C. Pucc. — (3) Oliviero Nort conferma ch'è un degli articoli di mercatura i più importanti del Giappone. Le perle grosse tonde e rosse sono infatti più stimate delle bianche.

pigliare, e mandovi due baroni con molte navi, e gente assai a piede ed a cavallo. L'uno di questi baroni avea nome Abata e l'altro Sanici [1], ed erano molti savi e valentri, e missorsi in mare, e furono in su questa isola, e pigliarono del piano e delle case assai, ma non aveano preso nè castella nè città. Or gli venne una mala isciagura, com' io vi dirò. Sappiate che tra questi due baroni avea grande invidia, e l'uno non facevà per l'altro nulla. Ora avenne un giorno, che 'l vento della tramontana venne sì forte, ch'egli dissoro: Che s'egli non si partissono, tutte le loro navi si romperebbono. Montarono sulle navi, e missorsi nel mare, e andarono di lungi di quivi quattro miglia, a un' altra isola non molto grande. Chi potè montare su quella isola si campò, gli altri rupposo: e questi furono bene trenta mila uomeni che scamparono su questa isola; e questi si tennono tutti morti, perocchè vedeano che non poteano iscampare, e vedevano d'altre nave ch' erano iscampate che se ne andavano verso loro contrade, e tanto vogarono che tornarono in loro

---

(1) *Abbaccatan e l'altro Vonsancin*, T. Ramusiano. La Storia Cinese dice che *Abahan* partì per comandare l'impresa del Giappone, e che giunto nel porto ove dovea imbarcarsi morì. Amiot e Deguignes. nominano i generali con altri nomi.

paese. Or lasciamo di quegli che tornarono in loro contrade, e diciamo di quegli che rimaseno in quella isola per morti.

Sappiate che quando quegli trenta mila uomeni, che camparono in sull'isola, si tenevano morti, perciochè non vedevano via da potere campare e' istavano in su questa isola molto isconsolati. Quando gli uomini della grande isola vidono l'oste così isbarattata ¹ e rotta, e vidono costoro ch'erano arrivati in su questa isola ebbono grande allegrezza ² : e quando il mare fue divenuto in bonaccia e' presono molte navi che aveano per l'isola, e andarono all'isoletta ov'erano costoro, e si montarono in terra per pigliare costoro ch'erano in sull'isoletta. Quando questi trentamila uomeni vidono i loro nemici iscesi in terra, e vidono che in sulle navi non era rimaso persona per guardare le navi, egliono, siccome savi, quando gli nimici andarono per pigliarli e' gli diedono una gran volta, e tuttavia fuggendo e' vennoro verso le navi, e quivi montarono tutti incontanente, e qui non fu chi lor contendesse. Quando costoro furono sulle navi levarono via quegli gonfaloni che vi

(1) *Sbarattare* per *disunire, metter in confusione* è usato anche da G. Villani. — (2) *Coloro della grande isola, vedendo coloro così isbaragliati, ebbon grande allegrezza*. Cod. Pucc.

trovarono susó, e andarono verso l'isola; ov'era la mastra villa di quella isola, perch'egli erano andati [1] : e quegli ch' erano rimasi nella città vedendo questi gonfaloni, credevano che fossono là gente ch'era ita a pigliare quegli trenta mila uomeni nell'altra isola. Quando costoro furono alla porta della terra [2], egli erano sì forti, che gli cacciarono di fuori della terra quegli che vi trovarono, e solo vi tennoro le belle femmine che v'erano, per loro servire; e in tal modo presonó la città la gente del Gran Cane. Quando quegli della città vidono ch' erano così beffati, volevano morire di dolore, e vennono con altre navi alla terra, e circondarola dintorno per modo che niuno nè poteva uscire nè entrare: e così tennoro la terra sei mesi assediata, e quegli dentro s'ingegnarono molto di mandare novelle di loro al Gran Cane, ma nol poterono fare; e in capo di sei mesi renderono la terra per patti, salvo le persone e 'l fornimento, di potere tornare al Gran Cane: e questo fu negli anni domini mille dugento sessanta nove [3]. E il primo barone che n'andò in

(1) Cioè perchè la maggior parte degli abitanti aveanla abbandonata per andar ad assaltare i Tartari. — (2) *Furono dentro alla terra*, C. Puce. — (3) Variano i testi intorno a questa data. Secondo la Storia Generale della Cina e secondo 'l P. Amiot la catastrofe accadde nel 1281, e a quest'ultima autorità convien deferire.

prima, lo Gran Cane gli fece tagliare il capo, e l' altro fece morire in carriere [1]. D' una cosa avea dimenticata, che quando questi due baroni andavano a questa isola, perchè un castello non si volle a loro arrendere, eglino lo presono poscia, e a tutti feciono tagliare il capo, salvo che a otto che per virtù di pietre che aveano nelle braccia dentro delle carne, per modo del mondo non si poteva loro tagliare [2], e gli baroni vedendo ciò, sì gli feciono ammazzare con mazze, e poscia feciono cavare loro queste pietre delle braccia. Or lasciamo di questa materia, e andremo più innanzi.

Or sappiate che gl' idoli di queste isole, e quegli del Cattai, sono tutti di una maniera; e questi di queste isole, e ancora dell' altre che hanno idoli, tali sono che hanno capo di bue, e tali di porco, e così di molte fazioni di bestie, di porci, e di montoni e d' altri; e tali hanno un capo e quattro visi, e tali hanno quattro capi, e tali dieci, e quanto più v' hanno, maggiore isperanza e fede hanno in loro. Gli fatti di questi idoli sono sì diversi e di tanta diversità di diavoli che qui non si vuole

---

(1) *Carriere* per *cave di metalli o di pietre*, voce non allegata nel Vocabolario. — (2) Qui si compatisca la buona fede del Polo in prestar orecchio agli altrui racconti.

contare [1]. Ora vi dirò di una usanza ch'è in questa isola. Quando alcuno di questa isola prende alcuno uomo, che non si possa ricomprare, convita suoi parenti e suoi compagni, e fallo cuocere, e dallo mangiare a costoro, e dicono, ch'è la migliore carne che si mangi [2]. Or lasciamo istare questa materia e torniamo alla nostra. Or sappiate che questo mare, ov'è questa isola, si chiama lo mare di Cin [3], che vale a dire, lo mare ch'è contra li Magi. E in questo mare de Cin [4], secondo che dicono li savi marinai, che bene lo sanno, hae 7450 [5] isole delle quali le più s'abitano. E sì vi dico, che in tutte queste isole non nasce niuno albore che non ne vegna olore, come

(1) Il Kaempfero nella sua Storia del Giappone (Lib. III.) ha diffusamente trattato delle religioni dominanti nel paese predetto. — (2) Il Giappone era giunto a tale civiltà a' tempi del Polo da poter credere che ivi non avesse luogo questa barbara costumanza, ed è probabile congettura che ciò gli fosse dai Cinesi imputato per inimistà, o antipatia nazionale. — (3) *Mare Cin*, T. Ramus. Le genti dell'Asia settentrionale ai tempi del Polo appellavano la parte settentrionale della Cina *Katai* o *Kitai*, la meridionale, gl'Indiani specialmente, *Tchin*. — (4) Qui chiama il mare che bagna la Cina il mare di *Cin* o *Tsin* come lo appellavano gl'Indiani e gli Arabi. *Chin Machin* è detto da Ebn-Auckal. I Cini chiamansi anche *Mantzi*, o *Mangi*, o *Mantzu* dai Tartari. — (5) 7448, God. Ricc. e Magl. II.

di legno aloe, o maggiore ; e hanno ancora molte care ispezie e di piue maniere. E in queste isole nasce il pepe bianco come neve, e del nero in grande quantità. Troppo è di grande valuta l'oro, e l'altre care cose che vi sono, ma sono sì di lungi che appena vi si puote andare ; e le navi di Quisai e di Zaito quando vi vanno sì ne recano grandi guadagni, e penano ad andare un anno, chè vanno il verno e tornano la state, che quivi non regna se non due venti, l'uno che mena in là, e l'altro in qua; e questi venti l'uno è di verno, e l'altro è di state [1]. Ed è questa contrada molto di lungi dall'India, e questo mare ee bene del mare Oceano, ma chiamasi de Cin, siccome si dice lo mare d'Inghilterra, lo mare di Roccella ; e il mare d'India ancora è del mare Oceano. Di queste isole non vi conterò più, perocchè non vi sono istato, e il Gran Cane non v'ha che fare. Or ritorneremo al Zaito, e quivi ricomincieremo nostro libro.

137. *Della provincia di Ciamba.*

Sappiate che quando l'uomo si parte del porto di Zaiton navica verso ponente,

(1) Primo fra i moderni il Polo parlò dei venti regolari, che chiamò *Mozioni* il Maffei nella Storia dell'India tradotta dal Sardomati.

e alcuna ¹ verso corbi ² mille cinquecento miglia; si si trova una contrada che ha nome Ciamba ³, ch'è molto ricca terra e grande, e hanno re per loro; e sono idoli, e fanno trebuto al Gran Cane ciascuno anno venti leonfanti (e non gli danno altro) li più belli che vi si possono trovare, chè n'hanno assai. E questo fece conquistare il Gran Cane negli anni Domini mille dugento settantotto. Or vi dirò dello affare del re e del regno. Sappiate che in quello regno non s'usa maritare niuna bella pulcella, che non convenga prima che il re la pruovi, e s'ella gli piace sì la si tiene, se nò sì la marita a qualche barone. E si vi dico che negli anni Domini mille dugento ottantacinque, secondo che io Marco Polo vidi, quel re avea trecentoventisei figlioli ⁴ tra maschi e femmine,

(1) Va qui sottinteso *alcuna voltà*, e la voce può mancare per colpa dello scrittore. — (2) Errore del Testo. Il Cod. Magliab. ha *Gherbi* cioè *gherbino*, ch'è il libeccio. In fatti per far vela da *Zaiton* verso il regno di *Cianpa* dovevano le navi volger la prua a libeccio. — (3) *Cheinan*, T. Ramus. Si ravvisa pel golfo cui dà nome l'isola *Hai-nan*, chiuso dall'altra parte dal *Tunkino* e dalla *Coccincina*; isola grande e importante che appartiene all'impero Cinese. — (4) Il Geografo Cinese tradotto da Amiot dice, che il re di *Pape* aveva 800 mogli. Nella relazione del regno di *Tchin-la*, tradotta da Remusat, si legge che il re di quel paese, o di *Cambogia*, avea cinque mogli, una delle quali era la prima, e da 3ooo a 5ooo concubine.

chè bene n'avea centocinquanta da portare arme. In quel regno ha molti leonfanti, e legno aloe assai, e hanno molto del legno ebano, di che si fanno calamari. Qui non ha altro da ricordare. Or ci partiamo, e andremo ad un'isola che ha nome Iava.

138. *Dell'isola di Iava.*

Quando l'uomo si parte di Ciamba, e va tra mezzodì e isciroc, bene mille cinquecento miglia, si viene ad un'isola grandissima, che ha nome Iava [1]. E dicono i marinai ch'ella è la maggiore isola del mondo, che gira bene tremila miglia [2]; e sono al Gran Re, e sono idoli, e non fanno tributo a uomo del mondo, ed è di molta gran ricchezza. Quivi hae pepe, e noce moscade, e spigo [3] e ghalangha, e cubebe [4], e garofani, e di tutte care spezie.

(1) E' l'isola detta *Giava* anche oggidì. — (2) E' errata l'estensione assegnata all'isola dal Polo, per lo che alcuni credettero ch' e' volesse parlare di *Borneo*. Ma ciò è detto congetturalmente, e nel T. Ram. è aggiunto *secondo che dicono alcuni buoni marinari*. Secondo alcuni moderni Geografi la lunghezza dell'Isola da Oriente a Occidente è di 575 miglia geografiche; la larghezza è dalle 117 alle 48 miglia. — (3) Sembra che intenda di favellare della *Spiga nardi*. — (4) Droga tratta da una pianta parasita che cresce nell'isola di Giava, ove chiamasi *Cuciombi* o *Cumuc*. Nel restante dell'Indie è detta.

A questa isola vengono grande quantità di navi e di mercatanzie, e fannovisi grandi guadagni; quivi hae tanto tesoro che non si potrebbe contare. Lo Gran Cane non l'ha potuta conquistare per lo pericolo del navicare, e della via; sì è lunga. E di questa isola i mercatanti di Zaito, e delli Magi n'hanno cavato e cavano gran tesoro. Or andiamo più innanzi.

139. *Dell' isole di Sodur e Codur.*

Quando l'uomo si parte dell' isola di Iava, e va tra mezzodì e Gharbi ottocento miglia [1], si truova due isole, l'una grande e l'altra piccola, che si chiamano Sodur e Condur [2]; e di qui si parte l'uomo, e va per isciroc da cinquecento miglia, e quivi truova una provincia che si chiama

Cubachint. I Mori la pongono in fusione nel vino per eccitarsi a' diletti sensuali. — (1) 700, Cod. Pucc. 500, Cod. Magliabechiano II. — (2) *Sondur* e *Condur*, T. Ramus. La ubicazione di queste isole ha dato gran travaglio ai Comentatori. *Sondur* vuolsi una di quelle isolette che formano l' arcipelago ch' è vicino alle coste del paese di *Ziampa* o *Tsampa*, della Cocincina e della *Cina*. Il P. Zurla inclinò a crederla *Sonderfulat* ricordata dal Renaudot. Secondo il Marsden corrisponde all'isoletta detta *Pulo Sapato*. *Condur* o *Condor* è l'isola ove approdò la nave che condusse alla China lord Marcartney, ed è celebre per la sicurezza del suo ancoraggio.

Locat¹ molto grande e ricca, ed evvi un grande re, e sono idoli, e non fanno tributo a niuno, perocchè non istanno in luogo che vi si possa andare per mal fare; e in questa provincia nasce oro dimestico² in grande quantità. Egli hanno tanto oro che non si potrebbe credere; egli hanno leonfanti e cacciagioni e uccellagioni assai. E di questa provincia si portano tutte le porcellane di che si fa le monete di quelle contrade³. Altro non v'ha che io sappia, perocchè è sì mal luogo che poca gente vi va; e il re medesimo n'è lieto, perocchè non vuole che altri sappia lo tesoro ch'egli ha. Or andremo più oltre e conterovi d'altre cose.

140. Dell' isola di Petam.

Or sappiate che quando l'uomo si parte di Locat, e va cinque cento miglia per mezzodie, e' truova una isola che ha nome Petam⁴, ch'è molto salvatico luogo;

---

(1) *Lochac*, T. Ramus. *Locac*, T. Ricc. secondo il quale si riconosce essere il paese di *Camboja*, di cui *Locat* era la capitale, distante 60 leghe dalla foce del fiume Giapponese. — (2) Per *oro dimestico* intendesi *oro natio*. — (3) Cioè quelle conchiglie delle quali si è antecedentemente parlato. — (4) *Pentan*, T. Ramus. E' l'isola di *Bintan* che forma l'imboccatura meridionale dello stretto di Malaca.

tutti loro boschi sono legni molto odorifichi. Or passeremo queste due isole. Intorno a sessanta miglia, e' non v'ha se non quattro passi d'acqua, e non si porta timone alle navi piccole, per l'acqua piccola, onde si convengono tirare le navi¹. Quando l'uomo hae passato queste sessanta miglia, ancora va per isciroc trenta miglia; qui si truova una isola, che v'è un re, e chiamasi la città Malavir², e l'isola si chiama Pentam; la città è grande e nobile; quivi si fa grande mercatanzia d'ogni cosa; di spezie ha grande abbondanza: Non v'ha altro da ricordare, perciò ci partiremo, e conterovi della picciola Iava.

141. *Della piccola isola di Iava.*

Quando l'uomo si parte dell'isola di Petam, e l'uomo va per isciroc da cento miglia, trova l'isola di Iava la Minore³, ma ella non è sì piccola ch'ella non giri duemila miglia, e di questa isola vi conterò tutto il vero. Sappiate che in su questa

(1) Cioè *rimurchiarle*. — (2) *Malajur*, T. Ramus. E' il regno di Malaca che nella favella malaja appellasi *Orang-Malaju* (regno dei Malai). — (3) *Giava Minore*, T. Ramus. Sembra probabile che la *Iabadia* di Tolomeo fosse *Sumatra*. *Iabadia* deriva *da Iaba-dia*, o *Iabadiva* che in indiano significa *isola di Giava*.

isola hae otto re ¹ coronati, e sono tutti idoli, è ciascuno di questi reami ha lingua per sè; qui ha grande abbondanza di tesoro e di tutte care ispezie. Or vi conterò la maniera di tutti questi reami di ciascuno per sè, e dirovi una cosa che parrà maraviglia ad ogni uomo, che questa isola è tanto verso mezzodì che la tramontana ² non si vede nè poco, nè assai. Or torneremo alla maniera ³ degli uomini, e dirovi del reame di Ferbet ⁴. Sappiate perchè i mercatanti Saracini usano in questo reame con lor navi e' hanno convertita questa gente alla legge di Malcometto; e questi

(1) Il Barbosa dice che in *Sumatra* sono molti regni. I Maomettani vi si stabilirono circa l'età del Polo, e ne sconvolsero l'antico ordinamento. Beaulieu, che la visitò l'anno 1620, scrive: ,, Le roi d'*Achem* possède la meilleure et la ,, plus grande partie de l'isle, le reste est di,, visé entre cinq ou six rois". — (2) *La stella tramontana*, T. Ramus. Il Marsden, che visitò quest'isola, scrive: ,, Essendo tagliata nel ,, centro dalla linea equinoziale, la stella po,, lare è invisibile a tutti gli abitanti della par,, te meridionale; da coloro che ne abitano la ,, parte settentrionale può essere veduta, ma ,, di rado, e solo in certi casi particolari ". — (3) *Or torniamo alla nostra materia, e dirovvi prima del reame*, Cod. Pucc. — (4) *Felech*, T. Ramus. Secondo il Marsden è il *Perlach* d'oggidì, luogo posto all'estremità orientale della parte settentrionale dell'isola. Nella Carta del Marsden medesimo è segnato ov'è il *Tuhgiong Goeru*, o la *Punta del Diamante* della Carta d'Anville,

sono soli quelli della città. Quelli delle montagne sono come bestie, ch'egli mangiano carne d'uomo [1] e d'ogni altra bestia e buona e rea; egli adorano molte cose, chè la prima cosa ch'egliono veggiono la mattina sì l'adorano. Ora v'ho contato di Ferbet, ora vi conterò del reame di Basma [2]. Lo reame di Basma, ch'è all'uscita di Forbet, è reame per sè, e loro linguaggio propio; e non hanno niuna legge; sono come bestie: egliono si richiamano per lo Gran Cane, ma non gli fanno niuno trebuto, perchè sono sie alla lunga che la gente del Gran Cane non vi potrebbe andare; ma alcuna volta lo presentono d'alcuna cara cosa. Egli hanno leonfanti assai salvatichi e unicorni [3] che non sono guari minori che leonfanti, e sono di pelo di bufali, e piedi come leonfanti; nel mezzo della fronte hanno un corno nero e grosso, e dicovi che non fanno male con quel corno, ma colla lingua,

(1) Il primo viaggiatore musulmano, pubblicato dal Renaudot, afferma essere mangiatori di carne umana gli abitanti dell'isola di *Ramni*, e secondo Marsden così appellavano gli Arabi l'isola di *Sumatra* ne' secoli di mezzo. Queste costumanze inumane furono abolite quando si propagò il Maomettismo. — (2) *Basman*, T. Ricc. Scrive il Baldelli: ,, Credo che *Basma* corri- ,, sponda piuttosto a *Passaman*, o *Basaman* che ,, a *Pasen* come pensa il Marsden ". — (3) *Leocorni*, T. Ramus. cioè *rinoceronti*.

che l'hanno ispinosa, tutta quanta di spine molte grandi; lo capo hanno come di cinghiaro, la testa porta tuttavia inchinata verso la terra [1], ed istà molto volentieri tra li buoi [2]; ella è molto laida [3] bestia a vedere. Non è, come si dice di qua, ch'ella si lasci prendere alla pulcella, ma è il contradio [4]. Egli hanno iscimmie assai e di diverse fatte; egli hanno falconi neri buoni da uccellare; e vogliovi fare a sapere, che quegli che recano i piccoli uomeni d'India si è mensogna, perocchè quegli che dicono ch'egli sieno uomeni, e' gli fanno in questa isola, e dirovi come. In questa isola hae iscimmie molto piccole, e hanno viso molto simile ad uomo [5]: Gli uomeni pelano queste iscimmie salvo la barba, e 'l pittignone, poi le

---

(1) *Portala sempre inchinata verso la terra*, Cod. Pucc. — (2) Il testo francese ha *se tenir dans la boue*. *In luto* ha in latino il Cod. Riccard. Nel *fango* porta il Cod. Magliab., dunque *tra i buoi* è un'asineria del traduttore. — (3) *Sozza*, C. Pucc. — (4) Smentisce il Polo la favola che 'l rinoceronte si lasci prendere soltanto da una vergine, eppure l'avea narrata anche Brunetto Latini nel suo *Tesoro* (Lib. V. c. 65), il quale chiama l'animale *unicorno*. — (5) Il Cod. Pucc. ha come segue: *E dirovvi che coloro che dicono, che in India sono i piccanicchi, cioè i piccoli uomini, sono favole, ma sono in questo modo, che in questa isola ha iscimie molto piccole, e hanno viso molto simile a uomo.*

lascian seccare, e pongole in forma, e così giale con zafferano, e con altre cose, ch' e' pare che siano uomeni. E questo è gran bugia [1] quello che dicono, perciocchè mai non furono veduti così piccoli uomeni. Or lasciamo questo reame, che non ci ha altro da ricordare, e dirovi dell' altro che ha nome Samarcha.

142. Del reame di Samarcha.

Or sappiate che quando l' uomo si parte di Basma, egli truova lo reame di Samarchà [2], ch' è in questa isola medesima; ed io Marco Polo vi dimorai cinque mesi [3] per lo mal tempo che mi vi teneva; e ancora la tramontana non si vedeva, nè le stelle del maestro [4]. E sono idoli salvatichi [5], e hanno re ricco e grande, e anche s' appellano [6] per lo Gran Cane. Noi vi

(1) *Buffa*, C. Pucc. — (2) *Samara*, T. Ramus, *Samatra*, regno da cui sembra avere avuto nome l'isola. Crede il Marsden che corrisponda all' attuale città di *Sama longa* fra *Pedir* e *Raso* sulla costa settentrionale. — (3) *Uno anno*, C. Magl. II. — (4). Pare che voglia significare che non vedeva la *stella polare*. Per quella del *maestro*, sembra che voglia significare il Carro di Boote, che ne' luoghi ove si nasconde sotto l'orizzonte, tramonta verso la parte di maestro. — (5) *Idolatri e gente salvatica*, C. Pucc. — (6) *E anche s' appellano per lo Gran Cane*, cioè, essi popoli *dicono di essere sotto la suggezione del Gran Cane.*

stemo cinque mesi, noi uscimo di nave, e facemmo castella in terra di legname, e in quelle castelle istavamo per paura di quella mala gente, e delle bestie che mangiano gli uomeni. Egli hanno il migliore pesce del mondo, e non hanno grano ma riso [1], e non hanno vino, se non come io vi dirò. Egli hanno alberi che tagliano gli rami, e quelli gocciolano, e quella acqua che ne cade è vino; ed empiesene tra dì e notte un gran coppo che sta appiccato al troncone, ed è molto buono. L'albero ee fatto come piccoli alberi di datteri, e hanno quattro rami, e quando quel troncone non getta piue di questo vino, eglione gittano dell'acqua appiè di questo albore, e stando un poco, e 'l troncone gitta; ed havvene del bianco e del vermiglio [2]. Delle noce d'India ve n'hae grande abondanza. Eglino mangiano tutte carne buone e ree. Or lasciamo qui, e conterovi di Dragouayn.

(1) L'articolo il più importante d'agricoltura (dice Marsden, T. I. c. 116.) non solo di Sumatra, ma di tutto l'Oriente, è il riso, alimento principale di cento milioni. — (2) L'albero da cui traggono il vino i *Samatrani* è detto da Marsden *Anon*, ed appartiene alla famiglia delle palme. Somministra una sostanza succarina, ed una farinacea, detta *sago*, ch'è molto nutritiva.

143. Del reame di Dragouayn.

Dragouayn [1] è uno reame per sè, e hanno loro linguaggio, o sono di questa isola; la gente è molto salvatica e sono idoli. Ma io vi conterò un mal costume ch'egli hanno, che quando alcuno ha male e' mandano per loro indovini e incantatori, che fanno per arti di diavolo, e domandano se 'l malato dee guarire o morire; e se 'l malato dee morire, egli mandano per certi ordinati a ciò, e dicono: Questo malato è giudicato a morte, fa quelle che dee fare [2]. Questi gli mette alcuna cosa sulla gola ed affogalo; e poscia lo cuocono; e quando è cotto vengono tutti li parenti del morto e mangialo. Ancora vi dico ch'egliono mangiano tutte le midolle dell'ossa; e questo fanno perchè dicono che non vogliono che ne rimanga niuna sostanza, perchè se ne rimanesse alcuna sustanza farebbe vermini, e questi vermini morrebbono per difalta di mangiare; e

(1) *Dragonayn*, T. Ramus. Il Polo accumulò talvolta ciò che vide in varj tempi. Alcuni suppongono che fosse un regno cui diede nome il fiume *Indragiri* o *Andragiri*, che ha foce nella costa orientale dell'isola. Il Baudelot scrisse: *Au levant près de la ligne est le petit royaume d'Andigri*; e sembra che a quest'ultimo sia da prestar fede. — (2) *Quelle che è da fare*, Cod. Pucc.

della morte di questi vermini l'anima del morto n'avrebbe gran peccato [1]; e perciò mangiano tutto, poscia pigliano l'osse e pongole in una archetta [2] in caverne sotterra nelle montagne, in luogo che non lo possa toccare nè uomo nè bestia. E se possono pigliare alcuno uomo d'altre contrade che non si possa ricomperare, sì lo si mangiano. Or lasciamo di questo reame, e conterovi d'un altro.

144. Del reame di Lambri.

Lambri [3] ee reame per sè, e richiamansi per lo Gran Cane, e sono idoli. Egli hanno molti berci, e canfora [4], e altre care ispezie. Del seme de' berci recai io a Vinegia, e non vi nacque per lo freddo luogo. In questo reame sono uomeni che hanno coda lunga più d'un palmo [5], e

---

(1) *Del morto che possa invermicare, che dicono che se nulla ne rimanesse che invermicasse, e i vermini morrebbono poi, e l'anima del morto n'avrebbe pena*, C. Pucc. — (2) Questo diminutivo non è nel Vocab. Nel T. Pucc. si legge: *Che rimangono del morto si le mettono in cassette.* — (3) *Lambri* era nella parte settentrionale dell'isola verso *Achem*, di cui oggidì non restano vestigie. — (4) Congetturo (scrive il Baldelli) che debba dire *belzuino e canfora*, che sono le due ragie odorifere che produce l'isola. Nel T. Ramus. leggesi *verzino e canfora*. — (5) *Lo collo alto più d'uno sommesso, e hanno la testa come una cane*, C. Magl. II.

sono la maggiore parte, e dimorano nelle montagne di lungi dalla città [1]. Le code sono grosse come di cane; egli hanno unicorni assai, cacciagioni, e uccellagioni assai. Contato v'ho di Lambri, ora conterovi di Fransur.

145. *Del reame di Fransur.*

Fransur [2] ee uno reame per sè, e sono idoli, e richiamansi per lo Gran Cane, e sono di questa medesima isola: e qui nasce la migliore camfera del mondo, la quale, si vende a peso d'oro [3]. Non hanno grano, ma mangiano riso; vino hanno degli alberi che abbiamo detto di sopra. Qui

(1) Questa è favola narrata anche dai Cinesi, fondata nell'aver confuso i popoli barbari di queste contrade con gli scimmioni, così detti *Orangutang*, abitanti delle foreste. Narra il Malte-brun che gli abitanti di *Nicobar* portano una striscia di panno pendente alla schiena, e crede che da ciò traesse origine l'assurda favola dello svedese Köping, favole che traviò lo stesso Linneo, il quale suppose che vi fosse una razza d'uomini caudata. — (2) *Fansur*, T. Ramus., e *Fansur* C. Riccard. Crede il Marsden che potesse essere l'isola di *Pawchor*, e poscia, mutata opinione, suppone che il Polo intenda favellare del regno di *Lampar*, di cui fecer menzione i primi scopritori portoghesi. — (3) Questa canfora reputatissima vendesi in *Sumatra* otto colonnati la libbra. Avvene d'una specie che vendesi nella Cina due mila colonnati il *Pecal*, il quale corrisponde a 163 libbre inglesi ed un terzo.

bae una grande maraviglia; ch' egli hanno farina d'albori, che sono albori grossi, e hanno la buccia sottile, e sono tutti pieni dentro di farina; e di quella farina si fanno mangiari di pasta assai e buoni; ed io più volte ne mangiai [1]. Ora abbiamo contato di questi reami; degli altri di questa isola non contiamo, perocchè noi non vi fummo; e però vi conterò di un'altra isola molto piccola, che si chiama Nenispola.

146. Dell'isola di Nenispola.

Quando l'uomo si parte di Iava e del reame di Lambri, e va per tramontana centocinquanta miglia, si truova l'uomo le due isole, l'una si chiama Negueram [2]: e in questa isola non ha re, anzi vi sono le genti che vivono come bestie, e istanno ignudi senza niuna cosa addosso; e sono idoli; e tutti loro boschi sono d'alberi di gran valuta, cioè sandali, noci d'India, garofani, e molti altri buoni albori. Altro non v'ha da ricordare, perciò ci partiremo di qui, e dirovi dell'altra isola che ha nome Aghama.

(1) Sembra che il Polo favelli dell'albero detto da Marsden *Sukun*, che reputa essere il vero albero panifero. — (2) *Nacueram*, T. Ramus. Si ravvisa essere la piccola isola dell'arcipelago di *Nicobar*; nella Carta d'Anville *Nicovari*; in quella dell'Indie di Rennel *Noncovery*.

147. *Dell' isola d'Aghaman.*

Aghama [1] ee una isola; e non hanno re, e sono idoli; e sono come bestie salvatiche; e tutti quegli di questa isola hanno capo di cane, e denti e naso a similglianza di gran mastino [2]. Egli hanno molte ispezie, e sono mala gente, e mangiano tutti gli uomini che possono pigliare, da quegli della contrada in fuori [3]. Loro vivande sono latte e riso e carne d' ogni fatta; mangiano frutti diversi da' nostri. Or ci partiamo di quinci, e diremo d' un altra isola chiamata Seillam.

(1) *Angaman*, T. Ramus. Appartiene anche quest'isola a quella parte dell'arcipelago che si distende dal capo *Negrais*, terra del *Pegu*, sino verso *Achem*, regno di *Sumatra*. Gli *Andomani*, e più anticamente *Nagebuli*, poi *Nicobar*, abitano il litorale. Servono oggidì alcune di queste isole di relegazione ai malfattori del *Bengala*. Gli abitanti appellano al presente *Mincopie* l' isola d'*Angaman*. — (2) Avevano gli abitanti la consuetudine di limarsi i denti incisori, e di ridurli appuntati come i canini, quindi scrisse il Polo che avevano la testa simile a quella dei cani mastini. — (3) Due schiatte d'uomini abitano tutte le isole Oceaniche del mezzodì, la Malese, e quella dei Mori Oceanici. ,, L' estrema mise-
,, ria e l'ignoranza d' ogni industria, il modo
,, di vivere a guisa dei bruti, rendongli a que-
,, sti assai somiglianti " (Malte-brun Geogr. T. IV, p. 241).

148. *Dell' isola di Seillam.*

Quando l' uomo si parte dell' isola di Ghama, e va per ponente mille miglia e per gherbino, egli truova l' isola di Seilla ¹, ch' è la migliore isola del mondo di sua grandezza ². E dirovi come ella gira duemila quattrocento miglia, secondo che dice lo mappamundo. E sì vi dico che anticamente ella fu via maggiore, chè girava quattromila seicento miglia ³; ma il vento alla tramontana vien sì forte, che una gran parte n' ha fatto andare sott' acqua 4,

(1) *Zeilan*, T. Ramus. L'isola di *Ceilan* si estende dal 6. al 10. di lat. settentr. La maggior lunghezza è dalla punta di *Galle* a quella di *Pedras*, luoghi distanti 62 leghe, 248 miglia. La larghezza da *Chilaon* o *Triquinimale* è di 47 leghe, o di miglia 186. L' isola ha di giro 190 leghe, o 760 miglia, secondo il Ribeyro. — (2) Richiesto dal re di Portogallo un suo uffiziale che veniva dall' isola di Ceylan, delle qualità di essa rispose: ,, Che i mari erano seminati di perle, i boschi di cannella, le foreste di ebano, i monti coperti di rubini, le grotte di cristalli, ch'era in fine il luogo che Dio elesse per paradiso terrestre " (Lett. edif. T. XIII. p. 92). — (3) *Tremila seicento*, Cod. Pucc. e Ricc. — (4) Nella raccolta di Viaggi degli Olandesi si narra, che il Ceylan aveva altre volte 400 leghe di giro, ma che il mare aveva corrose o inghiottite quaranta leghe di paese dalla parte di maestro, talchè non aveva più che 300 leghe di giro, o 900 miglia italiane.

Questa isola si ha re che si chiama Sedemay [1]. E sono idoli e non fanno trebuto a neuno, e vanno tutti ignudi, salvo la natura; non hanno biada, ma riso, e hanno sosimas [2], onde fanno l'olio, e vivono di riso e di carne e di latte; e 'l vino fanno degli alberi che hoe detto di sopra. Or lasciamo andare questo, e conterovi delle più preziose cose del mondo. Sappiate che in questa isola nascono i buoni e nobili rubini, e non nascono in niuno luogo del mondo piue, e qui nascono zaffiri e topazi e amatisti, e alcune altre pietre preziose. E sì vi dico che il re di questa isola hae il piue bello rubino del mondo e che mai fosse veduto; e dirovi com'è fatto. Egli è lungo presso che un palmo, ed è grosso bene altrettanto, come sia un braccio d'uomo, egli è la piue ispredente cosa del mondo; egli non ha niuna tacca [3], egli è vermiglio come fuoco, ed è di sì

(1) *Sendernas*, T. Ramus. Avverti il Marsden che i nomi indiani hanno un proprio significato, e crede che questo sia una storpiatura di *Chandranas*, che significa *luna scema*. — (2) Leggesi nel Testo *sosimai*, ma dee dire *sosiman*, come porta il Cod. Riccard., ch'è il *sesamo* da cui si cava l'olio nell'India. — (3) Il Vocabol. alla voce *tacca* allega altro esempio tratto dal Milione nel significato di *piccolo taglio*, ma qui è in quello di *pelo* o *macchia*, e vien dal francese *tache*. Nel C. Magl. II. leggesi *macola*.

gran valuta che non si potrebbe comperare, e il Gran Cane mandò per questo rubino, e gliene voleva dare la valuta d'una buona città, ed egli disse che nol darebbe per cosa del mondo, perocch'egli fue degli suoi antichi (1). Ora la gente che v'è, si è vile e cattiva, e se gli bisogna gente d'arme hanno gente d'altra contrada, e specialmente Saracini. Qui non ha altro da ricordare, perciò ci partiremo, e conterovi di Maabar ch'è provincia.

249. Della provincia di Maabar.

Quando l'uomo si parte dell'isola di Scilla, e va verso ponente sessanta miglia, truova la gran provincia di Maabar [2] ch'è chiamata l'India Maggiore, e questa è la maggiore India che sia [3], ed è della terra ferma; e sappiate che questa provincia ha cinque re che sono fratelli carnali, ed io vi dirò di ciascuno per sè. E sappiate che

(1) Di questo grossissimo rubino parla anche Aitone Armeno (*apud* Berg. c. VI.). Confermano la ricchezza delle miniere di pietre preziose tutti coloro che hanno visitato il Ceylan. — (2) E' stata corretta la lezione Ramusiana che male scriveva *Malabar*. Mabar è corruzione del nome indiano *Maravar*. Abulfeda fa menzione della penisola ch'è alla diritta del *Gange*, detta *Decan*; del *Manibar* e del *Mabar*. — (3) *E questa è l'una delle tre Indie la maggiore*, C. Pucc.

questa è la più nobile provincia del mondo, e la più ricca. Sappiate che da questo capo della provincia regna un di questi re che ha nome Senderba re de Var¹. In questo regno si truova le perle buone e grosse, ed io vi dirò come elle si pigliano. Sappiate che gli ha in questo mare un golfo, ch'è tra l'isole e la terra ferma; e non ha d'acqua più di dieci passi o dodici, e in tal luogo non più di due; e in questo golfo si pigliano le perle in questo modo². Gli uomini pigliano le grandi navi e piccole e vanno in questo golfo dal mese d'aprile insino a mezzo maggio in un luogo che si chiama Bathalar³, e

(1) *Uno re di questi cinque fratelli c'ha nome Senderba re d'Avar,* C. Puce. *Sandala,* C. Ricard. *Senderbandi,* T. Ram. Questo nome è stato stranamente trasfigurato in diversi codici. Il Marsden crede che derivi dalle voci *Ciandra bandi,* che significano *Servo della luna.* Il re di Maabar rammentato dal Polo sembra essere quello di *Narsinga,* la cui capitale era *Bisnagor.* — (2) La pesca delle perle fassi nello stretto che separa il *Ceylan* dalla terra ferma, che chiamasi *il passo d'Adamo* presso l'isoletta di *Manaar,* e queste sono le più tonde e le più lucenti. — (3) *Betala,* T. Ram. È da notare la estrema esattezza del Polo. Nella carta del Ceylan di de l'Isle in faccia *Tutacoris* è segnato il banco delle perle vicino alla terra ferma; e così nella carta dell'India di Rennel, a circa 60 miglia a tramontana, è segnato un luogo detto *Patal,* che sembra essere il *Bathalar* del Polo.

vanno nel mare sessanta miglia, e quivi gettano loro ancora, ed entrano in barche piccole, e pescano com' io vi dirò. E' sono molti mercatanti e fanno compagnia insieme e alluogano¹ molti uomeni per questi due mesi che dura la pescagione; e i mercatanti donano al re delle dieci parte l'una di ciò che pigliano, e ancora ne donano a coloro che incantano i pesci, chè non faccino male agli uomeni che vanno sotto acqua per trovare le perle; a costoro donano delle venti parti l'una, e questi sono Abrinamani² incantatori, e questo incantesimo non vale se non è il die, sicchè di notte nessuno non pesca; e costoro ancora incantano ogni bestia e uccello. Quando questi uomeni allogati vanno sott'acqua due passi, o quattro, o sei, insino in dodici, egli vi stanno tanto quantunque eglino possono, e pigliano cotali pesci che noi chiamiamo arringhe³, e in

(1) *Allogare* per *fermare alcuno a' suoi servigi a condizioni patuite* manca nel Vocab. — (2) Errore del Codice. *Abrajamin* sta nel Cod. Riccard. che sono *Bramina Bramani*. Knot parla de' sacerdoti che ne' pericoli sacrificano al diavolo, ch' esso appella *Saddese*. Le superstizioni qui narrate sussistono tuttora. — (3) Sproposito de' menanti. Nel Cod. Riccard. si legge *marina chonchilia in quibus sunt margarite*. Brunetto Latini (Lib. 11 c. 41) narra che le ostriche, forse in francese de' suoi tempi, chiamavansi *moriche* o *meringhe*, ed è probabile che *meringhe* qui debba leggersi.

queste arringhe si pigliano le perle grosse
e minute d'ogni fatta. E sappiate che le
perle che si truovano in questo mare si
spandono per tutto il mondo, e questo re
n'ha grande tesoro. Or v'ho detto come
si truovano le perle, e da mezzo maggio
innanzi non ve se ne truova piue. Bene è
vero, che di lungi di qui trecento miglia
e' se ne truova di settembre infino a ottobre. E si vi dico, che tutta la provincia di
Mabar non fa loro bisogno sarto, perocchè vanno tutti ignudi d'ogni tempo; perocchè gli hanno d'ogni tempo il tempo
temperato, cioè nè freddo nè caldo [1]; però
vanno ignudi, salvo che cuoprono la loro
natura con un poco di panno; e così vae
il re come gli altri, salvo che porta altre
cose, come io vi dirò. E' porta alla natura più bello panno che gli altri, e a collo
un collaretto tutto pieno di pietre preziose, sicchè quella gorgiera [2] vale bene due
gran tesori; ancora gli pende da collo [3] una
corda di seta sottile [4], che gli va giù dinanzi un passo, e in questa corda ha dà

(1) *È temperata l'aria, cioè nè calda, nè
fredda*, Cod. Pucc. — (2) *Quel collaretto*, Cod.
Pucc. — (3) *Da lato*, Cod. Pucc. — (4) Questo
cordone è quella corona indiana che sogliono
recitare in onore di *Shiva*, la terza fra le supe-
riori loro divinità: *Bramea*, secondo questi Indiani, è il creatore o produttore delle cose; *Vishnu*,
il conservatore di esse; *Shiva*, il distruttore delle medesime.

centoquattro tra perle grosse e rubini, il qual cordone è di grande valuta: e dirovi perchè egli porta questo cordone. Perchè conviene ch'egli dica ogni dì centoquattro orazioni a' suoi idoli; e così vuole la sua legge, e così facevano gli altri re antichi, e così fanno questi d'ora[1]. Ancora portano alle braccia bracciali tutti pieni di queste pietre carissime, e di perle; e ancora tra le gambe in tre luoghi portano di questi bracciali[2] così forniti. Ancora vi dico che questo re porta tante pietre[3] adosso che vagliono una buona città; e questo non è maraviglia, avendone cotanta quantità com'io v'ho contato. E sì vi dico, che niuna persona puote cavare nè pietra nè perla fuori di suo reame che pesi da un mezzo saggio in su; e il re fae ancora bandire per tutto il suo reame che chi hae grosse pietre e buone, o grosse perle, ch'egli le porti a lui, ed egli gliene farà dare due cotanti che non gli costarono; e questa è usanza del regno di dare due cotanti che non gli costano;

---

(1) ,,Adorano non so qual Dio antichissimo, ,, chiamato da essi Pambramma, e tre figliuo-,, li di lui, in grazia dei quali portano tre fila ,, al collo sospese ''. (Maffei, Stor. dell'Ind. p. 48). — (2) *Bracciale* nel signific. di *armilla* manca nel Vocab. Può vedersi questo modo di ornarsi descritto dal P. Paolino da san Bartolomeo (Viag. all'Ind. p. 205. — (3) *Tante perle e pietre preziose*, C. Pucc.

di che gli mercatanti, e ogni uomo, quando n' hanno, portano volentieri al Signore, perchè sono bene pagati [1]. Or sappiate che questo re hae bene cinquecento femmine, cioè, mogli; chè come vede una bella femmina, o donzella sì la vuole per sè, e sì ne fae quello ch'io vi dirò. Incontanente che egli vede una bella moglie al fratello, sì la gli toglie e tiella per sua, e 'l fratello, perchè è savio in questo, sì glielee sofferisce [2], e non vuole briga con lui. Ancora sappiate che questo re ha molti figliuoli, che sono grandi baroni che gli vanno d'intorno sempre quando cavalca; e quando lo re è morto e lo corpo suo s'arde, e tutti questi figliuoli s'ardono, salvo il maggiore, che dee regnare; e questo fanno per servirlo nell'altro mondo. Ancora v'hae una cotale usanza, che del tesoro che lascia il re al figliolo maggiore mai non ne tocca, chè dice che nol vuole mancare [3] quello che gli lasciò il suo padre, anzi il vuole accrescere; e ciascuno l'accresce [4], e l'uno il lascia all'altro, e perciò è questo re così ricco.

(1) *Che non costano ai mercanti. E ogni uomo che n'hae la porta volentieri al Signore perchè sono ben pagati*, C. Pucc. — (2) *Sì lo si soffera*, C. Pucc. — (3) *Iscemare di quello che 'l padre gli lasciò*, C. Pucc. *Mancare* per *iscemare* ha esempi in Matteo Villani. — (4) Anche oggidì usano questi popoli di ammassare, e poi di sotterrare loro tesori, e ciò forse per

Ancora vi dico, che in questo reame non vi nascono cavagli,[1], e perciò tutta la rendita loro consumano pure in cavagli; e dirovi come i mercatanti di Quisai e di Far e di Ser e di Dan [2] (queste provincie hanno molti cavagli) e questi mercatanti empiono le navi di questi cavagli, e portagli a questi cinque re, che sono fratelli, e vendono l'uno bene cinquecento saggi d'oro, che vagliono piue di cento marche d'ariento; e questo re ne compera ogni anno duemila o più, e i fratelli altrettanti. Di capo dell'anno tutti son morti, perchè non v'ha maniscalco veruno, sicchè non gli sanno governare; e questi mercatanti non ve ne menano veruno, perciocchè vogliono prima che tutti questi cavagli muoiono per guadagnare [3]. Ancora

timore di vederli derubati dai conquistatori dell'Indie (Lett. edif. T. XII. c. 59). — (1) I cavalli vivono poco in questo paese, non vi nascono, e tutti vi vengono condotti dai regni di *Ormus* e di *Cambaja*. Così il Barros. — (2) Di *Dufar* o di *Chamos*, d'*Egursi*, e da *Dafar*, è d'*Aser*, C. Magl. II. Secondo queste lezioni è impossibile il riconoscer i luoghi citati, ma si fanno agevoli col T. Parig. ov'è detto che concorrevano a vendervi i cavalli i mercatanti di *Quisei*, (Kis. isola del seno Persico) di *Dufar*, di *Saer*, cioè di *Sojer*, di *Adan*, cioè di *Aden*, tutti scali della penisola Arabica. — (3) Evvi per altro una razza di cavalli indigeni, ma per le armate valgonsi di cavalli stranieri, che costano anche oggidì cinque o seicento piccoli scudi di Francia (Lett. Edif. XII. c. 74).

v' ha cotale usanza: quando alcuno uomo, hae fatto malificio veruno ch' egli debbia perdere la persona, e quel cotale uomo dice: Che si vuole uccidere egli stesso per onore di cotale idolo; e il re gli dice: Che bene gli piace. Allotta gli parenti e gli amici di questo cotale malfattore lo pigliano, e pongolo in su una carretta, e dannogli bene dodici coltella, e portalo [1] per tutta la terra, e vanno dicendo: Questo cotale prode uomo (dicendo ad alta bocie) egli si va ad uccidere egli medesimo per amore del cotale idolo. E quando sono al luogo ove si dee fare la giustizia, colui che dee morire piglia un coltello e grida ad alta bocie: Io muoro per amore di cotale idolo. Quando hae detto questo egli si fiede del coltello per mezzo il braccio, e poi piglia l'altro e dassi nell'altro braccio, e poscia dell'altro per lo corpo, e tanto si dà che s'uccide; quando è morto gli parenti l'ardono con grande allegrezza [2]. Ancora v'hae un altro costume, che quando alcuno uomo morto s'arde, la moglie si getta nel fuoco, e arde con

(1) *Menallo*, C. Puce. — (2) Questo fatto non è inverisimile, mentre anche anticamente gl'Indiani immolavano vittime umane ai loro idoli. A tutti è noto il rito di ardersi delle vedove indiane. Il P. Paolino di s. Bart. però scrive che presso le donne malabariche s'è oggidì addolcita tanta ferocia.

con lui; e queste femmine che fanno questo sono molto lodate dalle genti; e molte donne il fanno. Questa gente adorano
gl'idoli, e la maggior parte il bue [1], perchè dicono ch' è buona cosa; e veruno
v'è che mangiasse carne di bue, nè niuno l'ucciderebbe per nulla; ma è v' ha
una generazione d'uomeni che hanno nome Ghavi [2], che mangiano i buoi, ma non
gli oserebbono d'uccidere; ma se alcuno
vi muore di sua morte [3], sì il mangiano bene. E sì vi dico, ch' egliono ungono tutta
la casa di grasso di bue [4]. Ancora ci ha
un altro costume, che gli re e baroni, e

(1) ,, Attribuiscono gli onori divini agli ele-
,, fanti, e tanto maggiori ai buoi, perchè credo-
,, no che le anime degli uomini morti entrino
,, principalmente nel corpo di quelle bestie ''.
(Maffei Stor. dell'Ind. c. 49). Gl'Indiani non sono meno superstiziosi degli antichi Egizj, nel
prestar culto al bue e alla vacca, e credono che
il tramutamento d'un'anima il più onorevo-
le sia quella di entrare nel corpo del bue, e
della vacca. — (2) Forse intende di parlare
di quegl'Indiani che sono reputati la più abbiet-
ta classe del popolo, ed ingiuriata da tutti, e
che per qualche infrazione alle leggi è espulsa
dalle loro tribù. Il frequentarli è infamia, l'accostarsi ad essi a meno di venti passi rende indispensabile la purificazione (Hist. Gen. des Voy.
T.XL c.441). — (3) *O fosse morto da altri*, C. Pucc.
— (4) Narra il Barbosa che spazzando il palazzo del re di Calicut le donne imbolano i pavi-
menti con sterco di vacca stemperato, ed il P.
Paolino scrive, che agl'iniziati nel culto di
Bhavani e di *Lackismi* fanno bere una pozione

tutta altra gente, non siede mai se none in terra; e dicono che questo fanno perchè sono di terra e alla terra debbono tornare, sicchè perciò non la possono troppo onorare. E questi Ghavi, che mangiano la carne de' buoi, sono quegli in cui i loro antichi [1] uccisono san Tommaso l'Apostolo; e veruno di questa ingenerazione potrebbe entrare colà ov'è il corpo di s. Tommaso. Ancora vi dico, che venti uomeni non ve ne potrebbono mettere uno di questa cotale generazione de' Ghavi per la vertù del Santo Corpo. Qui non ha da mangiare altro che riso. Ancora vi dico, che se un gran destriere si desse a una gran cavalla, non ne nascerebbe se non un piccolo ronzino colle gambe torte, che non val nulla e non si può cavalcare. E questi uomeni vanno in battaglia con iscudi e con lance, e vanno ignudi, e non sono prodi uomeni, anzi sono vili e cattivi. Eglino non ucciderebbono niuna bestia, ma quando vogliono mangiare alcuna carne, sì la fanno uccidere a' Saracini, e ad

detta *pancadevya*, composta d'orina di sterco di vacca stemperato nell'acqua, cui aggiungono latte fresco, burro e latte acido. Nel T. Ramusiano tutto questo paragrafo 149 forma il Capitolo XX del Libro Terzo, ed è molto più circostanziato. — (1) *Sono coloro i cui antichi*, C. Pucc.

altra gente che non sia di loro legge. Ancora hanno questa usanza, che i maschi e le femmine ogni dì si lavano due volte tutto il corpo, la mattina e la sera, e mai non mangierebbono se questo prima non avessoro fatto, nè non berebbono; e chi questo non facesse è tenuto, come sono tra noi i paterini [1]. E in questa provincia si fa grande giustizia di quegli che fanno micidio, o che imbolino, e d'ogni malificio [2]; e chi è bevitore di vino non è ricevuto a testimonianza per l'ebrezza [3], e ancora chi va per mare, dicono ch'è disperato. E sappiate ch'egliono non tengono a peccato niuna lussuria; e v'ha sì gran caldo ch' è maraviglia; e vanno ignudi; e non vi piove se non tre mesi dell'anno, giugno e luglio e agosto; e se non fosse questa acqua che rinfresca l'aiere, e' vi sarebbe tanto caldo che niuno vi camperebbe [4]. Quivi hae molti savi uomeni di

---

(1) L'immersione nei fiumi e nelle acque è per gl'Indiani un rito sacro espiatorio. Il P. Paolino di s. Bart. vide eseguire la lustrazione mattutina a tutta la popolazione di *Ciodoria* nel Coromandel. — (2) *Maleficio*, è qui posto per *delitto* in genere. — (3) E' proibito dalle Leggi bramaniche il bere qualunque liquore che può inebriare. (Lett. sull'Ind. Or. T. II. e. 28). — (4) Delle pioggie periodiche dell'Indie parla Pietro della Valle facendo le medesime riflessioni del Polo (Viaggi P. III. e. 26).

filosofia ¹, cioè, di quella che fa conoscere gli uomeni alla vista: egli guatano ad agure ² più che uomeni del mondo, e più ne sanno, che molte volte tornano a dietro di loro viaggio per uno starnuto, o per una vista d'uccello. E di tutti i loro fanciulli, quando nascono, iscrivono il punto e la pianeta che regnava quando nacque, perchè v'ha molti astrologi e indovini. E sappiate che per tutta l'India li loro uccelli sono divisati da' nostri, salvo la quaglia, e i vilpistrelli ³; egli vi sono grandi come astori, tutti neri come carboni: e danno agli cavagli carne cotta con riso, e molte altre cose cotte. Qui ha molti monisteri d'idoli, e havi molte donzelle e fanciulli offerti da' loro padri e da' loro madri per alcuna cagione; e il signore del monistero quando vuole fare alcuno sollazzo agli idoli, sì richeggiono questi offerti, ed egli sono tenuti d'andarvi, e quivi ballano e trescano e fanno

(1) *Fisonomìa*, C. Pucc. Il P. Paolino chiama *Vanaprasta* una classe di uomini celibi e solitarj, ch'egli reputa seguaci della filosofia de' Ginnosofisti. Pietro della Valle li chiama *Ghioghi*. — (2) *Agurio*, C. Pucc. *Agura* voce antica, per *augurio*, o segno o presagio di cosa futura. — (3) *Vilpistrello* per *vipistrello* è voce usata anche da Franco Sacchetti. Di questi parlò eziandio il Pigafetta, ed è un quadrupede alato, detto da Buffon *Rossette*, che mangiasi volentieri nell'Indie.

gran festa; queste sono molte donzelle, e più volte queste donzelle portano da mangiare a questi idoli ove sono offerte; e pongono la tavola dinanzi agli idoli, e pongonvi suso vivande, e lascialevi istare suso una gran pezza; e tuttavia le donzelle cantando e ballando per la casa [1]. Quando hanno fatto questo dicono, che lo spirito dell'idolo hae mangiato tutto il sottile della vivanda, e ripongola e vannosene. E questo fanno le pulcielle tanto che si maritano [2]. Or ci partiamo di questo regno, e dirovi d'un altro, che ha nome Multifili.

(1) I Sacerdoti degl'Idoli sono in uso di cercare tutti gli anni una sposa pe' loro Dei, e quando vedono una donna che loro piaccia, maritata o no, la rapiscono, o per astuzia fannola venir nel delubro, dove fanno la cerimonia del matrimonio (Lett. edif. T. XI. p. 179).
— (2) Sono le celebri *Devadesi*, dette dai Portoghesi *Bagliadares*, cioè ballerine. Oltre ad essere cadette devote dei sfrenati bramani, hanno cura de' loro templi, e dansano e cantano ne' dì solenni dinanzi ai simulacri dei numi. (Lett. sull'Ind. Orient. T. 11. e. 55).

150. *Del regno di Multifili.*

Multifili [1] è un reame che l'uomo trova quando si parte da Miniular [2], e va per tramontana bene mille miglia. Questo regno è ad una reina molto savia, che rimase vedova è bene quaranta anni, e voleva sì gran bene al suo Signore che giammai non volle prendere altro marito, e costei hae tenuto questo regno in grande istato, ed era più amata che mai fosse o re o reina. Ora in questo reame si truova diamanti; e dirovi come questo reame hae grandi montagne; e quando piove, l'acqua viene rovinando giuso per queste montagne, e gli uomeni vanno cercando per la via ove l'acqua ee ita, e trovane assai di diamanti; e la state, che non vi piove, sì se ne trova su per quelle montagne; ma e' v'ha sì grande caldo che a pena vi si puote sofferire; e su per queste montagne ha tanti serpenti e sì grandi che gli uomeni

(1) *Marphili*, T. Ramus. *Murfili*, C. Riceard. *Mosul*, C. Parig. Congetturò il Malte-brun che qui intendesse il Polo di favellare del regno di *Golconda*, e soggiunse che significa *regno dell'avorio*. *Marfil*, o *Merfil*, secondo il P. Zurla, vuol dire *avorio* o *dente di elefante*; ma è evidente, soggiugne il Baldelli, che il Polo discorre del famoso regno già distrutto di *Orissa*, e non di *Golconda*. — (2) *Maabar*, C. Pucc.

vivano a grande dottanza ¹; e sono molto velenosi, e non sono arditi d' andare presso alle loro caverne di quelli serpenti ². Ancora gli uomeni hanno gli diamanti per uno altro modo, ch' egli hanno sì grandi fossati e sì profondi che veruno vi puote andare; ed egli vi gettano entro pezzi di carne ³ e gittala in questi fossati, di che la carne cade in su questi diamanti e ficcansi nella carne. E in su queste montagne istanno aguglie bianche che stanno tra questi serpenti ⁴; quando l' aguglie sentono questa carne in questi fossati, ella si vanno colà giuso e recola in sulla riva di questi fossati, e questi ⁵ vanno incontro all' aguglie, e l'aguglie fuggono, e gli uomeni truovano iu questa carne questi diamanti, ed ancora ne truovano, chè queste aguglie sì ne beccano di questi diamanti colla carne insieme, e gli uomeni vanno, la mattina al nidio dell' aguglia, e trovano colla l'uscita ⁶ loro di questi diamanti. Sicchè

(1) *Dottanza* per *timore*, voce antica. — (2) *Gli uomeni d' andare presso alle tane loro*, C. Pucc. — (3) *Scorticata*, C. Pucc. — (4) *Aquile bianche che vi stanno per questi serpenti*, C. Pucc. *Aquile e cicogne bianche*, T. Ramus. — (5) *E gli uomeni*, C. Pucc. — (6) *Nello sterco*, Cod. Pucc. *Uscita* per *scorrenza*, o *stemperamento di corpo*. Scrivendo il Polo che si cercano i diamanti per mezzo delle aquile, non fa che ripetere una favola narratagli dagli Arabi, o dagli Orientali, e che spacciavano a tutti gli

così si truovano i diamanti per questi modi, nè in luogo del mondo non se ne trova di questi diamanti se non in questo reame. E non crediate che gli buoni diamanti si rechino di qua tra gli Cristiani; anzi si portano al Gran Cane, ed agli altri re e baroni di quelle contrade che hanno lo gran tesoro. E sappiate, che in questa contrada si fa il migliore bucherame, e il più sottile che nel mondo si facci; e il più caro [1]. Egli hanno bestie assai, e hanno i maggiori montoni del mondo, ed hanno grande abbondanza d'ogni cosa da vivere. Ora udirete del corpo di messer santo Tommaso Apostolo, e dove egli è.

151. *Di santo Tommaso l'Apostolo.*

Lo corpo di santo Tommaso Apostolo si è nella provincia di Mabar in una picciola terra che non v'ha molti uomeni, nè mercatanti non vi vengono perchè non v'ha mercatanzia, e perchè il luogo ee molto divisato [2]; ma vengovi molti Cristiani e molti Saracini in pellegrinaggio, chè gli Saracini di quelle contrade hanno grande fede [3]

---

stranieri. La stessa è scritta da Niccolò Conti (Ramus. Nav. V. I. c. 308). — (1) Tavernier narra, che una noce di cocco recata da un ambasciadore Persiano tornato dal Gran Mogol conteneva un turbante lungo 120 braccia. — (2) *Divisato* per *appartato* manca nel Vocab. — (3) *E devozione,* Cod. Pucc.

in lui, e dicono ch'egli fu Saracino, e dicono ch'è gran profeta, e chiamallo Varria [1], cioè, santo uomo. Or sappiate che v'ha cotale maraviglia, che gli Cristiani che vi vengono in pellegrinaggio tolgono della terra del luogo ove fu morto santo Tommaso, e dannone un poco a bere a coloro che hanno la febbre quartana o terzana, incontanente sono guariti, e quella terra sì è rossa [2]. Ancora vi dirò una maraviglia che avvenne negli anni Domini milleduegentottantotto. Un barone era in quella terra che avea fatto empiere tutte le case della chiesa di riso, sicchè niuno pellegrino vi poteva albergare, e gli Cristiani che guardavano la chiesa sì ne avevano grande ira, e non giovava di pregare tanto che questo barone le facesse isgombrare, sicchè una notte apparve a questo barone san Tommaso con una forca in mano, e missegliele in bocca, e dissegli: Se tosto non fai isgombrare la mia casa, io ti farò morire di mala morte; e con questa forca gli strinse sì la gola, che a colui fue gran pena; e san Tommaso si partio, e la mattina vegnente lo barone fece isgombrare le case

---

(1) *Amannam*, Cod. Pucc. *Ananìa*, T. Ramus.
— (2) Il P. Paolino di s. Bart. afferma che anche oggidì i Maomettani e gl'Indiani hanno gran riverenza per questo luogo.

della chiesa, e disse ciò che gli era intravenuto. Gli Cristiani n'ebbono grande allegrezza, e grande riverenza ne renderono a S. Tommaso [1]. E sappiate ch'egli guarisce tutti gli Cristiani che sono lebrosi. Or vi conterò come fu morto, secondo che io intesi, benchè la leggenda sua dice altrimenti. Or diciamo quello che io udii. Messer san Tommaso si stava in uno romitoro in un bosco, e diceva sue orazioni, e d'intorno a lui sì c'avea molti paoni, che in quella contrada s' hae piue che in parte del mondo; e quando san Tommaso orava, e uno idolatro della schiatta di Ghavi andava uccellando a' paoni; e saettando a uno paone si diede a San Tommaso per le coste, che nel vedeva; ed essendo così ferito, orò dolcemente, e così orando morio [2]. E' innanzi che venisse in questo romitoro molta gente convertì alla fede di Cristo per l'India. Or lasciamo di S. Tommaso, e dirovi delle cose [3] del paese. Sappiate che fanciulli e fanciulle nascono neri, ma non così neri, com' egliono sono poscia [4] chè continovamente s'ungono ogni settimana con

---

(1) *A Dio e al Santo,* C. Pucc. — (2) *Diede a santo Tommaso nel costato disavvedutamente; e essendo così ferito, orando a Dio, dolcemente rendè l'anima a Domineddio,* C. Pucc. — (3) *Della moneta,* C. Pucc. — (4) Secondo il P. Paolino ungonsi coll'olio di cocco. Nel Coromandel sono più neri gli abitanti che nel Malabar.

olio di sosimn, acciocchè diventino ben neri; chè in quella contrada quelli ch'è più nero è più pregiato. Ancora vi dico, che questa gente fanno dipingere tutti i loro idoli neri, e i dimoni bianchi come neve, chè dicono che il loro iddio e i loro santi sono neri; e sì vi dico, che tanta è la fede e la speranza ch'egli hanno nel bue, che quando vanno in oste, ed cavaliere porta del pelo del bue al freno del cavallo, e il pedone se porta allo iscudo, e tali se ne fanno legare a' capegli; e questo fanno per campare d'ogni pericolo che puote incontrare nell'oste.[1] Per questa cagione il pelo del bue v'è molto caro, perocchè niuno uomo si tiend sicuro s'egli non ha adosso. Ora ci partiremo quinci, e andremo in una provincia che si chiamano i Bregomanni.

152. *Della provincia di Iar.*

Iar [2] è una provincia verso Ponente, quando l'uomo si parte del luogo ov'è il

(1) *Che possa loro intervenire nell'oste*, C. Pucc. — (2) *Lac, o Loac e Lar*, T. Ramus. Il Baldelli giudica migliore la lezione del Testo citato dalla Crusca, e crede che il Polo intese di favellare del paese di *Taghire* della carta di Rennel, che si estende dentro terra verso occidente, tanto più che ivi ebbero origine i Bramani che sonosi poi sparsi per tutta l'India.

corpo di santo Tommaso. E di questa provincia son nati¹, Bregomanni², e di là vennono primamente³. E si vi dico che questi Bregomanni⁴ sono i migliori mercatanti e gli più leali del mondo, che giammai non direbbono bugia per veruna cosa del mondo, e non mangiano carne nè beono vino, e istanno in molta grande astinenza e onestade, e non tocoherebbono altra femmina che la loro moglie, nè non uociderebbono veruno animale, nè non farebbono cosa onde credessono avere peccato. Tutti gli Bregomanni sono conosciuti per un filo di bambagia⁵ ch'egli portano sotto la spalla manca, e sì 'l -se logano sopra la spalla dritta, sicchè gli viene il filo a traverso il petto e lo ispalle. E si vi dico, che egli hanno se ricco e potente, e compera volentieri perle

(1) *Son tutti*, C. Pucc. — (2) *Abrajamin*, C. Ricc. — (3) *In prima*, C. Pucc. — (4) Per *Bregomanni* pare che intenda favellare dei *Baniani*, che sono mercatanti dell'India, e i più scrupolosi osservatori de' loro riti. E' famoso lo spedale degli animali infermi ch'essi mantengono a *Suratte* (Lett. sull'Ind. Orient. T. II. c. 1.) — (5) *Fil grosso di bambagio*, T. Ram. Il P. Paolino racconta i riti che si praticano quando nasce un figlio di un bramano, ed è tra questi riti il cordone della *yagnaparada*, contrassegno di ordine sacerdotale, composto di 108 giri di filo, che posto al fanciullo di sett'anni gli dà la facoltà di far il sagrifizio dovuto al Sole, o a *Mitra*, e di leggere i tre *Veda*, o Libri della Legge.

e' pietre preziose, e conviene che abbia tutte le perle che recano i mercatanti delli Bregomanni da Mabar, ch' è la migliore provincia che abbia l'India. Questi sono idolatri e vivono ad agura [1] di bestie e d'uccelli più che altra gente. Ed havi un cotale costume: quando alcuno mercatante fa alcuna mercatanzia egli si pone mente all'ombra sua, e se la ombra è grande come ella dee essere, sì compie la mercatanzia [2], e se non fosse tale come dee essere nolla compie quel die per cosa del mondo; e questo fanno sempre. Ancora fanno un' altra cosa: che quando egli sono in alcuna bottega per comperare alcuna mercatanzia, se vi viene alcuna tarantola (che ve ne ha molte) si guarda da quale parte ella viene, e puote venire da tal lato ch'egli compie il mercato, e da tale che nol compierebbe per cosa del mondo. Ancora quando eglino escono di casa, ed egli od alcuno istarnuta che no gli piaccia, immantanente ritorna in casa, e non andrebbono piue innanzi [3]. Questi Bregomanni

---

(1) *Aguria*, Cod. Pucc. per *augurii*. — (2) *Si compie la mercatanzia* è detto per *compiere la contrattazione della merce*. — (3) I Bramani compongono Diarj che contengono la descrizione di tutte le ore fauste o infauste per ogni umana faccenda (Lett. sull' Ind. Orient. T. II. c. 31.).

vivono piùe che gente che sia al mondo [1]; perchè mangiano poco, e hanno grande astinenza; gli denti hanno bonissimi per una erba ch'egliono usano a mangiare. E v'ha uomeni regolati [2] che vivono più che altra gente, e vivono bene da centocinquanta anni infino in duegento, e tutti sono prosperosi a servire loro idoli; e tutto questo è pella grande astinenza che e' ne fanno. E questi regolati si chiamano Gonguigati [3]; e sempre mangiano buone vivande, cioè lo più, riso e latte; e questi Gongulgati pigliano ogni mese un cotale beveraggio; chè tolgono siero vivo e solfo, e misciallo [4] insiem coll'acqua e beolo; e dicono che questo tiene sano e a lunga giovenitudine, e tutti quelli che l'usano vivono più degli altri. Elli sono idoli, ed hanno tanta isperanza nel bue che l'adorano; e gli più di loro portano un bue di cuoio o d'ottone innorato nella fronte; e vanno tutti ignudi sanza coprire loro natura alcuno di questi regolati; e questo dicono che fanno per gran penitenza. Ancora vi dico, ch'egliono ardono

---

(1) *Perchè son molto temperati*, Cod. Pucc. — (2) *Regolati*, o *Aregolati*, per quelli che vivono sotto una stessa regola. — (3) *Tingui*, sono detti nel T. Ramus, ma il vero loro nome è *Iogui* o *Yogui*. Il nome samseredamico è *Gosnami*, di cui potrebbe essere una corruzione il *Gonguiguati*. — (4) *E mischiallo*, C. Pucc.

l'ossa del bue, e fannone polvere, e di quella polvere s'ungono in molte parti del corpo loro con grande reverenza altresì, come fanno i Cristiani dell'acqua benedetta; e non mangiano nè in taglieri, nè in iscodelle, ma in su foglie di certi alberi secche e non verdi, chè dicono che le verdi hanno anima, sicchè sarebbe peccato; ed egliono si guardano di non far cosa onde egliono credessono avere peccato [1]; innanzi si lascerebbono morire. E quando sono domandati: Perchè andate voi ignudi? e quegli dicono: Perchè in questo mondo noi non recammo nulla, e nulla vogliamo di questo mondo: noi non abbiamo nulla vergogna di mostrare nostre nature [2], perocchè noi non facciamo con esse niuno peccato, e perciò noi non abbiamo vergogna più d'un membro che d'un altro; ma voi gli portate coperti, perocchè gli adoperate in peccato [3], e però ne avete voi vergogna. E ancora vi dico che costoro non ucciderebbono veruno animale di mondo [4], nè pulce, nè pidocchi [5],

(1) *Peccato, perocchè*, C. Pucc. — (2) *Nostre membra*, C. Pucc. — (3) *Ma voi che gli portate coperti n' avete vergogna, perchè gli adoperate in peccato*, C. Pucc. — (4) *Del mondo*, C. Pucc. — (5) Alcuni devoti Indiani sogliono pagar un uomo per dormire fra questi schifosi insetti e nudrirli del suo sangue (Lett. sull'Ind. Orient. T. II, c. 41.).

nè mosca, nè veruno altro [1], perchè dicono ch'egli hanno anima, però sarebbe peccato. Ancora non mangiano veruna cosa verde, nè erba, nè frutti, infino tanto ch' egliono sono secchi [2], perocchè dicono anche che hanno anima [3]. Egliono dormono ignudi in su la terra, nè non terrebbono nulla nè sotto nè adosso; e tutto l'anno digiunano, e non mangiano se non pane e acqua [4]. Ancora vi dico ch'egli hanno loro arregolati gli quali guardano gl'idoli; ora gli vogliono provare s'egli sono bene onesti, e' mandano per le pulcelle che sono offerte agl'idoli, e fannogli toccare a loro in più parte del corpo, ed istare con loro in sollazzo, e se 'l loro vembro si muta sì 'l mandano via, e dicono che non è onesto e non vogliono tenere uomo lussurioso, e se 'l vembro non si muta sì 'l tengono a servire gli idoli nel munistero. Questi ardono gli corpi morti, perchè dicono che se non si ardessono e' se ne farebbe vermini [5], e quelli

---

(1) *Nè vermine nè null'altro quantunque fosse vile*, C. Pucc. — (2) *Nè erba, nè frutti, nè niuna cosa viva e verde insino che non sono secche*, C. Pucc. — (3) Indica qui l'opinione indiana del trasmutamento delle anime d'uno in altro corpo. — (4) Bernier descrive le molte razze de' mendicanti Indiani, altri regolati e facienti voti, altri vagabondi, e descrive le incredibili penitenze, privazioni e tormenti a'quali per carità, o per fanatismo soggiacciono (T. II. c. 121. — (5) *Farebbono vermini*, C. Pucc.

vermini morrebbono quando non avessero più da mangiare, sicchè eglino sarebbono cagione della morte di quegli vermini; perciocchè dicono che gli vermini hanno anima, onde l'anima di quel cotale corpo n'avrebbe pena nell'altro mondo; e perciò ardono i corpi perchè egli non mena i vermini. Ora avemo contato i costumi di questi idolatri, dirovi di una novella che avea dimenticata dell'isola di Scilla.

153. *Dell'isola di Scilla.*

Scilla [1] è una grande isola, ed è grande com'io v'ho contato qua adrieto. Ora è vero che in questa isola hae una grande montagna [2] ed è sì dirivinata [3], che niuna persona vi puote suso andare se non

(1) *Zeilan*, T. Ramus. Torna il Polo qui a parlare di Ceylan, e nel T. Ramus. si legge: *Non voglio restare di scrivere alcune cose che ho lasciato di sopra, quando ho parlato dell'isola di Zeilan, le quali intesi ritrovandomi in quei paesi, quando ritornavo a casa.* — (2) *Un monte altissimo*, T. Ramus. Dagli abitanti è detto *Amalala Saripadi*, dai Portoghesi *Pico d'Adamo*, ed è una catena di monti che separa i regni d'*Uva*, di *Candy*, e delle due *Carlag*, e può passare per una meraviglia del mondo: ha due leghe di altezza, intersecata da ruscelli, con laghi, con spiazzate e con valli assai deliziose. — (3) *Dirovinata*, Cod. Pucc. cioè *dirupata, scoscesa*.

per un modo; chè a questa montagna pendono catene di ferro sì ordinate che gli uomeni vi possono montare suso. E dirovi¹ che in quella montagna si è il monimento d'Adamo nostro padre; e questo dicono i Saracini, ma gl'Idolatri dicono che v'è il monimento di Sergamo Borghani², e questo Sergamo fue il primo uomo a cui nome fu fatto idolo, che secondo loro usanza, e secondo loro dire, egli fue il migliore uomo che mai fosse tra loro, e il primo ch'eglioro avessono per santo. Questo Serghamo fu figliuolo di un grande re ricco e possente, e fu sì buono che mai non volle attendere a veruna cosa mondana. Quando il re vide che il figliuolo teneva questa via, e che non voleva succedere al reame, ebbene grande ira³, e mandò per lui, e promisegli molte cose, e dissegli che 'l voleva fare re, e sè voleva disporre⁴, e 'l figliuolo nonne volle udire nulla. Quando il re vide questo sì n'ebbe grande ira che a pena che non morìo, perchè non avea più figliuoli che costui, nè

---

(1) *E dicono*, Cod. Pucc. — (2) *Sogomonbar-chan*, T. Ramus. Congettura il Marsden che sia questa parola composta dal Polo da *Shakmuer* o *Shakmuzy*, nome del fondatore della setta dei Lama, e da *Barchan* o *Burchan*, che significa *divinità*. — (3) *Gran dolore*, C. Pucc. — (4) *Disporre* qui vale per *deporsi o abbandonare il trono*.

a cui egli lasciasse il reame. Ancora il padre si puose in core ¹ pure di fare tornare questo suo figliuolo a cose mondane; egli lo fece mettere in un bello palagio, e misevi con lui bene trecento donzelle molto belle che lo servissono, e queste donzelle lo servivano a tavola e in camera sempre ballando e cantando in grandi sollazzi ², siccome il re avea loro comandato. Costui istava fermo, e per questo non si mutava a veruna cosa di peccato, e molto facea buona vita secondo loro usanza. Ora era tanto tempo istato in casa che non avea veduto mai niuno morto, nè alcuno malato; e il padre volle un die cavalcare per la terra con questo suo figliuolo, e cavalcando lo re e il figliuolo ebbono veduto uno uomo morto che si portava a sotterrare, ed avea molta gente dietro; e il giovane disse al padre: Che fatto è questo? E il padre disse al figliuolo: Ee uno uomo morto; e quegli isbigottìe tutto, e disse al padre: Or moionone gli uomini tutti? E il padre gli disse: Figliuolo sì; e il giovane non disse più nulla, e rimase tutto pensoso. Andando un poco più innanzi, e que' trovarono un vecchio che non poteva andare ³, e sì vecchio che avea

---

(1) *Si pensò*, Cod. Pucc. — (2) *E in gran sollazzi stando*, Cod. Pucc. — (3) *Quasi andare*, Cod. Pucc.

perduti i denti. E questo giovane si ritornò al palagio, e disse [1]: Che non voleva piue istare in questo misero mondo, da che gli conveniva morire, o di vivere [2] sì vecchio che gli facesse bisogno l'aiuto altrui, ma disse, che voleva cercare quello che mai non moriva nè non invecchiava, e colui che lo avea creato e fatto, ed a lui servire [3]. E incontanente si partì di questo palagio, e andonne in su questa alta montagna, ch'è molto divisata dall'altre, e quivi dimorò poscia tutta la vita sua molto onestamente [4], chè per certo s'egli fosse istato Cristiano battezzato egli sarebbe istato un gran santo appo Dio. E in poco tempo costui si morio, e fu recato dinanzi dal padre. Lo re quando il vide fue il piue tristo uomo che mai fosse al mondo, e immantanente fece fare una istatua tutta d'oro [5] a sua similitudine, ornata di pietre preziose, e mandò per tutte le genti del suo paese e del suo reame, e feciolo adorare come fosse Iddio: e disse: Che questo suo figliuolo era morto ottantaquattro volte; e disse: Quando morio la prima volta divenne bue, e poscia morio e diventò

(1) *E disse al re*, C. Pucc. — (2) *O divenire*, C. Pucc. — (3) *Come mai non morisse, nè invecchiasse, e però al tutto volea servire a colui che l'avea creato e fatto.* Cod. Pucc. — (4) *In gran penitenza e austerità*, C. Pucc. — (5) *D'oro massiccio*, C. Pucc.

cane; e così dicono che morìo ottantaquattro volte, e tuttavia diventava qualche animale, o cavallo o uccello od altra bestia; ma in capo delle ottantaquattro volte dicono che morie e diventò Iddio; e costui hanno gl'Idolatri per lo migliore Iddio ch'egli abbiano. E sappiate che questo fu il primaio idolo che fosse fatto ¹, e di costui sono discesi tutti gl'idoli, e questo fu nell'isola di Seilla in India; e sì vi dico che gl'Idolatri vi vengono di lontano paese in pellegrinaggio, siccome vanno i Cristiani a santo Iacopo in Galizia; ma i Saracini che vi vengono in pelligrinaggio, dicono pure che ee il monimento d'Adamo; ma secondo che dice la Santa Iscrittura il monimento d'Adamo ee in altra parte ². Or fu detto al Gran Cane, che il corpo d'Adamo era in su questa montagna e gli denti suoi e la iscodella dov'egli mangiava: pensò d'aver gli denti e la iscodella, fece ambasciadori e mandogli al re dell'isola di Seilla a dimandare queste cose; e il re di Seilla le donò loro; la soodella era di proferito ³ bianco e vermiglio. Gli ambasciadori tornarono, e recarono al

(1) *Che si facesse*, C. Pucc. — (2) *Che qui è il corpo d'Adamo, ma secondo che dice la Bibbia, il corpo d'Adamo è altrove*, C. Pucc. — (3) *Proferito* per *porfido* è detto anche da G. Villani.

Gran Cane la scodella, e due denti mascellari i quali erano molto grandi. Quando il Gran Cane seppe che gli ambasciadori erano presso alla terra ov'egli dimorava, che venivano con queste cose, fece mettere bando che ogni uomo e tutti i regolati andassono incontro a quelle reliquie, che credeva che veramente fossero d'Adamo; e questo fu nel mille dugento ottantaquattro anni; e fu ricevute queste cose in Camblau con grande riverenza; e trovossi iscritto che quella iscodella avea cotale vertù, che mettendovi entro vivanda per uno uomo ne aveano assai cinque uomeni [1]; e il Gran Cane il provò, e trovò ch'era vero. Ora udirete della città di Caver.

154. Della città di Caver.

Caver [2] èe una città nobile e grande, ed è di Asciar, cioè del primo fratello

(1) A ragione il Polo distingue il culto del *Ceylan* da quello del continente dell'India. Non reca meraviglia che il Gran Cane spedisse per avere la pretesa scodella e i denti della divinità Ceylanese venerata dai Cinesi poichè essi professano l'idolatria di *Buda* ch'è lo stesso che il loro *Foè*. — (2) *Cael*, T. Ram. E' 90 miglia distante dal *Capo Comorino* verso il *Coromandel*, porto di mare, dove ogni anno arrivano molte navi di *Malabar*, di *Coromandel*, di *Bengala*. Credesi *Pumicael* segnata nella Carta d'Anville.

delli cinque re; e sappiate che a questa città fanno porto tutte le navi che vengono verso ponente, cioè di Churimasà e di Quisai e d'Arden e di tutta l'Arabia, cariche di mercatanzia e di cavagli, e fanno qui capo perch'ee buon porto. E questo re è molto ricco di tesoro, e 'l suo tesoro sono molte ricche pietre preziose; suo regno tiene bene mercatanti, e ispezialmente mercatanti che vengono d'altra parte, e perciò vi vanno più volentieri. E quando questi cinque fratelli re pigliano briga insieme e vogliono combattere, la madre, ch'è ancora viva, sì si mette in mezzo e pacificagli; quando ella non puote sì piglia un coltello, e dice che si ucciderà e taglierassi le poppe del petto, *donde io vi diedi lo mio latte*: allora gli figliuoli per la piatà che fa la madre loro e' provveggono quello ch'è il meglio; sì fanno la pace. E questo è divenuto [1] per più volte; ma morta che sia la loro madre non fallirà che non abbiano briga insieme. Partiamoci di qui, e andremo nel reame di Choilu.

(1) *Avvenuto*, Cod. Pucc.

155. *Del reame di Choilu*

Choilu[1] si è un gran reame verso gherbino, quando l'uomo si parte di Mabar, e va cinquecento miglia, e tutti sono Idolatri, e sì v'ha Cristiani e Giudei[2], e hanno loro linguaggio. Qui nascono i mirabolani emblici[3], e pepe in grande abbondanza, chè tutte le campagne e boschi ne sono piene; tagliansi di maggio e di giugno e di luglio, e gli albori che fanno il pepe son dimestici, e piantansi e innacquansi. Qui hae sì grande caldo, che a pena vi si puote sofferire[4], chè se togliesi uno uovo, e mettessolo in alcuno fiume, non anderesti quasi niente che sarebbe cotto. Molti mercatanti vi vengono di Magi[5] e d'Arabia e di Levante, e recano e

(1) *Coylam*, Cod. Ricc. *Coulam*, T. Ramus. Di questo regno parla il Barbosa, e la città di *Coulam*, che non dee confondersi con *Coulam* del paese di *Travencore* è anche oggidì nota pel suo traffico di telerie. — (2) Visitato questo paese dal Buchanan e dal Kerr l'anno 1806, scrivono, che i Cristiani si dividono in Giacobiti, in Cattolici Sirj e in Cattolici Latini, i quali discendono dagli Europei che si stabilirono nell'Indie. — (3) Il *mirabolano emblice* è un arbusto con foglie pennate, il cui frutto è una bacca che mangiasi in zucchero o in aceto (Targ. T. III. c. 305); ve ne sono di varie specie. — (4) *Vivere*, Cod. Pucc. — (5) *Mangi*, C. Pucc. Si ha qui una nuova conferma del commercio diretto che facevano i Cinesi coll'India.

portano mercatanzia con lor navi. Qui si ha bestie divisate dall'altre, ch'egli hanno leoni tutti neri, e pappagalli di più fatte, chè ve n'ha de' bianchi, ed hanno i piedi ed il becco rosso, e sono molto begli a vedere; e sì v'ha paoni e galline più belli e più grandi ch' e' nostri; e tutte cose hanno divisate dalle nostre; e non hanno niuno frutto che si somigli a' nostri. Egli fanno vino di zucchero molto buono [1]; egli hanno grande mercato d'ogni cosa, salvo che non hanno grano, nè biada, ma hanno molto riso; e sì v'ha molti savi istrolaghi. Questa gente sono tutti neri, maschi e femmine, e vanno tutti ignudi, se non se tanto ch'egliono ricuoprono loro natura con un panno molto bianco. Costoro non hanno per peccato veruna lussuria, e tolgono per moglie la cugina e la matrigna quando il loro padre si muore, e la moglie ch'ee del fratello. Cotale è il loro costume come avete inteso. Or ci partiamo di qui, e andremo nelle parti d'India in una contrada che si chiama Chomacci.

(1) Descrive Thevenot questo vino o acquavite, che vide fare a Surat, composto di zucchero nero infuso nell'acqua colla scorza dell'albero *Babul* per dargli forza, e ch'indi si stilla (Voyag. P. III. c. 50).

156. *Della contrada di Chomacci.*

Chomacci [1] si è in India, della qual contrada si puote vedere alcuna cosa della tramontana [2]. Questo luogo non è molto dimestico, ma sente del salvatico; qui si ha molte bestie salvatiche di diverse fatte, e fiere. Partiamoci di qui ed entriamo nel reame de Ely.

157. *Del reame de Ely.*

Ely si è un reame verso ponente [3], ed è di lungi di Comacci quattrocento miglia. Qui si hae re, e sono gente idolatra e non fanno tributo a veruna altra persona. Questo reame non ha porto, salvo che

(1) *Camari*, T. Ramus. *Comari*, o *Capo Comorino*, punta estrema dell'India; ed è il *Travancore*, cui dà nome il celebre *Capo Comarino* notato nel Periplo dell' Eritreo, e in Tolomeo. — (2) *Un poco della stella della nostra tramontana*, T. Ramus. Spiegasi questa asserzione dicendo, ch'esso fece la sua navigazione allorchè la stella polare non è visibile perchè rimane sotto l'orizzonte, lo che accade, secondo il Marsden, in quelle latitudini sei mesi dell'anno. — (3) *Andando verso ponente per trecento miglia si truova il regno di Dely*. Testo Ramus. Scrive il Baldelli, che il Polo intende di favellare del regno di Calicut, e che il nostro viaggiatore supponeva di navigare *verso ponente*, quando navigava *a maestro*.

hae un gran fiume, il quale hae buone foci; qui si nasce pepe e giengiavo, e molte altre ispezie; lo re sì è ricco di tesoro, ma non di genti. L'entrata del reame è sì forte che a pena vi si puote entrare per far male, e qualunque navi capitassono a quella foce, se la prima vinisse alla terra, sì la pigliono e togliono ogni cosa, e dicono: Iddio ci ti mandò perchè tu fossi nostra; nè non ne credono avere peccato; e così si fa per tutte le provincie dell'India; e se alcune nave vi capita per fortuna, sì è presa e toltogli ogni cosa, salvo che quelle che capitano ad alcuna terra in prima. E sappiate che le navi de' Magi vi vengono d'istate, o quelle d'altre parti, e caricano in tre dì o in quattro, infino a otto dì; e vannosene il più tosto che possono, perocchè non hanno buon porto ove molto potessero istare, per le piagge che ci sono e per lo sabbione. Vero è che le navi de' Magi non temono vento per le buone ancora del legno che mettono, che a tutte fortune tengono bene lor navi. Egli hanno leoni e altre bestie assai, cacciagioni e uccellagioni assai. Partiamoci di qui e dirovi di Melibar.

158. Del reame di Melibar.

Melibar [1] è uno grandissimo reame, ed hanno loro re e loro linguaggio, e non danno trebuto a niuna persona; e sono Idolatri. Di questo paese si vede più la tramontana, e d'un altro paese che v'è allato, che ha nome Chosurat. Ed escene bene ogni dì bene cento navi di corsali che vanno rubando il mare, e menano con loro la moglie e figliuoli; e tutta la state vi stanno in corso, e fanno gran danno a' mercatanti; e partosi, e sono ben tanti che pigliano bene cento miglia e più del mare; e fannosi insegne di fuoco, sicchè veruna nave non può passare per quel mare che non sia presa. Gli mercatanti, che 'l sanno, vanno molti insieme, e bene armati, sicchè non hanno paura di loro, e danno loro la mala ventura più volte, ma non per tanto che pure se ne pigliano; ma non fanno altrui male, se non ch'egli rubano e tolgono altrui tutto l'avere.[2], e dicono:

(1) *Malabar*, T. Ramus. Il nome arabo è *Malaibar*, l'indico *Malabar* e *Mayalalam* (paese di montagna). Questo paese credesi che corrisponda al paese di *Cananor*. I suoi abitanti corsali erano celebri sin da' tempi di Plinio; sono oggidì appellati *Mòlandis*, e forse più crudeli di quello ch'erano al tempo del Polo. — (2) *Ma non per tanto se alcuna volta ne pigliano alcuni, che non si possono difendere, rubangli, e tolgono loro tutto l'avere*, Cod. Pucc.

Andate a procacciare dell'altro. Qui si ha pepe, gengiavo e canella, turbietti [1] e noce d'Indie, e molte altre ispezie, e bucherame del più bel del mondo. Gli mercatanti recano qui rame, drappi di seta e d'oro, e recano ariento, garofani e spigo, perch'egli non hanno [2]; qui si vengono i mercatanti de' Magi e portano queste mercatanzie in molte parti. A dirvi di tutte le contrade del paese sarebbe troppo lunga mena; dirovi del reame di Ghusarat e di loro maniera e costume.

159. *Del reame di Gusarat.*

Gusarat [3] ee un gran reame e hanno re [4] e linguaggio per loro, e sono gente idolatra, e non fanno trebuto a veruno signore del mondo; e sono i peggiori corsali

(1) Il *turbitto* è pianta nativa delle contrade descritte dal Polo, che striscia sul suolo per la natura del suo fusto esile e pieghevole. Come droga medicinale è ricordato nel Ricett. Fior. — (2) *E spigo nardo perchè non hanno*, C. Pucc. — (3) *Guzzerati*, T. Ram. *Guzerat* appellesi la penisola racchiusa fra i due golfi di *Cutch* e di *Cambaja*. Il principal porto del paese è *Surat*, la capitale *Guzerat*, detta dai Persiani *Ahmed-Abad*, e taluno la crede l'*Amadarastis* di Arriano. — (4) Il trono del Guserat fu distrutto da Aebar imperadore del Mogol verso il 1565, appellatovi dal re di Guserat Sultan Moamed per domare il suo governatore ch'erasi ribellato (Thevenot, T. III. c. 15).

che vadano per mare e gli più maliziosi, chè quando e' pigliano alcuno mercatante sì gli danno bere i tamerindi [1] coll'acqua salsa per farlo andare a sella, e poi cercano l'uscita, se 'l mercatante avesse mangiato perle, od altre care cose per ritrovalle. Ora avete veduto se questo è gran malizia, chè dicono che gli mercatanti le trangugiano quando sono presi perchè non sieno trovate da' corsali. In questo paese si ha pepe e gengiavo assai, e bambagia, perchè hanno albori che fanno della bambagia, che sono alti bene sei passi, ed hanno bene venti anni [2]; ma quando sono così vecchi non fanno mai buona bambagia da filare, ma fassene altre cose; da dodici anni insino in venti si chiamano vecchi [3]. Qui si conciano molte cuoia di bue e di becco e d'unicorni e di molte altre bestie, e fassene grande mercatanzie e forniscousene molte contrade. Partiamoci di qui e andiamo in una contrada che si chiama Tana.

(1) *Tamarindo*, Cod. Pucc. Albero simile al carrubo indigeno del *Guserat*, di *Canara* e del *Malabar*. — (2) *E tengoli bene 20 anni*, Cod. Pucc. — (3) Qui è indicato il cotoniere arboreo, *Gossypium arboreum* di Linneo, arbusto che cresce della grandezza d'un rosaio.

160. *Del reame della Tana.*

Tana è anche un grande reame, e somigliansi a costoro di sopra, ed hanno anche loro re. Qui non ha ispezierie; hacci incenso, ma non è bianco, anzi è bruno, e fassene grande mercatanzia. Qui si ha bucherame e bambagia assai; gli mercatanti recano qui oro e ariento e rame assai, e di quelle cose che vi bisognano, e portane delle loro. Ancora escono di qui molti corsali di mare, e fanno grande danno a' mercatanti, e questo è per volontà di loro Signore; e fa il re questo patto con loro, che gli corsali gli danno tutti gli cavagli che pigliano, chè molti ve ne passo, no perciocchè in India se ne fa grande mercatanzia, sicchè poche nave vanno per l'India che non menino cavagli, e tutte le altre cose sono degli corsali. Or ci partiamo di qui, e andiamo in una contrada che si chiama Chambaet.

(1) *Canam*, T. Ramus. ma più scorrettamente. Sembra il paese che il Barbosa appellò *Tana-Majamba*. Così ricorda questa contrada l'Abulfeda : *Tanah est in* al-Guserat. *Maibadz filius Sahidi dicit eam esse ultimam urbem provinciae* 'l Lar, *celebratam sermonibus mercatorum.*

161. *Del reame di Chambaet.*

Chambaet [1] si è ancora un altro gran reame, ed è simile a questo di sopra, salvo che non ci ha corsali, nè mala gente; vivono di mercatanzia e d'arti, e sono buona gente, ed è verso il ponente, e vedesi meglio la tramontana. Altro non ci ha che vi sia da ricordare; dirovi d'uno reame che ha nome Chesmacora.

162. *Dello reame di Chesmacora.*

Chesmacora [2] ee uno reame che hanno loro re, e anche sono idolatri, e divisato linguaggio, ed ee reame di molta mercatanzia, e vivono di riso e di carne e di latte. Questo reame è d'India, e sappiate che da Mabar infino a qui è della maggiore India e della migliore, e le terre e reami che noi v'abbiamo contato sono pure quelle di lungo il mare, chè a contare quelle della terra ferma sarebbe troppo

(1) *Cambaja*, T. Ramus. Regno distinto da quello di *Guzerat*, e di cui molto parla Maria Sanudo discorrendo dei traffici nel mare Indiano. — (2) *Chescamoran*, T. Ramus. *Rennachoram*, C. Riccard. Ingegnosa è la congettura di Malte-brun che il Polo avendo inteso dire *Ras-Makran*, che significa promontorio del Mekran, ne formasse la voce *Chesmacoran*.

lunga mena. Vogliovi dire d'alquante isole che sono per l'India.

168. *D'alquante Isole che sono per l'India.*

L'Isola che si chiama Malle [1] è nell'alto mare, bene cinquecento miglia verso mezzodì partendosi da Chesmancora. Questi sono Cristiani battezzati, e tengono legge del Vecchio Testamento, chè mai non toccherebbono femmina pregna, e poi ivi a 40 dì che ha partorito. E dicovi che in questa isola non istà niuna femmina, ma istanno in una isola più là che si chiama *Femella*, che v'è di lungi trenta miglia. E gli uomini vanno a questa isola ove istanno queste femmine, e istanno con loro tre mesi dell'anno, e in capo di tre mesi si tornano nell'isola loro; e in questa isola nasce l'ambra molto fina e bella. Questi

(1) Nel T. Ramus. è questo capitolo int. *Dell'Isola Mascola e Femina*. Secondo il Zurla sono due isole dette *fratello e sorella* vicino a Soccotora, e riferisce una variante del testo Soranziano, che le dice 40 sole miglia distanti dalla medesima. Intorno ai costumi congettura il Marsden che essendo abitate da popoli che vivevano della pesca, perciò i maschi se ne assentassero per alcuni mesi dell'anno, e che poi appena giunti in età capace fossero condotti via dai genitori per addestrarli al loro mestiere. Gio. Barros, e 'l Barbosa fanno all'incirca lo stesso racconto del Polo.

vivono di riso e di carne e di latte, e sono buoni pescatori, e seccano molti pesci, sicchè tutto l'anno n'hanno assai. Qui non ha Signore, salvo che hanno un vescovo ch'è sotto l'arcivescovo d'Iscara; e perciò non istanno tutto l'anno colle loro donne, perchè non avrebbono da vivere, e i loro figliuoli istanno colle madri quattordici anni, e poscia lo maschio se ne va col padre, e la femmina istà colla madre. Qui non troviamo altro da ricordare; partiamoci e andiamone all'isola di Scara.

164. Dell'isola di Scara.

Quando l'uomo si parte di queste due Isole, si va per mezzodì bene cinquecento miglia, e trovasi l'isola di Scara [1]. Questa gente sono anche Cristiani battezzati, e hanno arcivescovo. Qui si ha molta ambra; egli hanno drappi di catanga [2] buoni e

---

(1) *Soccotera*, T. Ramus. Dall'Abulfeda è nominata *Sokutra* o *Socothra*. Era quest'isola conosciuta agli Antichi scrittori sotto il nome di *Dioscoridis insula*, e venne in potere di Alessandro, il quale cacciatene gli abitatori la popolò di Greci, a' quali fu poi predicato il Vangelo, e abbracciarono il Cristianesimo. Dicesi che i Portoghesi vi trovarono Cristiani quando alla scoperta dell'Indie vi approdarono. — (2) *Catanga* è forse scritto per errore, e probabile è la congettura del Baldelli che debba leggersi *cotone*, voce usata anche da G. Villani.

altre mercatanzie; e sì hanno molti pesci salati e buoni, e vivono di riso e di carne e di latte, e vanno tutti ignudi. Qui vanno molte navi di mercatanzia. Questo arcivescovo non ha che fare col papa di Roma, ma è sottoposto all'arcivescovo che sta a Baldac [1]. Ora questo arcivescovo, che sta a Baldach, manda più vescovi e arcivescovi per le contrade, come fae il papa di Roma di qua; e tutti questi vescovi e parlati ubidiscono questo arcivescovo come papa. Qua vengono molti corsali a vendere loro prede, e vendole bene, e costoro le comperano perchè sanno che questi corsari non rubano se non Saracini e Idolatri, e non Cristiani. E quando questo arcivescovo dell'isola di Scara muore, conviene che venga di Baldac que' che sono buoni incantatori, ma l'arcivescovo molto gli contradice [2], e dice: Ch'è peccato; e di costoro dicono, che gli loro Antichi l'hanno fatto e però lo vogliono eglino anche fare. Dirovi di loro incantesimi. Se una nave andasse a vela forte, egli farebbono venire vento a contrario, e farebbola tornare a dietro; e fanno venire tempesta in mare quando vogliono, e fanno venire qual vento e' vogliono, e sì fanno altre cose maravigliose che non è bene a ricordarle. Altro

---

(1) *Ma è sotto il patriarca di Baldac*, Cod. Pucc. — (2) *Il contradice molto*, C. Pucc.

non ci ha che io voglia ricordare; partiamoci di quinci, e andremone nell' isola di Madeghascar.

165. Dell' isola di Madeghascar.

Madeghascar [1] si è una Isola verso mezzodì, di lungi da Scara mille miglia; e questi sono Saracini che adorano Malcometto. Questi hanno quattro vescovi [2], cioè quattro vecchi uomeni che hanno signoria di tutta l'isola; e sappiate che questa è la migliore isola e la maggiore di tutto il mondo, chè si dice ch'ella gira quattro mila miglia, e vivono di mercatanzia e d'arti. Qui nascono più leonfanti che in parte che sia nel mondo; e ancora per tutto l'altro mondo non si vendono e non si comperano tanti denti di leonfanti quanto si fa in questa isola, e in quella di Zachibar. E sappiate che in questa isola non si mangia altra carne che di cammelli, e mangiavesene tanti che non si potrebbe credere;

(1) *Madayghasar*, C. Riccard. *Magastar* (men correttamente), T. Ramus. I natii appellano questa loro isola *Madecasse*. E' nel mare di Etiopia distante dalle 70 alle 100 leghe dalla costa Africana. Il Polo non fu mai in quest'isola, ma ne favella per sentito dire, e perciò fu indotto in errore quando, per esempio, asserì che nell'isola sono elefanti, uccelli grifoni che pigliano l'elefante ec. — (2) *Signori*, Cod. Magl. II.

e dicono che questa carne è la più sana e la migliore che sia al mondo. Qui si ha grandissimi albori di sandali rossi, ed hannone grandi boschi; qui si ha ambra assai, perocchè in quel mare hae molte balene e capo doglie [1] e perchè pigliano assai di queste balene e di questi capidoglie sì hanno ambra assai. Egli hanno leoni, e tutte bestie da prendere in caccia, e uccelli molti divisati da' nostri. Qui vengono molte navi, e arrecano e portano molta mercatanzia, e sì vi dico che le navi non possono andare più innanzi che di qui a questa isola verso mezzodì, e a Zazechibar; perocchè il mare corre sì forte verso il mezzodì [2], che a pena [3] se ne potrebbe tornare; e sì vi dico, che le navi che vengono di Mabar a questa isola, vengono in venti dì, e quando elle ritornano a Mabar penano a ritornare tre mesi [4]: e questo è per lo mare che corre così forte verso il mezzodì. Ancora sappiate che quelle isole che abbiamo contato, che sono verso il mezzodì, le navi non vi vanno volentieri per l'acque

(1) *Capodocj*, C. Pucc. — (2) Quest' impeto delle correnti è la vera causa per cui poco o punto fu conosciuta la costa meridionale dell'Asia dagli Antichi e dagli Arabi del medio evo. I Portoghesi chiamarono *Capo delle Correnti* il promontorio meridionale della costa di Sofala. — (3) *Che a gran pena*, C. Pucc. — (4) *Quattro mesi*, C. Magl. II.

che corrono così forte. Dicomi certi mercatanti che vi sono iti, che v'ha uccelli grifoni, e questi uccelli appariscono certa parte dell'anno, ma non sono così fatti com' e' si dice di qua, cioè mezzo uccello e mezzo lione, ma sono fatti come aguglie, e sono grandi com' io vi dirò. E' pigliano lo leonfante, e portalo suso nell'aere e poscia il lasciano cadere, e quegli si disfà tutto, e poscia si pasce sopra lui. Ancora dicono coloro che gli hanno veduti, che l'alie loro sono sì grande che cuoprono venti passi, e le penne sono lunghe dodici passi, e sono grosse come si conviene a quella lunghezza. Ma quello che io n'ho veduto di questi uccelli io il vi dirò in altro luogo. Lo Gran Cane vi mandò messaggi per sapere di quelle cose di quella isola, e preserne uno, sicchè vi rimandò ancora messaggi per fare lasciare quello. Questi messaggi recarono al Gran Cane un dente di cinghiaro salvatico che pesò quattordici libbre. Egli hanno divisate bestie e uccelli ch'è una maraviglia; quegli di quella isola si chiamano quello uccello Rut [1], ma per la grandezza sua noi

---

(1) *Ruc*, C. Pucc. Ogni contrada ha le sue favole popolari. Fra noi parlasi dell'Orco e delle Fate, in Oriente dell' uccello *Ruch*, come presso gli Occidentali della Sfinge e della Chimera. V'hanno scrittori i quali dissero che un'ala del

crediamo che sia uccello grifone. Or ci partiamo di questa isola, e andiamo in Zachibar.

166. Dell' isola di Zachibar.

Zacchibar [1] è una isola grande e bella, e gira bene duemila miglia; e tutti sono idolatri, e hanno loro re e loro linguaggio. La gente è grande e grossa, ma dovrebbono essere più lunghi, alla grossezza ch'egli hanno, chè sono sì grossi e sì membruti che paiono giganti, e sono sì forti che porta l'uno di peso per quattro uomeni; e questo non è maraviglia, chè mangia l'uno bene per cinque persone, e sono tutti neri, e vanno ignudi, se non che ricuoprono loro natura, e sono i loro capegli tutti ricciuti [2]; egli hanno gran bocca, e 'l naso rabbuffato in suso, e le labbra e le nari grosse ch'è maraviglia, chè chi gli vedesse in altri paesi parrebbono diavoli [3]. Egli hanno

---

Ruch ha diecimila cubiti di lunghezza, e che alcuni mercadanti nell'approdare in un' isola per farvi acqua ruppero l'uovo di uno di questi uccelli colla scure, e ne uscì un pulcino grande quanto una montagna. — (1) *Zensibar*, T. Ram. è il paese detto oggidì *Zanguebar*. Il Polo, che attingeva notizie dagli Arabi, potè interpretare la voce *geziras* isola, quantunque significhi anche penisola. — (2) *Trecciuti*, Cod. Pucc. — (3) *Demonj infernali*, T. Ramus. Secondo l'Hamilton gli abitanti di *Monzambico* sono

molti leonfanti, e fanno grande mercatanzia di loro denti; egli hanno leoni assai, e d'altra fatta che gli altri, e sì v'ha lonze [1], e liopardi assai. Or vi dico ch'egli hanno tutte bestie divisate da tutte quelle del mondo; ed hanno castroni e pecore d'una fatta e d'un colore, chè sono tutti bianchi e la testa è nera; e in tutta questa isola non si troverebbono d'altro colore. E sì hanno giraffe molte belle, e sono fatte com'io vi dirò: elle hanno corta coda, e sono alquante basse di dietro, chè le gambe di dietro sono piccole, e le gambe dinanzi e 'l collo si è molto alto, e sono alte da terra ben tre passi, e la testa è piccola, e non fanno niuno male; ed è di colore rosso e bianco a cerchi, ed è molto bella a vedere [2]. Lo leonfante giace colla lionfantessa, come fa l'uomo colla femmina, cioè, che sta rovescio, perchè hae la natura nel corpo [3]. Qui

neri e di alta statura e bella, e ben proporzionati, nè concorda col Polo, il quale ne parlò per relazione degli Arabi, molto pregiudicati intorno a' popoli di patria e di religione differente dalla loro. — (1) Le *lonze* sono le *pantere*, e male il Vocabolario, che aggiunse *e secondo alcuni lupi cervieri*, i quali non hanno nella pelle le vaghe macchie, dette da Dante *gajette*. — (2) Adesso che le giraffe si veggono in varie corti europee può farsi giudizio della esatta descrizione colla solita sua concisione datane da Marco Polo. — (3) Quest'è l'opinione erronea de' tempi del Polo intorno al congiungimento di quel quadrupede.

si ha le più sozze femmine del mondo, ch'
elle hanno la bocca grande, e il naso grosso e corto, e le mani grosse quattro cotanti che l'altre. Vivono di riso e di carne e di latte e di datteri; non hanno vino di vigne, ma fannolo di riso e di zucchero e di spezie. Qui si fanno molte mercatanzie, e molti mercatanti vi recano e portanne. Ancora hanno ambra assai, perchè pigliano molte balene [1]. Gli uomeni di questa isola sono buoni combattitori e forti, e non temono la morte, e non hanno cavagli ma combattono in su cammelli e in su i leonfanti, e fanno le castella [2] in su leonfanti, e istannovi suso da dodici uomeni insino in venti, e combattono con lance e con ispade e con pietre, e sono molte crudele battaglie le loro; e quando vogliono menare leonfanti alla battaglia sì danno loro bere molto vino, e vannovi più volentieri, e sono più orgogliosi e più fieri. Qui si non ha altro da dire. Dirovi ancora alcuna cosa dell'India, chè sappiate che io non v'ho detto dell'India se non dell'isole maggiori, e le più nobili e le migliori, chè a contarle tutte sarebbe gran mena, chè secondo dicono gli savi marinai che vanno per l'India, e

---

(1) Tra le opinioni favolose de' tempi del Polo eravi anche quella che l'ambra si generasse dalla balena. — (2) *Castella di legname*, Cod. Pucc.

secondo che si truova iscritto, l'isole del-
l'India, tra l'abitate e non abitate, sono dodicimila cinquecento [1]. Or lasciamo del-
l'India maggiore, ch'è da Mabar infino a
Chesmacora, che sono tredici reami grandissimi, de' quali n'avemo contati di nove;
e sappiate che India minore si è di Chimba [2] infino a Montifi [3], che v'ha otto grandi
reami; e sappiate che io non v'ho detto di
quelli dell'isole chè sono ancora grande
quantità di reami. Udirete della mezzana
India [4], la quale è chiamata Nabasce.

167. Della mezzana India chiamata Nabasce.

Nabasce [5] si è una grandissima provincia, e questa si è la mezzana India: e

(1) *Settecento*, C. Pucc. Il Polo comprende
qui tutti gli arcipelaghi del mare Indiano. Gli
abitanti delle *Maldive* affermano che il numero
delle loro isole è di 12,000, e 'l loro re, per asserzione del viaggiatore Pirard, assume il titolo di
Sultano di 16 provincie e di 12,000 isole. — (2)
Da Chimba, C. Pucc. — (3) *Murfili*, Ediz. Gri-
nea. — (4) *Or vi dirò della seconda India*, C.
Pucc. — (5) *Abascia*. T. Ramus. Anche il Geografo
Nubiense chiama *Habascia* l'*Abissinia*. *Habesch*
l'appellano gli Arabi, voce che significa mesco-
lamento o ragunamento di varie genti. Coll'in-
titolarsi questo Capo *mezzana India* è da avvertire che presso gli Antichi si abusava del nome India, e gli scrittori ne estendevano capric-
ciosamente i confini.

sappiate che 'l maggiore re di questa provincia si è Cristiano, e tutti gli altri re della provincia sono sottoposti a lui; i quali sono sei re, e tre Cristiani e tre Saracini. Gli Cristiani di questa provincia sì hanno tre segnali nel volto; l'uno si è dalla fronte infino a mezzo il naso, e uno da catuna gota; e questi segni si fanno con ferro caldo, chè poichè sono battezzati nell'acqua si fanno questi cotali segni [1], e fannogli per grande gentilezza, e dicono ch'è compimento di battesimo. E i Saracini sì hanno pure un segnale, il quale si è dalla fronte infino a mezzo il naso. Il re maggiore dimora nel mezzo della provincia, e i Saracini dimorano verso Adenti [2], nella quale contrada messer san Tommaso convertì molta gente, poscia se ne partìo, e andonne a Mabar colà dove fu morto. E sappiate che in questa provincia d'Abasce si ha molti cavalieri, e molta gente d'arme; e di ciò hanno bisogno, perocch'egli hanno grande guerra col soldano d'Adenti [3], e con quelli di

(1) *A modo di croce per compimento di battesimo*, C. Pucc. — (2) *Adan*, Cod. Magl. II. *Adem*, T. Ramus., ma va letto *Adel*. — (3) Nel testo Ramus. si aggiugne *d'Adem e co' popoli di Nubia*. La Nubia è la parte dell'Africa che separa l'Abissinia dall'Egitto, ov'è oggidì il regno di *Sennaar*, che visitò il Bruce nel restituirsi in Europa. In questa contrada lasciò miseramente la vita il valente naturalista, mio

Nubia e con molta altra gente. Ora sì vi voglio contare una novella, la quale avvenne al re d'Abasce, quando volle andare in pellegrinaggio.

168. D' una novella del re d'Abasce.

Lo re d'Abasce sie ebbe voglia di andare in pilligrinaggio [1] al Santo Sepolcro di Cristo [2]. Ora li convenìa passare per la provincia d'Adenti, ch'erano suoi nemici, sicchè fu consigliato che vi mandasse uno vescovo in suo luogo, sicchè egli vi mandò un santo vescovo e di buona vita. Or venne questo vescovo al Santo Sepolcro, come pellegrino, molto orrevolmente con molta bella compagnia, e fatta la riverenza al Santo Sepolcro, come si conveniva, e fatta la offerta, sì si misse per tornare al suo paese, e quando furono giunti a Adenti, e 'l soldano l'ebbe saputo che questo vescovo v'era, e per dispetto del suo Signore sì 'l fe pigliare; e dissegli che voleva che diventasse Saracino; e questo vescovo, come santo uomo, disse, che non ne farebbe nulla. Allora il soldano comandò che per forza gli fosse fatto un segnale nel volto siccome a Saracino; e fatto

concittadino e carissimo amico, Giambatista Brocchi di Bassano, nel mese di novembre 1826 (L'Edit.) — (1) Peregrinaggio, C. Pucc. — (2) Negli anni di Cristo 1287. C. Ricc.

che gli fu lasciollo andare [1]. Quando questo vescovo fu guarito sì che egli poteva cavalcare, mossesi e tornossene al suo re; e quando il re il vide tornato sì 'ne fu molto allegro, e dimandò del Santo Sepolcro e di tutte le cose, e quando seppe che per suo dispetto il soldano l'avea così concio, volle morire di dolore, e disse, che questa onta vendicherebbe bene. Allora fece il re bandire grandissima oste sopra la provincia d'Adenti; fatto l'apparecchiamento sì si mosse il re con tutta sua gente, e sì fe grandissimo danno al soldano, e uccisero molti Saracini. Quando egli ebbe fatto tutto il danno che far poteva, nè andare non si poteva più innanzi per le troppe male vie che v'erano, sì si missono a ritornare in loro paese. E sappiate che questi Cristiani sono assai migliore gente per arme che non sono i Saracini; e questo fu negli anni domini milledugento ottantotto. Da che v'ho detto di questa novella, dirovi della vita di coloro d'Abasce. La vita loro si è riso e latte e carne, e hanno leonfanti, e non ch'egli vi naschino ma vengovi d'altri paesi. Nascovi molte giraffe, e molte altre bestie, e hanno molte bellissime galline, e sì hanno istruzzoli grandi come asini, o

---

(1) *Soldanus Adem circumcidi fecit in iniuria fidei Christianae*, Cod. Ricc.

poco meno; e sì hanno molte altre cose che a volerle tutte contare sarebbe troppo lunga mena. Cacciagioni e uccellagioni sono assai; e sì hanno pappagalli bellissimi e di più fatte; e sì hanno gatti mamoni [1], e iscimmie assai [2]. Ora avete inteso d'Abascia; or vi vo dire delle parti d'Edenti.

169. *Della provincia di Edenti.*

La provincia d'Edenti [3] sì ha un Signore ch'è chiamato il Soldano, e sono tutti Saracini e adorano Malcommetto, e sono grandi nemici di Cristiani. In questa provincia ha molte città e castella, ed ha porto ove tutte le navi d'India capitano con loro mercatanzie [4], che sono molte; ed in questo porto caricano i mercatanti loro mercatanzie, e mettole in barche piccole, e passano giù per un fiume sette giornate,

---

(1) Il *gatto mammone* è una spezie di scimmia caudata, detta dagli antichi *Cercopithecus*. — (2) *E favisi grande mercatanzia di bambagia, di drappi di bambagia, e molti bucherami*, C. Magl. II. — (3) *Adem*, T. Ramus. E' questo paese compreso nella penisola arabica. Crede taluno che *Aden* fosse rifabbricata sulle rovine della celebre città dai Greci detta *Arabia felice* per la comoda sua posizione alle foci del seno Arabico. L'ultimo soldano di *Aden*, della discendenza di Nurredin Turcomanno, regnava l'anno 1269. — (4) *Con ispezie*, C. Magl. II.

e poi le cavano delle barche, e carricale in su cammelli, e vanno trenta giornate per terra; poscia truovano il mare d'Alessandria [1], e per quel mare ne vanno le genti infino in Alessandra, e per questa via e modo hanno i Saracini d'Alessandria il pepe ed altre ispezierie di verso Adenti [2]; e del porto d'Edenti si partono le navi e ritornasi cariche d'altre mercatanzie, e riportale per l'isole d'India. E si recano gli mercatanti medesimi da questo porto medesimo molti belli destrieri, e menagli per l'isola d'India; e sappiate che un buono e bel cavallo si vende bene in India cento marchi d'ariento [3]. E sappiate che il Soldano d'Edenti si ha una rendita grandissima delle gabelle ch'egli ha di queste navi e di queste mercatanzie, e per questa rendita, ch'egli ha sì grande, sì ee egli un grandissimo Signore, un di grandi

(1) *Il fiume di A'essandria, e indi conducono la mercatanzia in Alessandria,* C. Magl. II.
— (2) Qui descrive il Polo con la consueta brevità la via che facevano le indiche merci per giungere in Alessandria, ma più precisa si ha questa descrizione nella lezione Ramus., ch'è anche corredata da un dotto discorso del Ramusio intorno alle vicende del commercio dell'Indie.
— (3) Il *marco* è un peso usato per l'oro e per l'argento, che equivale alla mezza libbra francese di sedici once. Credesi che cominciasse l'uso di computare l'oro e l'argento a *marche* in Francia sin dal secolo XI.

del mondo. E sappiate che quando il soldano di Bambellonia venne soprand Auri ad oste e 'l soldano di Denti gli fece aiuto trentamila cavalli, e quarantamila cammelli: e sappiate che questo aiuto non fece egli per bene che gli volesse, ma solo per lo gran male che egli vuole a' Cristiani, che al soldano di Bambellonia non volle egli anche bene. Or vi lascerò a dire di Denti, e dirovi d'una grandissima città, la quale si è chiamata Scier, nella quale hae uno piccolo re.

170. Della città di Scier.

Escier [3] si è una gran città, ed è di lungi dal porto d'Edenti quattro miglia,

(1) Qui accenna il Polo la spedizione di Saladino sultano d'Egitto, solendo egli dare al Cairo il nome di *Babilonia*. La guerra seguì contro i Latini, l'anno 1187, ed in essa Guido di Lusignano re di Gerusalemme e 'l Gran Maestro del Tempio furono fatti prigioni: conseguenza della vittoria fu per Saladino la reddizione di Acri, o Tolemaide, Berito, Ascalona e Gerusalemme. — (2) *Trentamila cavalieri, e bene trentamila cammelli*, C. Magl. II. — (5) *Escier*, T. Ramus. E' il porto detto *Siger* o *Sieger*, a parere di alcuni, l'antico *Siagrium promontorium* d'Arabia, in faccia a *Succotora*. Secondo il Marsden è *Sahar* della carta d'Anville; nel che non conviene il Baldelli.

ed è sottoposta ad un conte il quale è sotto il soldano d'Edenti, e sì ha molte castella sotto sè, e sì mantiene bene ragione e giustizia, e sono Saraeini i quali adorano Malcometto; e sì ha porto molto buono, al quale capitano molte navi, le quali vengono dell'India con molta mercatanzia, e portano molti e buoni cavalli da due selle. Qui si ha molti datteri; riso hanno poco, biada vi viene d'altronde assai, e sì hanno tonni assai, chè per uno viniziano s'avrebbe l'uomo due grandi tonni; vino fanno di zucchero e di riso e di datteri. E sì vi dico, ch'egli hanno montoni che non hanno orecchie, nè foro, ma colà dove debbono avere gli orecchi hanno due cornetti, e sono bestie piccole e belle; e sappiate che danno a'buoi e a' cammelli e a'montoni e a'ronzini piccoli a mangiare pesci, e questa è la vivanda che danno alle loro bestie; e questo è [1] perchè in loro contrada sì non hae erba, perciocchè ella è la più secca contrada che sia al mondo. Gli pesci di che si pascono queste bestie si pigliano di marzo e d'aprile e di maggio, in sì grande quantità ch'è una maraviglia, e seccagli e ripongogli per tutto l'anno, e così gli danno a

(1) *E questo fanno*, C. Puce. E' tutt'ora in pratica quest'uso antichissimo, secondo Niebuhr (Descript. de l'Arab. p. 147).

lor bestie: virità è che le lor bestie vi sono sì avezze che così vivi come egliono escono dell'acqua, sì gli sì mangiano. Ancora vi dico ch'egli hanno di molto buon pesce, e fannone biscotto, chè egli gli tagliano a pezzuoli quasi di una libbra il pezzo, e poscia gli appiccano al sole e fannogli seccare, e quando sono secchi sì gli ripongono, e così gli mangiano tutto l'anno, come biscotto. Qui si nasce lo 'ncenso in grande quantità, e fassene grande mercatanzia. Altro non ci ha da ricordare: partiamoci di questa città e andiamo verso la città a Dufar.

171. Della città Dufar.

Dufar [1] si è una grande e bella città, è di lungi da Scier cinquecento miglia [2], ed è verso maestro, e sono Saracini ed hanno per Signore un conte, e sono sotto il reame d'Edenti [3], ed hanno anche porto, e sono di mercatanzia quasi come quegli di sopra. Dirovi in che modo si fa

(1) *Dufar.* T. Ramus. nel quale è segnata la distanza da Escier ben diversamente. Ivi leggesi: *Dufar è una città nobile e grande, qual è discosto dalla città d'Escier venti miglia verso scirocco.* Se in esso testo è corretta la distanza, per errore è poi detto *verso scirocco*, dovendo dirsi *verso maestro.* — (2) *Ottocento*, C. Pucc. — (3) *Sotto il soldano d'Adenti*, Cod. Pucc.

lo 'ncenso¹. Sappiate che sono certi albori², ne' quali si fanno certe intaccature, e per quelle tacche escono gocciole le quali s'assodano, e questo si è lo 'ncenso. Ancora per lo molto gran caldo che v'è si nascono in questi cotali albori certi galle³ di gomma, la quale si è anche incenso. E di cavagli che vengono di Arabia e vanno in India si fa grandissima mercatanzia. Or vi voglio contare del golfo di Chalatu; e come istà, e che città ella è.

(1) Celebre era la regione dell'Incenso presso gli Antichi appellata *Thurifera regio*, ed anche *Libanophoros*. *Liban* e *Oliban* è voce araba che significa *incenso*. La pianta, secondo Niebbur, prospera principalmente sulla costa d'Arabia che volge a scirocco, nelle vicinanze di *Keschir*, di *Dufar*, di *Merbat* e di *Hasek*. Secondo alcuni dà l'incenso il cedro licio, *Juniperus Phoenicia* di Linneo. Come sull'incenso regna oscurità, così è anche sulla mirra, che alcuni credono gema da una specie di mimosa arabica ed abissinica chiamata *sassa* da Bruce, secondo altri gema da un lauro. Più probabilmente la mirra degli antichi era il *mastichio*. —
(2) *Che 'l fanno sono come abeti piccoli*, Cod. Magl. II. — (3) *Certi gallozze*, Cod. Puce.

172. *Della città di Chalatu.*

Calatu¹ si è una grande città, ed è dentro dal golfo che si chiama Calatu, ed è di lungi da Dufar cinquecento² miglia verso maestro, ed è una nobil città sopra il mare, e tutti sono Saracini³ e adorano Malcometto. Qui non ha biada, ma per lo buon porto che v'è sì vi capitano molte navi che vi recano assai della biada e delle altre cose assai. La città si è posta sulla bocca del golfo di Calatu, sicchè vi dico che veruna nave vi può passare, nè uscire⁴ sanza la volontà di questa città. Partiamoci di qui, e andiamone ad una città che ha nome Carmoso di lungi di Chalatu trecento miglia tra tramontana e maestro. Ma chi si partisse di Chalatu e tenesse tra maestro e ponente andrebbe cinquecento miglia, e troverebbe la città di Quisi⁵. Udirete della città di Churmaso ove noi arrivamo.

(1) *Calaiati*, T. Ramus. E' *Kalhat* del paese d'*Oman* a mezzodì di *Mascat*, e *Calaiati* è scritto nella Carta d'Anville. E' oggidì città piccola ma una delle più antiche del detto paese di *Oman*, secondo Niebuhr. — (2) *Ottocento*, Cod. Pucc. — (3) *E al soldano d'Adenti*, C. Pucc. — (4) *Vi può entrare, nè uscire*, Cod. Pucc. — (5) *Quisi è Chisi o Kis* di cui è favellato al Cap. 17.

173. Della città di Curmaso.

Curmaso[1] ee una gran città, la quale è posta in sul mare, ed è fatta quasi come quella di sopra. In questa città ha sì grandissimo caldo che a pena vi si può campare, se non che egli hanno ordinate ventiere[2], che fanno venire vento alle loro case, nè altrimenti non vi camperebbono. Non vi vo' dire di questa città più nulla, perciocchè ci converrà tornare qui[3], ed alla ritornata vi diremo tutti i fatti che abbiamo lasciati. E dirovi della Gran Turchia, ove noi entramo[4].

(1) *Ormus*, T. Ramus. Parlò il Polo di questa città nel dare la descrizione della Persia, ed in essa si è sbarcato al restituirsi in patria. — (2) Nel Vocabolario questa voce è difinita *strumento che agitato muove*. E' tutt'altro; e Chardin lo descrive così: ,, Le case di Ban-,, der-Abassi sono coperte a terrazze con torri ,, a vento per avere aria, queste torri, che so-,, no in mezzo e ai lati delle terrazze, sono qua-,, drate e alte dai 10 sin ai 15 piedi, secondo ,, il caldo del paese, perchè le più alte danno ,, maggior frescura" ec. — (3) *Tornare per essa, e allora diremo di sua condizione*, Cod. Pucc. — (4) Qui termina la descrizione dei paesi che furono dal Polo visitati nella sua ultima navigazione, e ciò che segue sin alla fine va considerato come un'appendice, ove tratta di altre cose apprese ne' suoi viaggi. L'articolo della *Gran Turchia* è nel T. Ramusiano molto più ristretto del presente, e termina col Cap. XLV della *Provincia di Rossia*, nè ha i Cap. CLXXV, CLXXVI, CLXXVII, che qui si leggono.

174. *Della gran Turchia* [1].

Turchia si ha un re che ha nome Chaidu, lo quale è nipote del Gran Cane, che fu figliuolo d'uno suo fratello cugino. Questi sono tarteri, valentri uomeni d'arme perchè sempre istanno in guerra e in brighe. Questa Gran Turchia è verso maestro. Quando l'uomo si parte da Cormaso e passa per lo fiume di Geon, e dura di verso tramontana insino alle terre del Gran Cane, sappiate ch' e' truova Chaidù. E tra questo Chaidu e lo Gran Cane si ha grandissima guerra, perchè Chaidu vorebbe conquistare parte delle terre del Chattai e de' Magi, ma il Gran Cane vuole che lo seguiti, siccome fanno gli altri che tengono terra [2] da lui: questi

---

(1) Secondo il Renaudot ha la generica appellazione di *Gran Turchia*, di *Turan*, *Tarkestan*, *Gog e Magog*, *Catai*, e comprende tutte le contrade che sono a settentrione e ad occidente della Cina. Negli antichi tempi ebbersi confuse idee, ma non così accadde nell' età di mezzo; chè i Geografi e i viaggiatori ebbero nozioni più esatte, e fra essi primeggiò il nostro Polo. Qui parla del *Tarkestan*, patria primitiva dei Turchi, che si cominciò ad appellare *Gran Turchia* per distinguerla dal nuovo stato che, spogliando i Greci e i Saraceni, si formarono i Turchi nell' Asia Minore, e ne' paesi adiacenti, propriamente ora detti *Turchia*. — (2) *Terre*, C. Puc.

nol vuol fare perchè non si fida, e perciò sono istate tra loro molte battaglie; e sì fa questo re Chaidu bene cento mila cavalieri.; e più volte hae isconfitto i baroni e i cavalieri del Gran Cane, perciocchè questo re Chaidu è molto prode dell'arme, egli e sua gente. Or sappiate, che questo re Chaidu avea una sua figliuola, la quale era chiamata in tartaresco Aigiarne, cioe viene a dire in latino [1] *lucente luna*. Questa donzella era sì forte che non si trovava persona che vincere la potesse di veruna prova [2]; lo re suo padre sì la volle maritare; quella disse: Che mai non si mariterebbe s'ella non trovasse un gentil uomo che la vincesse di forza o d'altra pruova. Lo re sì le avea largito [3], ch'ella si potesse maritare a sua volontà. Quando la donzella ebbe questo dal re, sì ne fu molto allegra; e allora mandò per tutte le contrade [4]: Che se alcuno gentile uomo fosse che si volesse provare colla figliuola del re Caidu, si andasse a sua corte, sappiendo che qual fosse quegli che la vincesse ella il torrebbe per suo marito. Quando la novella fu saputa, per

(1) *In nostre lingue*, C. Pucc. — (2) *Prodessa*, C. Pucc. — (3) *Averle largito per averle conceduto*. Il C. Pucc. dice *l'avea privilegiata*. — (4) *Mandò incontanente le grida in diversi paesi*, C. Puce.

ogni parte eccoti venire molti gentili uomeni alla corte del re: or fu ordinata la pruova in questo modo. Nella mastra sala del palazzo si era lo re e la reina con molti cavalieri, e con molte donne e donzelle; ed ecco venire la donzella tutta sola vestita d'una cotta di zenzado molta accanoia.¹ La donzella era molto bella e ben fatta di tutte bellezze. Or conveniva che si levasse il donzello che si voleva provare con lei, a questi patti com'io vi dirò: Che se 'l donzello vincesse la donzella, ella lo dovea prendere per suo marito, ed egli dovea avere lei per sua moglie; e se cosa fosse che la donzella vincesse l'uomo, si conveniva che l'uomo desse a lei cento cavalli; e in questo modo avea la donzella guadagnati bene diecimila cavagli. E sappiate che questo non era maraviglia, ché questa donzella era sì ben fatta, e sì informata² ch'ella pareva pure una gigantessa. Eravi venuto un donzello lo quale era figliuolo del re di Pamar³ per provarsi con questa donzella, e menò mille cavagli per mettere alla pruova: ma il cuore li stava molto franco di vincere, e di ciò gli pareva essere troppo bene sicuro; e questo fu nel milledugento ottanta

(1) *Di drappo molto riccamente ornata*, C. Pucc. — (2) *Informata* per *persona di grandi membra* ha esempio nel Vocab. tratto dalla Cronaca del Velluti. — (3) *Pamar*, C. Pucc.

anni. Quando il re Gaidu vide venire questo donzello sì ne fu molto allegro, e molto disiderava nel suo onore che questo donzello la vincesse, perciocch' egli era bel giovane e figliuolo di un gran re; e allora si fece pregare la figliuola che si lasciasse vincere a costui; ed ella si rispuose: Sappiate, padre, che per veruna cosa del mondo non farei altro che diritto e ragione. Or eccoti la donzella entrata nella sala alla prova; tutta la gente che stava a vedere pregavano [1] che desse a perdere alla donzella, acciocchè così bella coppia fossero accompagnati insieme. E sappiate che questo donzello era forte e prode, e non trovava uomo che 'l vincesse, nè che si potesse [2] con lui in ogni pruova. Or vennono insieme il donzello e la donzella alla prese, e furonsi presi insieme alle braccia, e feciono una molto bella incominciata [3], ma poco durò, che convenne pure che il donzello perdesse la prova. Allora si levò in sulla sala il maggior duolo del mondo, perchè il donzello avea così perduto, ch'era uno di piue belli uomeni che vi fosse ancora venuto o che mai fosse veduto; e allotta ebbe la donzella questi

(1) *Iddio che la donzella perdesse*, C. Pucc. — (2) *Nè che potesse*, C. Pucc. — (3) *Incominciata* per *incominciamento* è citato nel Vocabolario dietro questo esempio.

mille cavalli, e il donzello si partio, ed
andossene in sua contrada molto vergogno-
so. E voglio che voi sappiate, che lo re
Caidu menò questa sua figliuola in più battaglie, e quando ella era alla battaglia, ella
si gittava tra' nemici sì fieramente, che
non era cavaliere nè sie ardito nè sì forte
ch'ella nol prendesse per forza; e mena-
valo via, e faceva molte predezze d'arme. Or lasciamo di questa materia, e udirete d'una battaglia che fu tra lo re Caidu [1] ed Argo, figliuolo dello re Abaga Signore del Levante.

275. D'una battaglia [2].

Sappiate, che lo re Abagha [3], Signore del Levante, si tiene molte terre e molte provincie, e confina le terre sue con

(1) Di questo re parlano le Storie Cinesi, e
Deguignes. Fu nipote di Cublai Can, fu principe
torbido ma valoroso, e cessò di vivere l'an. 1307.
— (2) Per supplire a qualche ommissione aggiunse il Polo questi ultimi Capitoli, da tenersi
come Appendice coi quali venne a completare il
suo disegno, ch'era di dare tutta la Storia dei
Tartari sin a' suoi tempi, e così la intera descri-
sione del Continente Asiatico. — (3) *Abaka-Can*
cominciò a regnare dopo *Hulagu* morto nel 1264,
ebbe guerra coi Tartari di Zagatai e con Chaidù Signore del Turkestan. Era Signore di Zagatai Berrac Oglan, fratello di Chaidu, che Polo
chiama *Barac*.

quelle del re Caidu, cioè, dalla parte dell'Albero Solo, lo quale noi chiamiamo l'Albero Secco. Lo re Abaga per cagione che lo re Caidu non facesse danno alle terre sue si mandò il suo figliuolo Argo con grande gente a cavallo e a piede nelle contrade dell'Albero Solo infino al fiume di Geon, perchè guardasse quelle terre che sono alli confini. Ora avvenne che lo re Caidu si mandò un suo fratello molto valentre cavaliere, lo quale avea nome Barac, con molta gente per fare danno alle terre ove questo Argo era. Quando Argo seppe che costoro venivano, fece asembiare ¹ sua gente, e venne incontro a' nemici. Quando furono asembiati l'una parte e l'altra, e gli istormenti ² cominciarono a sonare dall'una parte e dall'altra, allora fu cominciata la più crudele battaglia che mai fosse veduta al mondo; ma pure alla fine Barac e sua gente non poterono durare; sicchè Argo ³ gli sconfisse e cacciogli di là dal fiume. Da che n'abbiamo cominciato a dire d'Argo, dirovi com'egli fu preso, e com'egli signoreggiò poscia dopo la morte di suo padre.

Quando Argo ebbe vinta questa battaglia, vennegli novelle come lo padre era

---

(1) *Assembrare*, God. Pucc., dal Franc. *assembler*. — (2) *E i naccherini*, C. Pucc. — (3) *Argon*, C. Pucc.

passato di questa vita. Quando egli intese questa novella funne molto cruccioso [1], e mossesi, per venire a pigliare la Signoria; ma egli era di lungi bene quaranta giornate. Ora avvenne che il fratello che fu d'Abaga [2], lo quale si era soldano ed era fatto Saracino, sì vi giunse prima che giugnesse Argo, e incontanente entrò in sulla Signoria, e riformò la terra per sè, e sì vi trovò sì grandissimo tesoro che a pena si potrebbe credere; e sì ne donò sì largamente a' baroni e a' cavalieri della terra, che costoro dissero che mai non voleano altro Signore. Questo soldano faceva a tutta gente piacere, e onore [3]. Ora quando il soldano seppe che Argo veniva con molta gente, sì si apparecchiò con tutta sua gente, e fece tutto suo isforzo in una settimana; e questa gente per amore del soldano, andavano molto volentieri contro ad Argo per pigliarlo e per ucciderlo a tutto loro podere.

Quando il soldano ebbe fatto tutto suo [4] isforzo, sì si missono e andarono incontro

(1) Riferiscono gli storici, ch' e' perì di veleno, per lo che si ravvisa come il figlio potè esserne cruccioso. — (2) Questo fratello chiamavasi *Mahumed*, e secondo alcuni *Ahmed*. Si guadagnò i Mogolli con grandi largità, fecesi maomettano, e fu crudele persecutore de' Cristiani. — (3) *A tutta gente grand' onore*, C. Pucc. — (4) *Fatto tutto suo apparecchio, e tutto*, C. Pucc.

ad' Argo, e quando fu presso a lui si si attendò in un molto bel piano, e disse alla sua gente: Signori, e' ci conviene essere prodi uomeni, perocchè noi difendiamo la ragione, chè questo regno fu del mio padre, il mio fratello Abaga si lo ha tenuto, quanto a tutta sua vita ¹, ed io si doveva avere lo mezzo, ma per cortesia a glie le lasciai; ora da che egli è morto si è ragione che io l'abbia tutto; ma io si vi dico, che io non voglio altro che l'onore della signoria; e vostro sia tutto il frutto. Questo soldano avea bene quarantamila cavalieri e grande quantità di pedoni. La gente rispuosono e dissoro tutti: Che andrebbono con lui infino alla morte ².

Argo quando seppe che 'l soldano era attendato appresso di lui, ebbe sua gente e disse così: Signori e fratelli ed amici miei, voi sapete bene che 'l mio padre insino ch'egli vivette egli vi tenne tutti per fratelli e per figliuoli, e sapete bene come voi e vostri padri siete istati con lui in molte battaglie, e a conquistare molte terre, e sì sapete bene come io sono suo figliuolo, e com'egli vi amò assai, ed io ancora sì

---

(1) *Se l' ha tenuto tutta sua vita*, C. Pucc.
— (2) Sembra che l' uso di perorare gli eserciti fosse familiare ai Mogolli, se pure il Polo, ad imitazione de' grandi storici, non ha egli messo questi parlamenti in bocca de' capitani.

v'amo di tutto il mio cuore; dunque è bene ragione che voi m'aitate [1] riconquistare quello che fu del mio padre e vostro, ch'è contro colui che viene contro a ragione e vuolci deretare [2] delle nostre terre e cacciare via tutte le nostre famiglie: e anche sapete bene, ch'egli non è di nostra legge, ma è Saracino, e adora Malcometto; ancora vedete come sarebbe degna cosa che gli Saracini avessono signoria sopra gli Cristiani: dacchè voi vedete bene ch'egli è così, ben dovete essere prodi e valentri, siccome buoni fratelli m' aitate in difendere lo nostro, ed io hoe isperanza in Dio, che noi il metteremo a morte, siccome egli è degno; perciò sì vi prego catuno [3] che facciate più che suo podere non porta, sicchè noi vinciamo la battaglia. Li baroni e li cavalieri, quando ebbono inteso il parlamento che avea fatto Argo, tutti rispuosono e dissono: Ch'egli avea detto bene e saviamente; e fermarono tutti communemente, che voleano innanzi morire con lui che vivere senza lui, o che niuno gli venisse meno. Allora si levò un barone e disse ad Argo: Messere,

(1) *Atare* per *aiutare* è voce usata anche dal Boccaccio. Peraltro *aiutiate* hu il Cod. Pucc. — — (2) *Deretare* per *diseredare*. *Diseredare* è voce del Crist. istruito del Segneri. — (3) *Catuno* per *ciascuno*, voce de' più antichi scrittori volgari.

ciò che avete detto ee tutta verità, ma sì
voglio dir questo, che a me si parrebbe
che si mandassono ambasciadori al soldano per sapere la cagione di quello che fa,
e per sapere quello che vuole: e cosie fue
fermato di fare. E quando eglino ebbono
questo fermato, feciono due ambasciadori
che andassono al soldano ed isponesso-
gli¹ queste cose: Come in tra loro non dovea essere battaglia, percioech' erano una
cosa; e che 'l soldano dovesse lasciare la
terra e renderla ad Argo. Lo soldano rispose agli ambasciadori e disse: Andate
ad Argo, e ditegli che io il voglio tenere
per nipote e per figliolo siccome io debbo; e che gli voleva dare signoria ch' egli
si venisse e che istesse sotto lui, ma non
voleva che egli fosse Signore; e se così
non vuol fare, sì gli dite: Che si apparec-
chi della battaglia.

Argo, quando ebbe intesa questa novella, ebbe grande ira, e disse: Non vi è
da udire nulla. Allora si mosse con sua
gente, e fu giunto al campo ove dovea essere la battaglia; e quando furono apparecchiati l'una parte e l'altra, e gl'istormenti cominciarono a suonare da ciascuna parte, allora si cominciò la battaglia
molto forte, e molto crudele da ciascuna

(1) *Isponere* per *esporre,* antico modo di dire
popolare.

delle parti [1]. Argo fece il dì grandissima prodezza, egli e sua gente, ma non gli valse; tanto fu la disavventura che Argo si fu preso, e perdè allora nella battaglia del soldano [2]. Si era un uomo molto lussurioso [3], sicchè si pensò di tornare alla terra, è di pigliare molte belle donne ch' v' erano. Allora si partìo e lasciò un suo vicare nell'oste che avea nome Melichi [4], che dovesse guardare bene Argo; e così se ne andò alla terra, e Melichi rimase.

Ora avvenne che uno barone tartero, lo quale era eguale [5] sotto il soldano, vide il suo signore Argo [6], lo quale dovea essere di ragione; vennegli un gran pensiero al cuore, e l'animo gli cominciò a guastare, e diceva infra se stesso: Che male gli parea che 'l suo Signore fosse preso; e pensò di fare suo podere sicchè gli fosse lasciato; e allora cominciò a parlare con altri baroni dell'oste [7]. E a ciascuno parve in buona

(1) Fu data la battaglia fra Ahmed sultano e Argun a Damagan nel 1284. — (2) Dice il Polo che Argo *perdè allora nella Battaglia*, perchè posteriormente narra, che gli riuscì di farlo morire. — (3) Si sottintenda il predetto Sultano — (4) *Dicendogli*, C. Pucc. Il Generale che fece prigioniero Argun, e che dovea custodirlo, detto dal Polo *Melichi*, lo appellano gli arabi storici *Alinak*. — (5) *Allora*, C. Pucc. — (6) *Così preso, ebbe un gran cordoglio al cuore*, C. Pucc. — (7) *E mossesi e andò a parlare segretamente con altri baroni dell' oste*, C. Pucc.

volere, e in buono animo di volersi pente-
re¹ di ciò che aveano fatto; e quando
furono bene accordati, un barone, che avea
nome Bugá², si fue cominciatore, e leva-
ronsi suso tutti a romore, e andarono alla
prigione dove Argo era preso, e dissogli.
Com' egli s' erano riconosciuti³, e che
aveano fatto male, e che voleano ritornare alla misericordia, e fare e dire bene, e
lui tenere per Signore. E così si accordaro-
no, e Argo perdonò loro tutto ciò che a-
veano fatto contra di lui; e incontanente
si mossero tutti questi baroni, e andarono
al padiglione dov'era Milichi, lo vicaro del
soldano, ed ebbolo morto; ed allora tutti
quelli dell' oste si confermarono Argo per
loro diritto Signore.

Di presente giunse la novella al soldano, come il fatto era istato, e come Milichi suo vicaro era morto. Quando ebbe
inteso questo si ebbe gran paura, e pensos-
si di fuggire in Bambellonia ⁴, e missesi a
partire con quella gente che avea. Un barone, lo quale era grande amico d'Argo, si
stava ad un passo, e quando lo soldano

---

(1) *Pentere* per *pentirsi*, o *mutar d'opinione
e di volontà*; è voce antica. — (2) *Buga* e non
Baga è il nome del barone turchesto che si di-
chiarò per Argon. — (3) *Riconosciuti* qui vale
per *ravveduti, pentiti.* — (4) Cioè al Cairo.

passava si l'ebbe conosciuto, e incontanente gli fu dinanzi in sul passo, ed ebbolo preso per forza, e menollo preso dinanzi ad Argo alla città, che v'era già giunto di tre dì. E Argo quando il vide, sì ne fu molto allegro, e incontanente comandò che gli fosse dato la morte, siccome a traditore [1]. Quando fu così fatto, ed Argo mandò un suo figliuolo a guardare le terre dell'Albero Solo [2] e mandò con lui trentamila cavalieri. A questo tempo, che Argo entrò nella Signoria correa anni mille dugento ottantacinque, e regnò Signore sei anni, e fu avvelenato, e così morio; in morto che egli fu Argo, un suo zio entrò nella Signoria (perchè il figliuolo d'Arge era molto di lungi), e tenne la Signoria due anni, e in capo di due anni fue anche morto [3] di beveraggio. Or vi lascio qui, che non ci hae altro da dire, e dirovi un poco delle parti di verso tramontana.

176. Delle parti di verso Tramontana.

In Tramontana si ha uno re ch'è chiamato lo re Chonci [4] e sono Tarteri, e

(1) Morì Argun nel 1291. (Deguignes, c. 266.)
(2) Cioè secco, C. Pucc. — (3) Avvelenato, C. Pucc. — (4) Parla qui il Polo dell'impero Siberico fondato dai discendenti di Genguiz-Can, di cui le gesta trovansi in Abulghazi-Can, storico di queste genti, e discendente ancor esso dal capo della grandezza Mogolla (V. Deguignes).

sono genti molto bestiali. Costoro si hanno
un loro domenedio fatto di feltro, e chia-
malo Fattighai [1], e fannogli anche la moglie; e dicono che sono l'iddii terreni che
guardano tutti i loro beni terreni, e così li
danno mangiare, e fanno a questo cotale
iddio, secondo che fanno gli altri Tarteri,
de'quali v'abbiamo contato adrieto. Questo
re Chonci è della ischiatta di Cinghy Cane
ed è parente del Gran Cane. Questa gente
non hanno città nè castella, anzi si stanno
sempre o in piano o in montagna, e sono
grande gente delle persone: vivono di latte
di bestie, e di carne; biada non hanno, e
non son gente che mai facciano guerra ad
altrui, anzi istanno tutti in grande pace, e
hanno molte bestie, ed hanno orsi che sono tutti bianchi [2] e sono lunghi venti pal-

(1) *Natighen*, Cod. Magl. II. Qui accenna
le costumanze degli *Ostiaki*, dei *Samojedi*, dei
Kamtschadali che abitano la parte settentrionale dell'Asia. — (2) *E hanno loro ricchezza
pure in bestiame salvatico, e hanno orsi tutti
bianchi, e sono lunghi bene 20 spanne l'uno; e
hanno montoni molto grandi, e sono tutti neri e
hanno molte bestie che sono appellati zebellini*, C.
Magl. II. L'Orso bianco è animale amfibio, e l'ur-
lar suo somiglia all'abbajare del cane. Questi
animali vivono uniti in gregge e scambievol-
mente soccorronsi e si difendono; loro pastura
sono i cadaveri, le balene morte, gli uccelli, e
nelle loro sterili regioni agghiacciate passano la
maggior parte del tempo assopiti come gli orsi
delle altre razze (Rec. des Voyag. au Nord, 1716.
T. III. c. 118.).

mi, ed hanno volpi che sono tutte nere ¹; e asini salvatichi assai ²; e hanno giambelline, cioè, quelle di che si fanno le care pelle, che una pelle ³ da uomo val bene mille bisanti; e vai hanno assai. Questo re si è di quella contrada dove i cavagli non possono andare, perciocchè v'ha grandi laghi e molte fontane, e sonvi i ghiacci sì grandi che non vi si può menare cavallo; e dura questa mala contrada tredici giornate, ed in capo di ciascuna contrada si ha una Posta ove albergano i messi che passano e che vengono. A catuna di queste Poste istanno quaranta cani, gli quali istanno per portare gli messaggi dall'una Posta all'altra, siccome io vi dirò. Sappiate che queste tredici giornate sì sono due montagne, e tra queste due montagne si ha una valle, e in questa valle è sì grande il fango e il ghiaccio che cavallo non vi potrebbe andare e fanno ordinare tregge ⁴ sanza ruote, chè le ruote non vi potrebbono andare perocchè elle si ficcherebbono

(1) Le volpi nere sono le più rare, ed hanno un prezzo altissimo (Voy. du Kamschatka en Fran. T. I. c. 110.). — (2) Appellansi anche *Colan* o *Culan* somigliano ai muli; ne parlano Rubriquis e Pallas. — (3) *Uno fodero,* Cod. Pucc. — (4) *Treggia* è notata nel Vocab. dietro quest'esempio. E' la *slitta* anche oggidì tirata dai cani che vi sono attaccati a pariglie, e i modi del viaggiare sono oggidì quelli stessi dei tempi del Polo.

tutte nel fango, e per lo ghiaccio correrebbono troppo. In su questa treggia pongono un cuoio d'orso, e vannovi suso cotali messaggi, e questa treggia mena sei di questi cani, e questi cani sanno bene la via, e vanno infino all'altra Posta, e così vanno di Posta in Posta tutte queste tredici giornate di quella mala via; e quegli che guarda la Posta si monta in sun una altra treggia, e menagli per la migliore via. E sì vi dico, che gli uomini che stanno su per queste montagne sono buoni cacciatori e pigliano di molte buone bestiole, e fannone molto grande guadagno, siccome sono giambellini e vai ed ermellini e coccolini e volpi nere e altre bestie assai, onde si fanno le care pelli; e pigliale in questo modo, ch'e' fanno loro reti che non ve ne può campare veruna. Qui si ha grandissima freddura. Andiamo più innanzi, e udirete quello che noi trovamo, ciò fu la Valle Iscura.

177. *Della valle Iscura* [1].

Andiamo [2] più innanzi per tramontana, e trovamo una contrada chiamata Iscurità, e certo ella hae bene nome a ragione ch'ella è sempre mai iscura; quivi si non apare mai sole, nè luna, nè stelle, sempremai v'è notte; la gente che v'è vivono come bestie e non hanno Signore [3]. Ma talvolta vi mandono gli Tarteri com'io vi dirò, chè gli uomeni che vi vanno si tolgono giumente che abbiano puledri [4] dietro, e lasciano gli puledri di fuori dalla scurità, e poi vanno rubando ciò che possono trovare, e poi le giumente si ritornano a' loro puledri di fuori dalla iscurità, e in questo modo riede la gente che vi si mette ad andare. Queste genti hanno molto

(1) Qui tratta della parte estrema del Continente Asiatico che si estende a tramontana oltre il cerchio polare, abitata dai *Tchuktchi*, e dai *Samoiedi*, genti di breve statura e di colore olivastro, per lo che la chiama il Polo *gente palida e di mal colore*. Il Polo non avea tintura nè di astronomia nè di sfera, quindi dice che non *appare mai sole, nè luna, nè stelle*. — (2) *Andammo*, C. Pucc. — (3) *La gente di questa contrada sono molto belli e grandi e ben fatti di loro membra, ma non hanno colore in viso. Gli Tartari confinano con quella gente, e vannogli spesso a rubare*, C. Magl. II. — (4) *Poltracci*, C. Magl. II.

di queste pelli così care, ed altre cose assai, perciocchè sono maravigliosi cacciatori, e amassono [1] molto di queste care pelli che avemo contato di sopra. La gente che vi sta son gente palida e di mal colore. Partiamoci di qui e andiamone alla città di Rossia.

178. *Della provincia di Rossia.*

Rossia [2] ee una grandissima provincia verso tramontana, e sono Cristiani e tengono maniera di Greci [3], ed havi molti re, e hanno loro linguaggio, e non rendono trebuto se non ad uno re di Tartari, e quello è poco. La contrada si ha fortissimi passi ad entrarvi. Costoro non sono mercatanti, ma sì hanno assai delle pelle che abbiamo detto di sopra. La gente è molto bella, maschi e femmine, e sono bianchi e biondi, e sono semprici genti. In questa contrada si ha molte argentiere e cavane molto

(1) *Ragusano*, C., Pucc. — (2) Tolomeo fu il primo a nominare i *Roxolani*, che sono i Russi. Rurico, Seeneo e Tiuvor di Novogorodia cominciarono a regnarvi l'anno 861 di G. C. Sotto i descendenti di Burico, rimaso unico possessore del trono, tutt'i principi della famiglia regnante godevano dei loro appannaggi in assoluta sovranità, per lo che dice il Polo, che in quella provincia avvi molti re. — (3) *E hanno lo modo greciesco in fatti di Chiesa, e sono molto spirituali uomini*, C. Megl. II.

argento [1]. In questo paese non ha altro da dire: dirovi della provincia la quale ha nome Lacca, perchè confina colla provincia di Rossia.

179. Della provincia di Lacca.

Quando noi ci partiamo di Rossia sie entriamo nella provincia di Lacca [2]; qui vi troviamo gente che sono dei Cristiani e di Saracini. Non ci ha quasi altra novità che abbiamo da quelle di sopra; ma vovi dire d'una cosa che m'era dimenticata della provincia di Rossia. In quella provincia si ha sì grandissimo freddo che a pena vi si può campare, e dura infino al Mare Oceano. Ancora vi dico, che v'ha

(1) *E avisi moltissimo freddo, che appena che l'uomo ci possa vivere. La Provincia è sì grande che tiene insino al mare Oceano. E in questo mare sono molte isole delle quali, e nelle quali nascono molti girfalchi, e falconi. E se volete sapere più innanzi dimandatene un altro, chè io Marco non cercai più avanti. Deo Gratias Amen.* Qui termina il T. a penna Magl. secondo.
— (2) La Provincia di *Lacca* e la *Polonia*, e scrivono i Polacchi, che *Lech* fondatore della loro monarchia incominciò a regnare l'an. 550 dell'era nostra, ma la storia di Lech e de' suoi discendenti è un tessuto di tradizioni storpiate e raccolte molti secoli dopo. Il Polo scrive, che il paese era abitato da Cristiani o Saraceni perchè i Tartari maomettani del *Captchac* occuparono per alcun tempo la Polonia e ne tennero il giogo in alcuna parte.

isole dove nascono molti girfalchi e molti falconi pellegrini, i quali si portano per più parti del mondo; e sappiate che da Rossia ad Orbecche [1] non v'ha grande via, ma per lo grande freddo che v'è sì non vi si puote bene andare. Or vi lascio a dire di questa provincia, che non ci ha altro da dire, e vogliovi dire un poco di Tarteri di Ponente, e di loro Signore, e quanti Signori hanno avuti. Comincio dal primo Signore.

180. *De' Signori de' Tarteri del Ponente.*

Lo primo Signore ch'ebbono gli Tarteri del Ponente si fu uno ch'ebbe nome Frai [2]. Questo Frai fu uomo molto possente, e conquistò molte provincie e molte terre, ch'egli conquistò Rossia e Chomania e Alania e Lacca e Megia e Zizeri e Scozia e Gazarie [3]; queste furono tutte prese

(1) *Osbec* rettamente nel C. Pucc.; cioè il paese in allora abitato daj Tartari *Usbecchi*. — (2) Nel T. Parig. leggesi *Sain* o *Sair*, soprannome dato a *Batro*, che fu detto *Sair Can* (*il buon Signore*). Il Polo poi qui cadde nell'errore di far successore di *Sair*, *Patu* o *Batu*, i quali sono due nomi d'un personaggio medesimo. *Batu* morì nel 1256. Le illustrazioni date dal Baldelli sui nomi corrispondenti a queste storpiature si trovarono uniformi al T. Parig. — (3) Il presente capo è uno dei più corrotti ne'nomi proprj e solo si può per congettura riconoscere alcune delle contrade che il Polo rammenta:

per cagione che non si tenevano insieme che se elle fossero istate tutte bene insieme non sarebbono istate prese. Ora dopo la morte di Frai fu Signore Patu, dopo Patu si fu Bergho, dopo Borgho Mogleton, poscia fu Catomachu, dopo costui fu il re ch'è oggi, lo quale ha nome lo re Toechai [1]. Ora avete inteso di Signori che sono istati delli Tartori del Ponente, vogliovi dire d'una battaglia, che fu molta grande tra lo re Alau Signore del Levante, e dello re Barga Signore del Ponente.

Chomania, vuolsi che derivi dal fiume *Cama* che dal Caucaso dirige il suo corso al Caspio. *Alania*, è la patria primitiva degli *Alani*, popolo vagabondo del Caucaso. *Lacca*, conviene alla Polonia, o *Regno di Lec*, che ne fu l'oscuro fondatore; *Megia*, o *Medgia* intendesi l'Ungheria, *Madgiare* appellandosi in loro favella gli Ungheri, *Zizeri*, forse *Zichi*, popoli Circassi abitanti del Caucaso dalla parte che volge verso il Mar nero. *Scozia*, nel T. Parig, leggesi *Gucia* e non *Scozia*, paese de' *Guci* o *Gazi*, popolo di turca origine che sconfitto si riparò nelle regioni Caucasie. La *Gazaria*, oggidì *Crimea*, riceve il nome dai *Chafar* (*fuorusciti*) che conquistarono il paese nel settimo secolo. Scorrettissima è anche la lista che leggesi poco dopo de' Signori del *Capichae* ec., che riconoscibili sotto secondo la seguente lezione del T. Parigino: *Patu, Berca Mungletsmur, Totamongar, Toctai.*
— (1) *Toctai*, secondo il Pachimero, morì l'anno 1305. I nomi dei Can del *Capichac* sono singolarmente storpiati da varj autori.

181. *D' una gran battaglia.*

Al tempo degli anni Domini mille duegento sessantuno sì si cominciò una grande discordia tra gli Tarteri del Ponente e quegli del Levante; e questo si fu per una provincia che l'uno Signore e l'altro la voleva, sicchè ciascuno fece suo isforzo e suo apparecchiamento in sei mesi. Quando venne in capo degli sei mesi, e ciascuno sie uscìe fuori a campo, e ciascuno avea bene in sul campo bene trecento mila cavaglieri bene apparecchiati d'ogni cosa da battaglia secondo loro usanza. Sappiate che lo re Barga avea bene trecento cinquanta mila di cavalieri; or si puose a campo a dieci miglia presso l' uno all'altro; e voglio che voi sappiate, che questi campi erano i più ricchi campi che mai fossono veduti, di padiglioni e di trabacche [1], tutti forniti di sciamite [2] e d' oro e d' ariento, e

(1) *Trabacca*. nel Vocab. è *una spezie di padiglione da guerra*, ma il Baldelli opina che trabacche fossero le tende minori degli alloggiamenti. — (2) *Sciamito*, secondo il Vocab, *spezie di drappo di varie sorti e colori*. Reputa il Baldelli che meglio si difinisca per *velluto a opera*, e ciò dal vedere appellato nel latino barbaro *Samitum* e *Samit* (Da Cange) d'onde ha tratto origine la voce germanica *Sammet*, che significa *velluto*.

costì istettoro tre dì. Quando venne la sera, che la battaglia dovea essere la mattina vegnente, ciascuno confortò bene sua gente ed amonìo siccome si conveniva. Quando venne la mattina, e ciascuno signore fu in sul campo e feciono loro ischiere bene e ordinatamente [1]. Lo re Barga fece trentacinque ischiere, lo re Alau ne fece pure trenta, perchè avea meno di gente, e ogni ischiera era da dieci mila uomeni a cavallo [2]. Lo campo era molto bello e grande, e bene faceva bisogno, chè giammai non si ricorda che tanta gente s'asembiasse in sun un campo; e sappiate che ciascuna gente erano prodi ed arditi. Questi due signori furono [3] amendue discesi della ischiatta di Cinghy Cane; ma poi sono divisi, chè l'uno è signore del Levante e l'altro del Ponente. Quando furone acconci l'una parte e l'altra, e gli naccheri incominciarono a sonare da ciascuna parte, allora fu cominciata la battaglia [4] colle saette; le saette cominciarono ad andare per l'aria, tante che tutta l'aria era piena di saette; e tante ne saettarono che più non avevano. Tutto il campo era pieno d'uomeni morti e di fediti : poi missoro mano alle ispade; quella era tale

(1) *E ordinarono bene loro schiere*, C. Pucc. — (2) *Da ciascuna parte*, C. Pucc. — (3) *Erano*, C. Pucc. — (4) *Asprissima*, C. Pucc.

tagliata di teste e di braccia e di mani di cavalieri che giammai tale non fu veduta nè udita, e tanti cavalieri a terra ch'era una maraviglia a vedere da ciascuna parte; nè giammai non morì tanta gente in un campo, chè niuno non poteva andare per terra se non su per gli uomeni morti e fediti [1]. Tutto il mondo pareva sangue [2], chè gli cavagli andavano nel sangue insino a mezza gamba; lo romore e il pianto era sì grande di fediti ch'erano in terra, ch'era una maraviglia a udire lo dolore che facevano: e lo re Alau fece sì grande maraviglie di sua persona che non pareva uomo, anzi pareva una tempesta; sicchè il re Barga non potè durare, anzi gli avvenne alla per fine lasciare il campo, e missesi a fuggire; e lo re Alau gli seguì dietro con sua gente, tuttavia uccidendo quantunque ne giugnevano. Quando lo re Barga fu isconfitto con tutta sua gente, e il re Alau si ritornò in sul campo [3] e' comandò che tutti gli morti fossero arsi, così gli nemici come gli amici,

(1) *Eravi tanto sangue che i cavagli v'andavano infino a mezza gamba, lo romore e le strida erano sì grande che il tuono non si sarebbe udito*, C. Pucc. — (2) Cioè *tutta la terra era aspersa e intrisa di sangue*. Modo di dire metaforico. — (3) *Il re Alau il seguì con sua gente uccidendone quanti ne potesse giugnere. E poi che gli ebbono molto perseguitati tornarono al campo*, C. Pucc.

perocchè era loro usanza d'ardere i morti, e fatto ch'ebbono questo sì si partirono e ritornarono in loro terre [1]. Avete inteso tutti i fatti di Tarteri e di Saracini, quanto se ne può dire, e di loro costumi; e degli altri paesi che sono per lo mondo, quanto se ne puote cercare e sapere, salvo che del Mar Maggiore non vi abbiamo parlato, nè detto nulla, nè delle provincie che gli sono d'intorno, avegnachè noi il cercamo ben tutto [2], perciò il lascio a dire, chè mi pare che sia fatica a dire quello che non sia bisogno nè utile, nè quello che altri fa tutto dì; chè tanti sono coloro che il cercano o 'l navicano ogni dì; che bene si sa, siccome sono Viniziani e Genovesi e Pisani, e molta altra gente che fanno quel viaggio ispesso, che catuno sa ciò che v'è; e perciò mi taccio e non ve

(1) La guerra che qui descrive è quella stessa di cui fa menzione nel Proemio, e che accadde mentre il padre e il zio del Polo erano alla corte di Barca, e in virtù della quale furono obbligati di ritornare a Costantinopoli a trasferirsi all'estremità orientale dell'Impero di Barca, e ad internarsi nella parte centrale dell'Asia per non imbattersi nelle schiere nemiche; e così ebbero agio di recarsi a Boccara, e dietro l'invito fatto loro di proseguire il viaggio sino al Catajo, lo che diè moto al viaggio posteriore del figlio Marco. — (2) Cioè a dire che i Viniziani navigavano tutto d'intorno.

ne parlo nulla di ciò ¹. Della nostra partita, come noi ci partimmo dal Gran Cane, avete inteso nel cominciamento del Libro in una Capitolo ove parla della briga e fatica ch'ebbe messer Matteo e messer Niccolò e messer Marco in domandare commiato dal Gran Cane; e in quello Capitolo conta la ventura che avemo nella nostra partita. E sappiate se quella aventura ² non fosse istata, a gran fatica e con molta pena saremo mai partiti, sicchè appena saremo mai tornati in nostro paese. Ma credo che fosse piacere di Dio nostra tornata, acciochè si potessero sapere le cose che sono per lo mondo, chè secondo che avemo contato in capo del Libro nel Titolo primaio, e' non fu mai uomo nè Cristiano, nè Saracino, nè Tartaro, nè Pagano che mai cercasse tanto del mondo, quanto fece messer Marco figliuolo di messer Niccolò Polo nobile e grande cittadino della città di Vinegia ³. Deo gratias. Amen Amen.

(1) Dalle parole del Polo si riconosce ch'egli ebbe in animo di descrivere la parte dell'Asia ch'era sconosciuta a' suoi contemporanei, ed in fatti oltre alle contrade ch'erano sulle rive del Mar Maggiore, di cui tacque, non parlò nè dell'Asia Minore, nè della Siria, nè della Palestina, nè dell'Egitto. — (2) Qui vedonsi usate le voci *Ventura* e *Avventura*, la prima per *sorte di fortuna*, la seconda per *avvenimento, accidente*. — (3) Differente essendo la fine dell' Opera di Marco Polo nel Codice Pucciano da quella del

Testo dal ch. Baldelli pubblicato, sarà opportuno il qui trascriverle per intero: *Ora avete inteso de' fatti e de' costumi de' Tartari, e di Saracini, e di Idolatri, e de' loro paesi tanto che è bastevole. Sicchè ponghiamo fine qui al nostro dire. E questo vo' dire, cioè, della nostra ventura che avemmo quando ci partimmo dal Gran Cane, come di sopra v'avem detto, dove dice che messer Maffio, messer Niccolò, e messer Marco domandarono commiato dal Gran Cane, e quivi si racconta la ventura ch'avemmo del poterci partire. Che se Iddio non ci avesse mandata quella ventura, crediamo che non ci potremmo mai esser partiti per tornare in nostri paesi. Ma crediamo che Iddio ci concedesse questa grazia per consolazione di noi, e di nostre famiglie. E acciochè si sapessono delle maravigliose cose che sono per lo mondo; chè secondo ch'abbiam detto dinanzi non crediamo che mai fosse niuno che tanto cercasse del mondo, quanto fece messer Marco figlio di messer Niccolò Polo, nobile e gran cittadino della città di Vinegia.*

Compiuto di scrivere martedì sera a dì 20. di Novembre 1391.

VOCI DEL MILIONE DI MARCO POLO CITATE DAL VOCABOLARIO DELLA CRUSCA

Affumicare. p. 199.
Affumicata. 104.
Albergagione, e Abergagione. 56.
Alluminare. 105. 199.
Amatista. 280.
Andare a sella. 58. 318.
A pezzuoli. 338.
Argentiera. 98.
Aringa, errata voce per Meringa. 285.
Avolterare. 69.
Battello. 256.
Bevignone. 181.
Bozzo. 69.
Bucherame. 19.
Canovaccio. 177.
Cantaro. 231.
Capidoglia. 325.
Ciambellotto. 95.
Coturnice. 99.
Forzieretto. 131.
Genitale *
Giraffa. 328.
Girfalco. 91.
Gorgera. 284.
Grosso, moneta. 184.
Idolatore. 67.
Incensiere. 132.
Incominciata. 345.
Intaccatura. 339.
Larghità. 180.
Liofantessa. 328.
Lione. 174.
Liopardo. 328.
Lonza. 328.
Lunga. 138.
Mappamondo. 279.
Natura. 328.
Pagliuola. 177.
Pallato. 112.
Pasco. 47.
Pescagione. 283.
Pezzuolo, pezzo. 338.
Porcellana. 184.
Prendere. 130.
Regolato. 72. 302.
Riconoscersi, per ravvedersi. 353.

* Di questa voce non si è trovato l'esempio nel Testo Ottimo.

Saggio. 181. 245.
Sagro (Falcone).138.
Saliera. 184.
Scoppiata. 174.
Scrigno. 131.
Secchità. 42.
Sella. 40. 318.
Signorevole. 78.
Soppidiano. 65.
Spegnere, per cancellare. 245.
Spinoso. 60.
Spodio. 41.

Tacca, per macchi 280.
Tacca, per piccolo taglio. 197. 339.
Tamarindo. 318.
Tarantola. 301.
Treggia. 356.
Tuzia. 41.
Ventiera. 341.
Vernicato. 101.
Uscita. 295.
Zibelline, addiett. 85.

VOCI TRATTE DAL TESTO DEL POLO E DA CITARSI DAL VOCABOLARIO DELLA CRUSCA

ABITANTE, *per* abitabile. p. 244.
ACCONCIARE, *per* conciare. 50.
A GRAN MERCATO, *per* a basso prezzo. 168.
AGUALE, *per* adesso. 106.
AGURA, *per* augurio. 292.
AGUTO, *per* chiodo. 39.
ALBERGHERÌA, *per* albergo. 153.
ALLOGARE, *per* fermare alcuno ai suoi servigi. 283.
AL TRATTO; in una fiata. 186.
APPROVATO, *per* provato, sperimentato. 118.
ARCHETTA, *per* piccola arca. 275.
ARNESE, *per* armatura, e arredo. 85.
ASEMBIARE, *per* adunare, ragunare. 247.
ATIARE, *per* aiutare. 350.
AVERE, *per* facoltà o ricchezza. 25.
AVER LARGITO, *per* aver conceduto cosa ad alcuno. 343.
AVVENTURA, *per* avvenimento, accidente. 367.
BRACCIALE, *per* monile. 285.
BRIVILEGIO, *per* privilegio. 115.
CAPRESTO, *per* capestro. 175.
CARRIERA, *per* cava di fossili. 261.
CAVO, *per* concavo, profondo. 36.
CELFO, *per* ceffo, muso o grugno di animale. 186.

CERCHIELLO, *per* piccolo cerchio usato per orecchino. 53.
CERCOVATO, *per* recinto. 119.
COLUBRE, *per* serpente. 186.
COMINCIATORE, *per* quello che dà principio ad alcuna cosa, promotore. 353.
COPRITURA, *per* palco, soffitto. 121.
COPRITURA DI SOPRA, *per* tetto. 121.
COSA FOSSE, *per* caso fosse. 344.
CRISTINITA', *per* Cristianità. 253.
DARE LA PAROLA, *per* concedere. 14.
DERETARE, *per* diseredare. 350.
DIFALTA, *per* mancanza. 274.
DIFUORI, *per* fuorchè. 108.
DI PICCOLO AFFARE, *per* dappoco. 26.
DIRITTO, *per* giusto, adattato. 106.
DIRIVINATO, *per* dirupato. 305.
DISPORRE, *per* deporre. 306.
DIVISAMENTO, *per* guisa, maniera, foggia. 207.
DIVISATO, *per* appartato, remoto. 296.
DONZELLO, *per* giovanetto. 45.
DOTTANZA, *per* timore. 295.
ENFIARE, *per* grandemente adirarsi. 78.
ERMINE, *per* armellino. 85.
ETERNALE, *per* eterno. 31.
FATTA, *per* statura. 116.
FATTO D'OSTE, *per* fatto di guerra. 83.
FRERO, *per* frate, religioso in genere. 233.
GALIGA, *per* galanga. 206.
GHARBI, *per* libeccio. 266.
GIOJOSO, *per* giocondo, lieto. 69.
GRANDE PEZZA, *per* lungo tempo. 198.
INFORMATO, *per* membruto. 344.
INTERAMI, *per* le interiora. 134.

Iscarso, *per* avaro o sordido. 57.
Iscorrere, *per* aver la scorrenza. 41.
Isprendente, *per* isplendente. 28.
Istazione, *per* bottega. 246.
Istranea, *per* straniera. 26.
Lunare, *per* lunazione. 73.
Lungo, *per* lontano. 26.
Maleficio, *per* misfatto. 291.
Mancare, *per* iscemare. 286.
Mandare, *per* mandare a dire. 108.
Masnada, *per* compagnia, truppa di gente. 145.
Mastro, *per* principale. 113
Meringa, *per* la conchiglia margaritifera. 283.
Metter a ispada, *per* passare a fil delle spade. 82.
Metter cagione, *per* addurre. 67.
Minuzzare, *per* tritare. 185.
Monimento, *per* avello. 29.
Moscado, *per* l'animale che dà il muschio. 93.
Niuno, *per* alcuno. 46.
Offerto, *per* dedicato. 292.
Oratore, *per* adoratore. 30.
Oste, *per* ospite. 245.
Palio, *per* baldacchino. 115.
Pentere, *per* pentirsi. 353.
Polgione, *per* bevanda. 157.
Posta. 151.
Prender bene, *per* venir bene. 130.
Prode, *per* utile. 218.
Proferito, *per* porfido. 309.
Quine, *per* qui. 241.

QUIRITTA, *per* qui. 200.
REO, *per* tristo, insalubre. 62.
RUGA, *per* istrada. 124.
SAETTARE SAETTE, *per* iscoccare saette. 364.
SALARO, *per* nolo. 253.
SALVAGGINA, *per* cacciagione d'animali salvatichi. 56.
SARTA, *per* corda ad uso navale. 231.
SCIAMITO, *per* velluto. 363.
SEMPRICE, *per* semplice. 18.
SOMIGLIARE, *per* sembrare, parere. 130.
SOPRA, *per* appresso, oltre. 80.
SPAZZO, *per* pavimento. 120.
STUFA, *per* bagno caldo. 240.
TAGLIERE, *per* piatto, tondino. 239.
TENERE IN CAPITALE, *per* stimare, tenere in conto. 16.
TRABACCA, *per* tenda minore. 363.
TURCHIESA, *per* turchina. 179.
VALENTRE, *per* valente. 17.
VASELLAMENTO, *per* fornimento di vasi da mensa. 127.
VASELLO, *per* vaso. 127.
VEGLIO, *per* vecchio. 44. qui per ispecial titolo del principe degli *Assassini*.
VENTURA, *per* sorte di fortuna. 367.
VILLA, *per* città. 17.
UMILIARSI, *per* dar segni di profondo ossequio, prosternarsi. 11.
UNICORNO, *per* rinoceronte. 270.
UOMO, *per* servo, o vassallo. 77.
USCIOLO, *per* apertura, o porticella. 85.
ZAPINO, *per* abeto. 255.
ZIZIBE, *per* gengiovo. 206.

TAVOLA
DELLE RUBRICHE DELL' OPERA

AGGIUNTI
A' LUOGHI RESPETTIVI I PIU' MODERNI
NOMI GEOGRAFICI.

---

1. Come messer Niccola Polo e 'l suo fratello da Vinegia arrivarono in Gostantinopoli con le loro mercanzie, et indi si partiro e andaro a Borchaam signore d'una provincia di Tarteri. . . . . pag. 2
2. Come i detti arrivaro a una città che ha nome Barcham in Tartaria, e come di quindi arrivaro al gran Signore de' Tartari, e molto onorati . . . . ,, 4
3. Come il Gran Can mandò messer Niccola, e il fratello ambasciadori a Roma al papa de' Cristiani, e come arrivarono per quelli cammini. . . . . ,, 6
4. Come gli due fratelli si partirono da Acri. . . . . ,, 8
5. Come gli' due fratelli vanno al papa . . . . ,, 9
6. Come gli due fratelli vengono alla città di Clemenfu, ove era il Gran Can. . . . . ,, 10

7. Come gli due fratelli vennero al Gran Can . . . . p. 11
8. Come lo Gran Cane mandò Marco, figliuolo di mess. Niccolò, per suo messaggio . . . . „ 12
9. Come messer Marco tornò al Gran Cane . . . . „ ivi
10. Come messer Niccolò e messer Matteo domandaro commiato al Gran Cane . . . . „ 13
11. Quivi divisa come messer Niccolò e messer Matteo si partirono dal Gran Cane . . . . „ 14
12. Qui divisa della provincia di Ermenia, (Armenia) . . . . . „ 17
13. Qui divisa della provincia di Turcomania, (Tarteria) . . . . . „ 18
14. Della grande Ermenia, (Armenia), „ ivi
15. De' re di Giorges, (Gurgistan). „ 20
16. Del reame di Mosul . . . . . „ 22
17. Di Baudat come fu presa, (Bagdad). . . . . „ 23
18. Della nobile città di Toris, (Tebriz). . . . . „ 26
19. Della maraviglia di Bauda e della Montagna . . . . „ 27
20. Della grande provincia di Persia e de' tre Magi . . . . „ 30
21. Delli tre Magi . . . . . . „ 31
22. Delli otto reami di Persia . . „ 33
23. Del reame di Crema, (Kerman). „ 34
24. Di Camadi, (Camandù). . . „ 36

25. Della Gran China, (iscesa) . p. 37
26. Come si cavalchi per lo diserto. ,, 40
27. Di Gobiam, (Cobinam). . . ., ,, 41
28. D'uno diserto . . . . . . ,, 42
29. Del Veglio della Montagna, e come fece il Paradiso, e gli Assassini . . . . ,, 44
30. Della città Supurga, (Subbergan). . . . . ,, 47
31. Di Balac, (Balach-Balkh) . . ., 48
32. Della montagna del sale . . ,, 49
33. Di Balascam, (Balaxiam) . . ,, 51
34. Delle genti di Bastian,(Baltistan) ,, 53
35. Di Chesimur, (Caschmir) . . ,, 54
36. Del grande fiume di Baudascia, (Bastian) . . . . ,, 55
37. Del reame di Casciar, (Caschgar) . . . . ,, 57
38. Di Samarca, (Samarcanda) . ,, 58
39. Di Carcam, (Yerkend) . . . ,, 60
40. Di Cotam, (Khoten). . . . ,, ivi
41. Di Peym, (Kan-tcheu) . . . ,, 61
42. Di Ciarcia, (Chen-Chen) . . ,, ivi
43. Di Lop, (Lop-nor) . . . . ,, 62
44. Della gran provincia di Tangut. (Tanguth) . . . . ,, 64
45. Di Chamul, (Kami). . . . ,, 68
46. Di Chingitalas, (Chen-Chen) . ,, 70
47. Di Succiur, (Sot-cheu). . . ,, 71
48. Di Champicion, (Kamju) . . ,, 72
49. Di Eezima, (Ye-tci-na). . . ,, 74
50. Di Caracom, (Carachoran) . ,, ivi

51. Come Cinghys fu lo primo Cane. p. 76
52. Come Cinghys Cane fece suo isforzo contra il Presto Giovanni. „ 78
53. Come il Preste Giovanni venne contro a Cinghys Cane. . . „ 79
54. Della battaglia . . . . . . „ 80
55. Del numero degli Gran Cani quanti furono . . . . „ 81
56. Dello Iddio de' Tarteri. . . „ 84
57. Del piano di Burchù, (Bargu). „ 90
58. Del reame di Erghuil, (Erginul). „ 92
59. D' Egrigay, (Egrigaja) . . . „ 95
60. Della provincia di Tenduc, (Tenduc o Niuch). . . . . . „ 96
61. Della città di Giandu, (Xandu). „ 99
62. Di tutti i fatti del Gran Cane che regna ora . . . . „ 106
63. Della gran battaglia che 'l Gran Cane fece con Naiam . . . „ ivi
64. Comincia la battaglia . . . „ 109
65. Come Najam fu morto . . . „ 112
66. Come il Gran Cane tornò nella città di Camblau . . . . . . „ 113
67. Delle fattezze del Gran Cane. „ 116
68. De' figliuoli del Gran Cane . „ 118
69. Del palagio del Gran Cane . „ 119
70. Della città grande di Camblay, (Han-Palu). . . . . „ 123
71. Della festa della natività del Gran Cane . . . . „ 128
72. Qui divisa della festa . . . „ 129
73. Della bianca festa . . . . „ 130

74. *De' dodici baroni che vengono alla festa, come sono vestiti dal Gran Cane* . . . . p. 132
75. *Della grande caccia che fa il Gran Cane* . . . . „ 134
76. *Dei leoni e dell'altre bestie da cacciare.* . . . . „ 135
77. *Come il Gran Sire va in caccia* „ 137
78. *Come il Gran Cane tiene sua corte con festa* . . . . „ 144
79. *Della moneta del Gran Cane.* „ 147
80. *Degli dodici baroni che sono sopra ordinare tutte le cose del Gran Cane.* . . . . „ 150
81. *Come di Camblau si partono molti messaggi per andare in molte parti.* . . . . „ 151
82. *Come 'l Gran Cane ajuta sua gente quando è pistolenza di biade.* „ 156
83. *Del vino* . . . . „ 157
84. *Delle pietre che ardono* . . „ ivi
85. *Come il Gran Cane fa riporre le biade per soccorrer sua gente.* „ 158
86. *Della carità del Signore* . . „ 159
87. *Della provincia del Cattay.* . „ ivi
88. *Della grande città del Gioguy,* (Tso-tcheu) . . . . . . „ 161
89. *Del regno di Tinafu,* (Tai-yvenfu),, 162
90. *Del castello del Caituy,* (Kia-tcheu) . . . . „ 163
91. *Come il Presto Giovanni fece prendere lo re Dor* . . . . „ 165

92. *Del gran fiume di Charamera,*
(Caramoran) . . . . p. 166
93. *Della città di Quengianfu,* (Hang-
tchong-fu) . . . . „ 167
94. *Della provincia di Chunchum*,
(Chun ching) . . . . „ 169
95. *D'una provincia d'Ambalet,* (Achbaluch) . . . . „ 170
96. *Della Provincia di Sindafa,* (Tchin-
tu-fu) . . . . „ 171
97. *Della provincia di Tebet,* (Thebeth). . . . . „ 174
98. *Ancora della provincia di Tebet.* „ 177
99. *Della provincia di Ghaindu,* (Yong-
ning-fu). . . . . „ 179
100. *Della provincia di Charagia,*
(Carajan) . . . . „ 183
101. *Ancora della provincia di Charagia,* (Carajan) . . . . . . „ 186
102. *Della provincia d'Ardanda,* (Zardanda) . . . . „ 195
103. *Della grande China,* (iscesa). „ 199
*Come la gente del Gran Can sconfisso-
no i leofanti* . . . . „ 201
104. *Della provincia de Mye,* (Mien
o Pegù) . . . . „ 203
105. *Della provincia di Gangala,* (Bangala). . . . . „ 205
106. *Della provincia di Chaugigu*,
(Kia-chi-kue, regno di Tunckino) . . . . „ 206
107. *Della provincia d'Amu,* (Barnu) „ 208

108. Della provincia di Toloma, (Tholoman o Lo lo-man). . . . p. 209
109. Della provincia di Chugiu, (Sui-
tchen) . . . . „ 210
110. Della città di Cacafu, (Pao-ting-
fu) . . . . „ 213
111. Della città di Ciaglu, (Moan-
tchin) . . . . „ 214
112. Della città che ha nome Ciagli,
(Y-tcheu) . . . . „ 215
113. Della città che ha nome Codifu,
(Tsi nan-fu) . . . . . . „ ivi
114. Della città che ha nome Singni,
(Singuimatù) . . . . . . „ 217
115. Della città che ha nome Lingni,
(Lin tsin tcheu) . . . . . „ 218
116. Della città di Pingui, (Pi-tcheu),, 219
117. Della città che ha nome Cigni,
(Lingh-hien o Teng-hien). . „ 220
118. Come il Gran Cane conquistò lo
reame dei Magi . . . . . „ 221
119. Della città chiamata Chaygiagui „ 224
120. Della città chiamata Pauchi,
(Pao-yn-hien) . . . . . . „ 225
121. Della città ch'è chiamata Chayn,
(Cao-yeu) . . . . „ 226
122. Della città ch'è chiamata Tingni,
(Tai-tcheu) . . . . „ ivi
123. Delle provincie di Nangi, (Nanckin). . . . . „ 227
124. Di Sigui e del gran fiume d'A-
quiam, (Sin-kiun) . . . . „ 230

125. Della città di Chaygui, (Chua-tcheu) . . . . p. 232
126. Della città chiamata Cinghianfu, (Tchin kian-fu) . . . . . „ 233
127. Della città chiamata Cinghigiu, (Tchan tcheu) . . . . . „ 234
128. Della città chiamata Signi, (Su-tcheu) . . . . „ 235
129. Della città che si chiama Quisai, (Hang-tchen-fu) . . . . . „ 237
130. Della rendita del sale. . . „ 245
131. Della città che si chiama Tapigni, (Tai-pin-fu) . . . . . „ 246
132. Del reame di Fugui, (Regno di Conca) . . . . „ 248
133. Della città chiamata Fugni, Fut-cheu) . . . . „ 251
134. Della città chiamata Zarton, (Zaiton, o Siven-tcheu) . . . . „ 252
135. Qui si comincia di tutte le maravigliose cose d'India . . . „ 254
136. Dell'isola di Zipagu, (Giappone), „ 256
137. Della provincia di Ciamba, (Hainan). . . . . „ 263
138. Dell'isola di Iava, (Giava) . „ 265
139. Dell'isola di Sodur e Codur, (Sondur e Condur) . . . . . „ 266
140. Dell'isola di Petam, (Bintan) „ 267
141. Della piccola isola di Iava, (Giava) . . . . „ 268
142. Del reame di Samarcha, (Samatra) . . . . „ 272

143. Del reame di Dragouayn, (Andrigi) . . . . p. 274
144. Del reame di Lambri . . . . „ 275
145. Del reame di Fransur, (Fansur) „ 276
146. Dell'isola di Nenispola, (Nicobar) . . . . „ 277
147. Dell'isola d'Aghaman, (Angeman ora Mincopie) . . . . . . „ 278
148. Dell'isola di Seillam, (Ceilan) „ 279
149. Della provincia di Maabar, (Mabar) . . . . „ 281
150. Del regno di Multifili, (Murfili, o Mosul) . . . . „ 294
151. Di santo Tommaso l'Apostolo. „ 296
152. Della provincia di Iar, (Taghire) . . . . „ 299
153. Dell'isola di Seilla, (Ceilan). „ 385
154. Della città di Caver, (Cael). „ 310
155. Del reame di Choilu, (Coulam) „ 312
156. Della contrada di Chomacci, (Comari, o Capo Comarino) . . „ 314
157. Del reame de Ely, (Dely). . „ ivi
158. Del reame di Melibar, (Malabar) „ 316
159. Del reame di Gusarat, (Guzerat) „ 317
160. Del reame della Tana, (Tana, o Tana-Majamba) . . . . . „ 319
161. Del reame di Chambaet, (Cambaja). . . . . „ 320
162. Dello reame di Chesmacora, (Chescamoran o Ras-Makran) . „ ivi
163. D'alquante Isole che sono per l'India . . . . „ 321

164. *Dell' isola di Scara*, (Soccotera o Sokutra). . . . . p. 322
165. *Dell' isola di Madeghascar*, (Madayghascar) . . . . „ 324
166. *Dell' isola di Zachibar*, (Zanguebar) . . . . „ 327
167. *Della mezzana India chiamata Nabasce*, (Abascia, o Abissinia) „ 330
168. *D' una novella del re d'Abasce* „ 332
169. *Della provincia di Edenti*, (Adem o Aden) . . . . . . , . „ 334
170. *Della città di Scier*, (Siger o Sieger) . . . . „ 336
171. *Della città Dufar*, (Dulfar) . „ 338
172. *Della città di Chalatu*, (Kalhat),, 340
173. *Della città di Curmaso*,(Ormus),, 341
174. *Della gran Turchia.* . . . . „ 342
175. *D' una battaglia.* . . . . . „ 346
176. *Delle parti di verso Tramontana.*,, 354
177. *Della Valle Iscura.* . . . . „ 358
178. *Della provincia di Rossia*, (Russia) . . . . „ 359
179. *Della provincia di Lacca*, (Polonia) . . . . „ 360
180. *De' Signori de' Tarteri del Ponente* . . . . „ 361
181. *D'una gran battaglia* . . . „ 363

TAVOLA
DELLE PRINCIPALI MATERIE

CONTENUTE

NELL'OPERA E NELLE ANNOTAZIONI

Abissinia, è la Provincia detta Abascia. pag. 330.
Abrinamani, Sorte di maghi. 285.
Accoglienza del Gran Can si Polo. 11.
Adamo, suo favoloso sepolcro. 309.
Adem, Provincia descritta. 334.
Alau uccisore del Califfo di Baudet. 26.
Albero Solo, o Albero Secco, che cosa sia. 42.
Alcai, montagna dove si seppelliscono i Gran Can. 81.
Alessandro Magno in Armenia. 20. sua battaglia. 43. sposa la figlia di Dario. 48.
Aloodin, ossia il Veglio della Montagna. 44.
Alpina galanga, Pianta Linneana. 206.
Amadaristis è il regno di Guzerat. 317.
Ambasciate di Marco Polo. 6, 12.
Ambra, abbondante all'Indie. 321, 322, 325, 329.
Amianto, detto Salamandra dal Polo. 70, 71.
Andanico, Congetture che cosa sia. 35, 41, 70.
Annona, Uffisio conosciuto alla China. 168.
Aquile addestrate alla caccia. 136, 296.
Arbori sempre verdi alla Cina. 122.
Arca di Noè, dove sia. 19.

POLO. VOL. II.   25

Ardanda, Usi strani in questo paese. 195.
Argentiere di Russia. 359.
Armadure de' Tartari. 85.
Armata Chinese, sue forze. 242.
Armenia, Descrizione del paese. 17, 18.
Arsisia Palus è il Lago di Gelnchalat. 22.
Asini di Persia. 33. Onagri. 34, 41, 74. salvatichi. 356.
Assassini, e loro setta distrutta da Ulagu. 44.
Astori per uccellare. 138.
Astrologi del Tibet. 178. dell' Indie. 292. di Coulam. 343.
Azzurro, come si fa. 62. azzurro di Tendu. 96.

Babilonia d'Egitto, è oggidì il Cairo. 19.
Bagdad è la città detta *Baldacco* ne' bassi tempi. 23.
Bagni Cinesi. 240.
Boja Anassa, Conquistatore. 282.
Balascam o Balaziam, Provincia del regno Persico. 61.
Balasci, sorta di rubini. 61.
Baldacco, città ed emporio di merci. 23.
Ballerine indiane, dette Devadesi. 293.
Baltistan, provincia descritta. 63.
Bambagia del Guzerat. 318.
Bambusa, pianta arundinea. 101. serve per conde. 231.
Baniani, mercatanti Indiani. 300. loro costumi. 301.
Barak-kan. V. Bereke-kan.
Bargu, gran pianura abitata da selvaggi. 90.

Barnu, paese visitato dal solo Marco Polo. 208.
Baroni Tartari, loro onoranze. 114.
Bassora, città assai succida. 24.
Battaglia celebre della Cina nel 1262. 216. del re Argo o Argon. 346. de' Tartari. 363.
Battaglie con elefanti. 329.
Battriana, nome di regno greco. 48.
Belor, o Belur-tag, catena di monti, detta *Imaus* dagli Antichi. 67.
Belzuino, ragia odorifera. 275.
Bengala o Bangala, descrizione della provincia. 205.
Bereke-kan di Barca ama i Polo. 3.
Bertesca, sua descrizione. 110.
Bisanto, moneta, e suo valore. 66.
Bucharami. Loro fabbriche. 19, 296, 317.
Bue gibboso. 36, 206. salvatico. 93. adorato nel Maabar. 289, 299.

Cablau, Gran Cane, sua signoria. 81.
Caccie celebri ricordate. 52, 98, 134.
Calicut, Regno di. 314.
Cambaja, Reame del Guserat. 320.
Cambalu, Residenza del Gran Can. 123 e seg.
Camblay, Città grande, ora detta Han-Palu. 123. Reame. 320.
Cammelli, cibo delle loro carni. 324.
Cammez o Kumiss, bevanda de' Tartari. 86.
Campana grandissima di Camblai. 125.
Canal Imperiale fatto costruire da Cublai. 218.
Canfora, albero del Fo-kien. 252. d'altrove. 275, 276.

Cani per caccie. 137. mostruosi del Tibet. 178, per uso dalle Poste. 356.
Capo delle Correnti, Promontorio. 325.
Carachoras, Residenza de' principi Tartari, 74.
Carajan, o Charaja, descrizione della provincia. 183, 185.
Caramania, Provincia ora detta il Kerman. 34.
Caramoran, gran fiume Chinese. 220.
Carbon fossile della Cina. 157.
Carità generose del Gran Cane. 159.
Carta, modo di fabbricarla alla Cina. 89.
Caschgar, Reame di. 67.
Casmir o Caschemir, paese celebre. 64.
Castroni bianchi con teste nere. 328.
Cattay, Descrizione. 159.
Cavalli di Quisai. 287.
Cave d'oro del regno di Tunkin. 207.
Ceilan, Isola descritta. 279, 305.
Ceremonie ne' banchetti del Gran Can. 127.
Chamul, strani costumi de' suoi abitanti. 68.
Chaugigu, o Cangigu, gli abitanti si dipingono il corpo. 207.
Chesimur, Descrizione del paese di Caschmir. 64.
China, o grande iscesa. 37. nel Pegu. 199.
Ciambellotti di pelo di Cammello. 95.
Cianglu, sue saline. 214.
Cochatin, fanciulla mandata sposa al re Arcon. 13.
Colan o Culan, sorte di asini salvatici. 356.
Conca, Regno di, descritto. 248.
Correnti del mare al Madagascar. 325.

Corsali del Malabar. 316. del Guzarat. 317.
della Tana. 319.
Costumi de' Cinesi e di altri popoli in nasci-
te, maritaggi, e morti. 242, 264, 274, 288.
Cotone, Drappi di, 322.
Cubebe, droga dell'Isola di Giava. 265.
Cublai Can, sue gesta. 106 e seg.
Cumari, o Capo Comorino. 314.

Datteri di Bassora. 24.
Dente di cinghiaro smisurato. 326.
Denti d'oro de' popoli di Vociam. 195.
Deserti. Del Kermen. 40. di Cobinam. 42. di
Ciarcian. 62. di Ezina. 74.
Devadesi, celebri ballerine Indiane. 293.
Diamanti, dove e come si trovino. 294.
Diaspri e Calcedonj del Ciarcian. 62.
Drappi di seta varj. 21, 24, 26, 33, 34, 35,
146, 168, 173, 178, 213.
Dufar, Città d'Arabia che dà l'incenso. 338.

Ebano di Ciamba. 265.
Egrigaja, Paese degli Ortù. 96.
Elefanti, detti Lionfanti, e Leofanti. Battaglie.
201. del Madagascar. 324. del Zanguebar.
329.
Erginul, o Erginur, regno, descritto. 92.
Ermellini, specie di donnole. 121.

Fafur, o Fanfur, Impero della Cina. 221.
Fagiani della Cina. 94.
Falconi celebri. 35. lanieri. 62, 74. pellegri-
ni. 90.

Fanciulli fatti nutrire alla Cina. 225.
Fattighai, o Nattingem, Idolo celebre. 365.
Felix jubata, sorte di leopardo. 106.
Feste per l'Impero della China. 128, 130.
Fontana d'olio in Armenia. 19.
Freddi rigidi dell'Armenia. 19. del Kerman 35.
Funerali in Tanguth. 66. de' Tartari. 81.

Galanga, spezie di droga. 206.
Galline lanuginose del Fo-kien. 250.
Garofani, albero descritto. 181.
Gatto mammone, scimia caudata. 334.
Gavi, tribù infame dell'India. 289.
Gengiovo. Paesi dove abbonda. 167, 170, 181, 206, 235.
Gengis Kan Imperator de' Mogolli, sua storia. 76.
Ghele, sorte di seta dell'Armenia. 22.
Giappone, Regno del, 266.
Giava, descrizione dell'isola. 265. Giava Minore. 268.
Giraffe, loro descrizione. 328.
Girfalchi. 91. Caccia degli stessi. 140.
Gregorio P. X. invia i Poli al Gran Can. 9.
Grifoni, Uccelli. 326.
Grue di varie sorti. 98.
Guizerat, Regno di. 317.
Gurgistan, Provincia descritta. 20.

Iasdi, Emporio della Persia. 33. Drappi di questo nome. 34.
Idolatri di Natigai. 84.

Idoli del Giappone. 261. Idoli neri e demonj bianchi. 299.
Imaus, Catena di monti. 57.
Immersione ne' fiumi degl' Indiani. 291.
Incantatori famosi. 178, 323.
Incenso della Tana. 319.
Indiani, loro superstizioni. 292.
Iogui dell'India, sorte d'Idolatri. 302. loro costumi. 304.

Kamtschadali, loro costumanze. 355.
Kerman, Regno nella Persia. 34.
Ko, arbusto Cinese. 211.
Korassan, Provincia del, 42.
Kumiss, sorte di liquore. 86.

Lapislazoli di Balaxiam. 61. di Tenduc. 96.
Leofanti e Lionfanti. V. Elefanti.
Leoncorno, e Liencorno, e Unicorno. V. Rinoceronti.
Leone dimestico del Gran Can. 133.
Leoni, loro caccie. 135, 211. Leoni neri. 313.
Leopardi, loro caccie. 136.
Lingua Samscredamica. 206.
Lonze del Zenzibar o Zanguebar. 328.
Lop, Deserto di, Fenomeni singolari. 62.

Maabar o Mabar, Provincia descritta, e Costumi de' suoi abitanti. 281 e seg.
Madegascar, Grand' Isola di. 324.
Maghi e Incantatori in luogo di medici. 197.
Magi, i tre Re, favoloso racconto. 30.
Malabar, Regno del, 316.

Malfattori di Maabar, e loro morti. 288.
Mangani fatti costruire dai Poli. 229.
Mangi, o Magi, nome de' popoli della China. 219.
Matrimonj dei Tartari. 88.
Metrucci, o Metri, celebre tribù Tartarica. 90.
Mien, Regno di, suo famoso Tempio. 203.
Miniere d'argento in Tartaria. 98.
Mirabolano emblice, sorte d'arbusto. 312.
Mogli lasciate in balìa de' forestieri. 180.
Monastero di S. Leonardo, sue maraviglie. 21.
Monete di carta. 147. di coralli. 178. di Gaindu. 180. di porcellane. 184.
Montagna mossa alle preghiere de' Cristiani. 27.
Moro papirifero, arbore descritto. 147.
Moscado, animale che dà il muschio. 93. moltiplica nel Tibeth. 171, 176.
Mosul, Regno di, vi si fabbricano i mossolini. 23, 294.
Mosioni, venti regolari. 263.
Mule salvatiche. 74.
Multifili, Regno di, sua descrizione. 294.
Musa paradisiaca, pianta descritta. 36.
Muschio di Khoten celebratissimo. 60.

Nacchere, Timpano portato in guerra da' Tartari. 110, 364.
Nanchin, Provincia e Città celebre. 227.
Nasicchi o Nasicci, sorta di broccati. 97.
Natigai, o Fattighai, Idolo de' Tartari. 84.
Navi delle Indie. 38. Cinesi. 218, 221, 231, 253, 255. de' Mangi. 315.
Navilio sul fiume Quian. 231.

Neri del Zangüebar. 327.
Noce moscada. 265.
Novelle e Storie. Del vecchio della Montagna.
 25. de' Valletti del Presto Giovanni. 164. di
 un Barone nella chiesa di S. Tommaso A-
 postolo. 297. di Sergamo Borghani. 306. del
 Re di Abasce. 332. della donzella Aiziarme.
 343. del Re Argon. 346.

Og e Magog, popoli dell'Asia settentrionale. 97.
Orang-Utang, belva pipede. 276.
Orissa, Reame di. 294.
Orso bianco descritto. 355.
Osbech, Paese de' Tartari Usbecchi. 361.
Ostiacki, loro costumanze. 365.

Padiglione del Gran Cane descritto. 141.
Palagi celebri del Gran Cane. In Chan-tu. 100,
 119. in Caituy. 164. di Magbala re. 168. in
 Quinsai. 239, 243. del re del Giappone. 267.
Panni di scorza d'albero di Sinuglil. 210.
Paoropamiso degli Antichi, che cosa sia. 49.
Pepe bianco e nero delle Isole del Mar dell'In-
 die. 263. del regno di Choilu. 312.
Perle della provincia di Ghaindu. 179. di Zipa-
 tigu, o Giappone. 267. loro pesca. 282.
Persia, Descrizione del regno di. 32.
Pico di Adamo, gran catena di monti. 305.
Pietra maravigliosa in Samarcanda. 69.
Pietre preziose dell'Aderbijan. 26. nere arden-
 ti. 167. del Ceilan. 280.
Pioggie periodiche dell'Indie. 291.
Pipistrelli o Vilpistrelli Indiani. 292.

Polonia, chiamata la Provincia di Lacca. 360.
Ponti più celebri della China. 160, 172, 185, 238. del regno di Conca. 260, 251, 252.
Poponi del Subbergan. 48.
Porcellana, si spende per moneta. 184, 267.
Porcellane, Fabbriche più celebri alla China. 264.
Porci spinosi di Keshem o Scassem. 60.
Poste della China a cavallo e a piedi. 151 e seg. 366.
Preste Giovanni, V. Prete Gianni.
Prete Gianni, sua istoria. 75. *Presto Gianni* vuolsi corruzione da *Prester Kàn*, cioè *Principe degli Adoranti*.

Quian, gran fiume della China. 230.
Quinsai o Quissai, Città chinese tra le più famose. 257.

Rabarbaro, ove cresca e come si raccolga. 72. 235.
Regolamenti di Polisia alla China. 244.
Religiosi Cinesi, e loro riti. 104.
Rendite del Gran Cane. 245, 255.
Rinoceronte descritto. 200, 270.
Riso di Samarcha. 273.
Roxolani, popoli della Russia. 359.
Rubini del Ceilan. 280.
Ruch, o Rut, uccello favoloso. 326.
Russia, o Rossia, Provincia descritta. 359, 360.

Sago vinifero di Samatra. 273. panifero. 277.
Salamandra e l'asbesto o amianto. 70.

Sale, modo di fabbricarlo a Ciauglu. 214. abbondante nel Kiàng-nan. 225.
Samarcanda, città celebre. 68.
Samatra, Regno di. 272.
Samojedi, loro costumanze. 355, 368.
Sandali rossi del Madegascar. 325.
Sapurgan in Persia, suoi poponi squisiti. 48.
Sciamito, specie di drappo. 363.
Scimmie dell'Isola di Giava. 271.
Sergamo Borghani, deità Indiana. 306.
Serpenti di Carajan. 186. di Mutifili. 295.
Sesamo, o Sosiman, pianta da Olio. 280.
Siagrum Promontorium è il Porto Siger in faccia a Soccotera. 336.
Siberia, Costumanze de' suoi abitanti. 355.
Soccotera, o Sokutra, l'Isola descritta. 322.
Sorci di Faraone. 83.
Spiga-nardi, pianta descritta. 206, 265.
Spodio, che cosa sia. 41.
Statistica degli abitanti della Cina. 244.
Stella tramontana a Sumatra. 269. al Capo Comarino. 314.
Strade arborate alla China. 166.
Sui-tcheu, Provincia descritta. 210.
Sukun, albero panifero. 277.
Sumatra, isola di, descritta. 268.
Superstizione degl'Indiani. 291.
Su-tcheu, Città bagnata da canali come Venezia. 236.

Tamarindo, albero simile al carrubo. 318.
Tana, o Tana-Majamba, Reame. 319.
Tanguth, Gran Provincia, descritta. 64.

Tappeti Turchi, dove si fabbricano. 18.
Tartari, loro costumanze e deità. 82. e seg.
Tartari signori di Ponente. 361.
Tavole d'oro per i viaggiatori. 7, 15, 16. per doni. 114.
Tebeth, descrizione della Provincia. 174, 177.
Tebris, seconda Città della Persia. 26.
Tenduc, Provincia descritta. 96.
Tibetani, loro superstizioni. 103.
Toloma o Tholoman, Provincia; modo di seppellirvi i morti. 209.
Tommaso Apostolo (S.), sua Storia. 296.
Torre coperta d'oro al Pegù. 203.
Torri di guardia alla China. 240.
Transoxiana, contrada degli Arabi ora detta Bockara. 4.
Trapezus, nome latino di Trebisonda. 16.
Treggie, sorta di slitte tirate dai cani. 356.
Tunckino, Regno di, descritto. 206.
Turbietto, o Turbitto, pianta del Malabar. 317.
Turchiese del Kerman. 34. del Ghaindu. 179.
Turcomania, da chi abitata. 18.
Tusia, che cosa sia. 41.

Vajo, spezie di scojattolo. 121.
Valle Iscura, descritta. 358.
Veglio della Montagna, sua istoria. 44.
Ventiere di Ormus, loro costruzione. 341.
Vino di datteri. 38. di riso. 157, 184. di Tunkin. 207. vino di palme. 273. vino di succhero. 313, 329.
Unicorno, lo stesso che Rinoceronte. 270.
Volpi, e loro varie spezie. 356.

Xandu, residenza del Gran Cane. 99.

Zanguebar, Isola descritta. 327.
Zardanda, corrisponde al reame di Lac-tho. 195,
Zibellino, picciol quadrupede. 142, 355.
Zucchero di Quinsai. 246. del Fo-kiem. 260,

ERRATA

Pag. lin.
96. 10. enne . , . . è re
523. 28. novembre . . . settembre

Lightning Source UK Ltd.
Milton Keynes UK
UKHW010651221118
332785UK00010B/765/P